高等职业教育
"岗课赛证"融通
新形态一体化教材

U0683821

幼儿观察与指导

主　编　霍力岩
　　　　成　军
副主编　杜宝杰
　　　　樊丰富

中国教育出版传媒集团
高等教育出版社·北京

内容简介

本书是高等职业教育"岗课赛证"融通新形态一体化教材。

全书内容分为导论、一日生活活动中的幼儿行为观察与指导、主题游戏活动中的幼儿行为观察与指导、区域游戏活动中的幼儿行为观察与指导和综合实践活动中的幼儿行为观察与指导五个部分,根据"岗课赛证"综合育人要求,设置岗位要求、学习目标、任务情境、基础理论、任务流程、反思总结、赛证真题板块,层层深入,帮助学前教育专业学生理解幼儿园岗位特点,以及幼儿园不同活动样态组织与实施过程中的幼儿行为观察与指导要点,引导学生从能力发展(做前看,观摩岗位案例—做中学,体悟岗位任务—做后比,助力技能比拼—做后评,确保资格认证)和情感态度价值观(我想要成为这样的幼儿园教师—我可以成为这样的幼儿园教师—让我来和别的"教师"比一比—我能够得到达标的专业认证)两个视角获得成长。

本书配套建设有用二维码链接的数字资源,学习者可以扫描二维码在线学习。

本书可作为高等职业教育专科、本科及五年制高职学前教育专业教材,也可供早期教育、婴幼儿托育服务与管理专业使用,同时可作为学前教育工作者的参考书。

图书在版编目(CIP)数据

幼儿行为观察与指导 / 霍力岩,成军主编. -- 北京:高等教育出版社,2024.7
ISBN 978-7-04-060648-5

Ⅰ. ①幼… Ⅱ. ①霍… ②成… Ⅲ. ①幼儿-行为分析-高等职业教育-教材 Ⅳ. ①B844.12

中国国家版本馆CIP数据核字(2023)第106432号

YOU'ER XINGWEI GUANCHA YU ZHIDAO

策划编辑	赵清梅	责任编辑	赵清梅	封面设计	张志奇	版式设计	李彩丽
责任绘图	马天驰	责任校对	窦丽娜	责任印制	刘思涵		

出版发行	高等教育出版社	网　　址	http://www.hep.edu.cn
社　　址	北京市西城区德外大街 4 号		http://www.hep.com.cn
邮政编码	100120	网上订购	http://www.hepmall.com.cn
印　　刷	高教社(天津)印务有限公司		http://www.hepmall.com
开　　本	787mm×1092mm　1/16		http://www.hepmall.cn
印　　张	20.25		
字　　数	380 千字	版　　次	2024 年 7 月第 1 版
购书热线	010-58581118	印　　次	2024 年 7 月第 1 次印刷
咨询电话	400-810-0598	定　　价	45.00 元

编 写 说 明

教材是学校教育教学活动的核心载体，承担着立德树人、启智增慧的重要使命。历史兴衰、春秋家国浓缩于教材，民族精神、文化根脉熔铸于教材，价值选择、理念坚守传承于教材。教材建设是国家事权，国家教材委员会印发《全国大中小学教材建设规划（2019—2022 年）》，教育部印发《中小学教材管理办法》《职业院校教材管理办法》《普通高等学校教材管理办法》《学校选用境外教材管理办法》，系统描绘了大中小学教材建设蓝图，奠定了教材管理的"四梁八柱"。党的二十大明确指出"深化教育领域综合改革，加强教材建设和管理"，对新时代教材建设提出了新的更高要求：要着力提升教材建设的科学化、规范化水平，全面提高教材质量，切实发挥教材的育人功能。

职业教育教材既是学校教材的重要组成部分，又具有鲜明的类型教育特色，量大面广种类多。目前，400 多家出版社正式出版的教材有 74 000 余种，基本满足 19 个专业大类、97 个专业类、1 349 个专业教学的需要，涌现出一批优秀教材，但也存在特色不鲜明、适应性不强、产品趋同、良莠不齐、"多而少优"等问题。

全国职业教育大会提出要一体化设计中职、高职、职业本科教育培养体系，深化"三教"改革，"岗课赛证"综合育人，提升教育质量。2021 年，中共中央办公厅、国务院办公厅印发的《关于推动现代职业教育高质量发展的意见》明确提出了"完善'岗课赛证'综合育人机制，按照生产实际和岗位需求设计开发课程，开发模块化、系统化的实训课程体系，提升学生实践能力"的任务。2022 年，中共中央办公厅、国务院办公厅印发的《关于深化现代职业教育体系建设改革的意见》把打造一批优质教材作为提升职业学校关键办学能力的一项重点工作。2021 年，教育部办公厅印发的《"十四五"职业教育规划教材建设实施方案》提出要分批建设 1 万种左右职业教育国家规划教材，指导建设一大批省级规划教材，高起点、高标准建设中国特色高质量职业教育教材体系。

设计"岗课赛证"融通教材具有多重意义：一是着重体现优化类型教育特色，着力克服教材学科化、培训化倾向；二是体现适应性要求，关键是体现"新""实"，反映新知识、新技术、新工艺、新方法，提升服务国家产业发展能力，破解教材陈旧问题；三是体现育人要求，体现德技并重，德行天下，技耀中华，摒弃教材"重教轻育"顽症；四是体现"三教"改革精神，以教材为基准规范教师教学行为，提高教学质量；五是体现统筹职业教育、高等教育、继续教育协同创新精神，吸引优秀人才编写教材，推动高水平大学学者与高端职业院校名师合作编写教材；六是体现推进职普融通、产教融合、科教融汇要求，集聚头部企业技能大师、顶尖科研机构专家、一流出版社编辑参与教材研制；七是体现产业、行业、职业、专业、课程、教材的关联性，吃透行情、业情、学情、教情，汇聚优质职业教育资源进教材，立足全局看职教教材，跳出职教看职教教材，面向未来看职教教材，认清教材的意义、价值；八是体现中国特色，反映中国产业发展实际和民族优秀传统文化，开拓国际视野，积极借鉴人类优秀文明成果，吸纳国际先进水平，倡导互学互鉴，增进自信自强。

"岗课赛证"融通教材设计尝试以促进学生的全面发展为魂：以岗位为技能学习的方向（30%），以岗定课；以课程为技能学习的基础（40%）；以竞赛为技能学习的高点（10%），以赛促课；以证书为行业检验技能学习成果的门槛（20%），以证验课。教材鲜明的特点是：岗位描述—典型任务—能力类型—能力等级—学习情境—知识基础—赛课融通—书证融通—职业素养。教材编写体例的要点是：概述（产业—行业—职业—专业—课程—教材）—岗位群—典型任务—能力结构—学习情境—教学目标—教学内容—教学方法—案例分析—仿真训练—情境实训—综合实践—成果评价—教学资源—拓展学习。"岗课赛证"融通教材有助于促进学用一致、知行合一，增强适应性，提高育人育才质量。

"岗课赛证"融通教材以科研为引领，以课题为载体，具有以下特色：一是坚持方向，贯通主线，把牢政治方向，把习近平新时代中国特色社会主义思想，特别是关于教材建设的重要论述贯穿始终，把立德树人要求体现在教材编写的各个环节；二是整体设计，突出重点，服务中、高、本职业教育体系，着力专业课、实训课教材建设；三是强强结合、优势互补，通过统筹高端职业院校、高水平大学、顶尖科研机构、头部企业、一流出版社的协同创新，聚天下英才，汇优质资源，推进产教融合、职普融通、科教融汇，做出适应技能教育需要的品牌教材；四是守正创新，汲取历史经验教训，站在巨人的肩膀上，勇于开拓，善于创造，懂得变通，不断推陈出新；五是要立足当下，着眼长远，努力把高质量教育要求体现在教材编写的匠心中，体现在用心打造培根铸魂、启智增慧、适应时代发展的精品教材中，体现在类型教育特色鲜明、适应性强的品牌教材中，体现在对教育产品的严格把关中，体现在对祖国未来、国家发展的高度负责中，为高质量职业教育体系建设培养技能复合型人才提供适合而优质的教材。

职业教育"岗课赛证"融通教材研编委员会

2023 年 3 月

前　言

一、教材编写目的

为贯彻落实全国职业教育大会精神和中共中央办公厅、国务院办公厅《关于推动现代职业教育高质量发展的意见》提出的"完善'岗课赛证'综合育人机制"精神，促进产业需求与专业设置、岗位标准与课程内容、生产过程与教学过程的精准对接，倒逼职业教育教学改革，形成岗位体验、课程育人、竞赛交流、证书检验"四位一体"的技能人才培养模式，增强职业教育适应性，大幅提升学生实践能力，我们以党的二十大精神为指引，在认真学习《关于推动现代职业教育高质量发展的意见》《幼儿园新入职教师规范化培训实施指南》等文件的基础上，广泛调研学前教育专家、幼儿园园长、职教专家的意见，本着以下目标编写了本教材。

（一）优化学前教育专业课程设计，提高学生专业理解水平

学前教育专业的人才培养模式中，本科生偏重学术性，对理论课程的设置比例更重，专科教育偏重实践技能的培养，课程设置更偏重技能。但要成为一名优秀的幼儿园教师，既要掌握实践技能，也要掌握学前教育的基础理论知识。因此，本教材针对高职院校学前教育专业的培养目标、学生学习特点和学前教育理论知识逻辑，将立德作为育人的根本，对《幼儿行为观察与指导》中的理论介绍做了适宜性调整：首先，理论知识的编写逻辑不再是理论本身的逻辑结构，而是依托幼儿园四种活动样态进行重构，在每一种活动样态前有针对性地阐述相关理论基础，在高职院校有限的理论学习课时内，让学生学习理论知识的效率达到最大化；其次，将理论融入教材编写的过程中，让学生能够在学习"任务流程"的过程中，将理论与实践相互融合；最后，将必要的理论知识用精练的语言伴随相关任务流程或关键点进行呈现，让学生在阅读教材时，能够及时将正文内容或专业名词与相关理论知识建立联系。

（二）聚焦学前教育专业岗位特点，解决学生岗位实践问题

《幼儿园教师专业标准（试行）》《中小学和幼儿园教师资格考试标准（试行）》《职业技术师范教育专业认证标准》和《教育部关于加强师范生教育实践的意见》等文

件对学前教育专业的职业教育培养取向聚焦幼儿园教育实践。因此，本教材在编写理念、内容选择、形式设计上都针对幼儿园教育教学组织特点，聚焦学生毕业后的岗位实际问题。本教材针对学生毕业后的岗位要求、基于幼儿园岗位特点的四种样态展开，即"一日生活活动中的幼儿行为观察与指导""主题游戏活动中的幼儿行为观察与指导""区域游戏活动中的幼儿行为观察与指导"和"综合实践活动中的幼儿行为观察与指导"，帮助学生理解幼儿园岗位特点，以及幼儿园不同活动样态组织与实施过程中幼儿行为的观察与指导要点。在每一种样态的编写过程中，特别设置了基于幼儿园岗位特点的"任务情境"描述，旨在引领学生初步感知岗位特点，以具体任务为起点开展教学活动，并让学生带着对情境故事的思考和理论部分的学习收获，进入"任务流程"的学习，任务流程共分为准备、观察、记录、分析、指导五个流程，与幼儿园实际工作中对幼儿的观察与指导过程一致，真正做到"所学即所用"。

（三）对接学前教育专业赛证要求，提升学生岗位胜任力

在学前教育专业专科层次，全国职业院校技能大赛（高职组）学前教育专业教育技能赛项是全国最具代表性的专业赛事，获得幼儿园教师资格证书是每一位学前教育专业学生走上工作岗位的前提。因此，本教材编写链接"赛证"要求、靶向聚焦"赛证"真题，有助于学生明晰"赛证"要求、熟悉"赛证"内容，以"赛证"为焦点思考岗位胜任力的具体要求，更加聚焦基于岗位胜任力的学习内容，理解岗位胜任力的要求，在实践中直接应用基于岗位胜任力的具体流程，从而提升学生的幼儿园岗位胜任力。

二、教材编写内容

本教材的编写打破了基于学科逻辑重理论阐释的传统教材模式，转变为以高职学前教育专业学生的学习过程与工作过程为中心组织课程内容，基于工作过程，以幼儿行为观察与指导的岗位任务为主线，精心提炼整合了连贯的、真实的4个项目、16个典型工作任务，构建了"岗位要求—学习目标—内容框架—工作任务"的幼儿行为观察与指导内容体系。

（一）一日生活活动中的幼儿行为观察与指导

生活活动既是幼儿园中最常见、最普遍的活动，又是最基础、最重要的活动。幼儿的学习和成长是从生活开始的，良好的生活习惯与生活能力有助于幼儿更快地适应幼儿园当下的学习生活和未来的社会生活。因此，项目一聚焦一日生活活动中的盥洗时刻、进餐时刻、午睡时刻和如厕时刻4个典型工作任务，通过观察与记录幼儿在一日生活活动4个典型工作任务中的行为表现，并根据观察记录情况作出分析与指导，以促进幼儿

的主动学习和全面发展。

（二）主题游戏活动中的幼儿行为观察与指导

主题游戏活动是幼儿之自我向社会化道路发展的重要推动力，是幼儿心理正常发展所必需的。主题游戏活动是幼儿身心健康发展的"必修课"，直接关系幼儿社会化进程及幼儿在此进程中的自我完善。因此，项目二聚焦主题游戏活动中的产生兴趣、主动体验、深度探究和分享合作4个典型工作任务，通过观察与记录幼儿在主题游戏活动4个典型工作任务中的行为表现，并根据观察记录情况作出分析和指导，以促进幼儿的后续学习与终身发展。

（三）区域游戏活动中的幼儿行为观察与指导

区域游戏活动是幼儿园基本活动形式之一，也是幼儿极感兴趣、极喜爱的活动。"以游戏为基本活动"是我国学前教育工作者的一种共识。区域游戏活动与幼儿年龄特点相适宜，保障幼儿游戏权利和童年快乐生活，促进幼儿主体性发展。因此，项目三聚焦区域游戏活动中的探究学习类、社会交往类、创意想象类和运动体能类区域游戏4个典型工作任务，通过观察和记录幼儿在区域游戏活动4个典型工作任务中的行为表现，并根据观察记录情况作出分析和指导，以促进幼儿各领域关键经验和学习品质的发展。

（四）综合实践活动中的幼儿行为观察与指导

综合实践活动是幼儿园教育教学活动样态的组成部分，是从幼儿的真实生活和发展需要出发，从生活情境中发现问题，转化为活动主题，通过探究、制作、体验等方式，培养幼儿综合素质的跨领域、综合型、实践性课程。因此，项目四聚焦综合实践活动中的研学活动、节日活动、亲子活动和特色活动4个典型工作任务，通过观察与记录幼儿在综合实践活动4个典型工作任务中的行为表现，并根据观察记录情况作出分析和指导，以促进幼儿的主动探究和跨领域学习。

三、教材编写分工与体例

本教材的编写团队架构充分体现了校企合作的特点，北京师范大学牵头联合国内高职院校、幼儿园及教育科研公司开展编写工作。北京师范大学霍力岩教授、金华职业技术学院成军校长担任主编，并分别带领两个团队共同工作、协力攻关。北京师范大学团队牵头整体框架架构、人员组织与分工、编写工作统筹规划与安排等工作并承担具体内容的编写；金华职业技术学院团队参与整体框架架构、初步拟订具体内容目录、提供项目一中任务二进餐活动与任务三午睡活动幼儿行为观察与指导的样例、提供项目四综合实践活动的样例并开展任务一研学活动与任务二节日活动幼儿行为观察与指导具体内容的编写。在形成编写体例的过程中，两个团队进行了多轮次的研讨。此外，高等教育出版社相关负责人、北京市名园长等参与书稿框架与内容的讨论；幼乐美（北京）教育科技有限公司、北京童年星球教育科学研究院有限公司为书稿的撰写工作提供撰写意见、活动案例和赛证真题；一些高职院校（如抚州幼儿高等师范专科学校等）和幼儿园（如北京三教寺幼儿园等）也参与书稿的撰写工作。具体分工如下：项目一"一日生活活动中的幼儿行为观察与指导"由张仁甫、王潇、樊婷婷、廖宁燕、林岚、孙少康、安凤佳、孙蕾蕾完成，项目二"主题游戏活动中的幼儿行为观察与指导"由谷虹、高游、杜宝杰、姚聪瑞、龙正渝、刘睿文、黄双、提茗、贺暕琳、张昭、李婧漪、唐坤、吴雨荷、于紫函、刘成云、杨志红完成，两个项目中出现的案例均是编者在实地调研走访、实习见习、案例手册、工作中观察到或经历过的内容，经过匿名化处理和书面改编而成；项目三"区域游戏活动中的幼儿行为观察与指导"由吴采红、周立莉、武明洁、李雨昕、姚聪瑞、房阳洋、高宏钰完成，项目中的案例"十二生肖小火车"由北京实验学校（海淀）幼儿园艾彦晴提供、案例"娃娃家"由北京大学附属幼儿园韩杰提供、案例"琪琪的小牙刷"由中国科学院第三幼儿园薛许立和刘婉婷提供、案例"泽泽学会跳绳啦"由中国科学院第三幼儿园杏林湾分园潘佳艺和许玲玲提供；项目四"综合实践活动中的幼儿行为观察与指导"中的任务一"幼儿的研学之旅——'研学活动'中的幼儿行为观察与指导"和任务二"幼儿的节日探索——'节日活动'中的幼儿行为观察与指导"由金华职业技术学院陈芳艳、明文完成，项目中的案例"家乡有个'小西湖'"和案例"嫦娥姐姐来看我"均由金华职业技术学院附属幼儿园提供；任务三"幼儿的亲子教育——'亲子活动'中的幼儿行为观察与指导"和任务四"幼儿的特异功体验——'特色活动'中的幼儿行为观察与指导"由张仁甫、吴采红、林岚、廖宁燕、樊婷婷和杜宝杰完成，项目中的案例"为我们服务的人——参观小虎岛消防救援站"和案例"'有蕉一日、掂过碌蔗'秋收主题运动会"均由广东省广州市南沙实验幼儿园夏雨琦和吕婷婷提供。

本教材的编写体例切实体现了产教融合的特点，充分融入真实工作岗位、技能大赛、职业资格证书（职业技能等级证书）要求，按照岗位要求、学习目标（包括知识、能力、素养三维目标）、任务（包括任务情境、基础理论、任务流程、反思总结和赛证真题）和总结拓展（包括项目总结、记忆口诀和拓展链接）来编排教材内容。

四、教材编写特色和创新

本教材是国内高职院校第一批"岗课赛证"融通教材，在设计思路、内容编排、内隐价值、呈现形式和教材使用上具有如下特点。

（一）在设计思路上，立足幼儿园教师岗位任务

本教材立足幼儿园教师岗位任务，聚焦一日生活活动、主题游戏活动、区域游戏活动和综合实践活动四大项目，每个项目又由具体的 16 项工作任务构成，通过理论与实践相结合的方式，致力于构建符合高等职业教育学前教育专业学生学习需求的"幼儿行为观察与指导"教材体系，提升学前教育专业学生在离幼儿"最近一厘米"距离的班级内以"观察者"角色观察幼儿的能力，以及在此基础上以"指导者"角色指导幼儿的能力。

（二）在内容编排上，聚焦真实情境中的班级观察

根据 2022 年 2 月教育部印发的《幼儿园保育教育质量评估指南》（以下简称《评估指南》）提出"聚焦班级观察"的要求，本教材力图充分聚焦真实情境中的班级观察，即在班级中开展基于真实情境的幼儿行为观察。首先，确定了 4 种岗位任务；其次，对 4 种岗位任务进行分析，对指向不同班级活动情境与岗位任务中的幼儿行为记录标准进行指标化的呈现，并对幼儿典型行为表现进行水平的划分与描述；最后，引导幼儿园教师在真实的岗位任务情境中对幼儿进行有设计地观察、有智慧地分析、有策略地支架，促进幼儿在原有水平上的发展，并最终反哺自身的专业成长，实现幼儿与教师的共同发展。

（三）在内隐价值上，凸显传统文化的融入与浸润

根据 2014 年 3 月教育部印发的《完善中华优秀传统文化教育指导纲要》中提出的"把中华优秀传统文化教育系统融入课程和教材体系"及 2019 年教育部印发的《职业院校教材管理办法》教材编写要"有机融入中华优秀传统文化""弘扬精益求精的专业精神、职业精神、工匠精神和劳模精神"和党的二十大报告中提出的"传承中华优秀传统文化"的要求，本教材力图在高等职业院校教材中操作性呈现、落实和完善"中华优秀传统文化"的融入与浸润。首先，有机融入了中华优秀传统文化的有形事物，例如，任务情境选取了民间故事、象形文字、京剧服饰、自然与历史遗迹与节日习俗等；其次，有机融入了中华优秀传统文化的价值信念，主要体现在观察情境的选取与观察评价指标的设计上；最后，将中华优秀传统文化中的职业道德与学习目标有机结合，主要体现在教材学习目标的素养目标上。教材依据党的二十大报告中提出的"加强师德师风建设"及《幼儿园教师专业标准（试行）》对基本理念与师德的要求，链接中华优秀传统文化中职业道德要素，涵养高职学生教育情怀，形成关爱幼儿、用心从教的道德品质，培养高职学生育德意识，促进中华优秀传统文化进教材、进课堂、进头脑。

（四）在呈现形式上，关注教学情境的数字化建设

根据 2019 年中共中央、国务院印发的《中国教育现代化 2035》中提出的"加快信息化时代教育改革，利用现代技术加快推进人才培养模式改革，建立数字教育资源共建

共享机制等"的要求，根据 2021 年中共中央办公厅、国务院办公厅印发的《关于推动现代职业教育高质量发展的意见》中提出的"应创新教学模式与方法，推动现代信息技术与教育教学深度融合，提高课堂教学质量"的要求，结合党的二十大报告中提出的"推进教育数字化"，本教材力图充分体现教学情境的数字化。具体表现为使用数字化技术弥补幼儿园情境缺失的问题，在教材的部分案例内容旁增加了二维码链接的视频资源，学生可以使用手机等移动终端扫描二维码直接观看对应案例的视频，从而有效解决高职院校学前教育专业在实践基地优质活动观摩案例选择上的困难，同时也增加了相关项目中具体任务的理论讲解的二维码，将有效提升教师教、学生学的效率，有助于提升高职院校学前教育专业教育教学的专业化程度。此外，与任务相关的赛证真题的答案、解析也统一以二维码的形式呈现，以增加教材的友好化与可读性。

（五）在教材使用上，重视有意义进阶的过程性评价

根据《评估指南》中提出的要重视过程质量，"坚持科学评估，切实扭转'重结果轻过程'等倾向"及"坚持以评促建，注重过程性评估"等要求，结合党的二十大报告中提出的完善"教育评价体系"，本教材力图在高等职业院校教材中显性化、操作化、全面化建构并完善"有意义进阶"的过程性评价。具体而言，通过幼儿园有意义进阶活动情境的充分营造，以及对其中有意义进阶典型行为表现的焦点观察，教师为支持幼儿有意义进阶典型行为表现提升所使用的支持策略的切实提供，促进幼儿与教师双主体有意义的进阶式、螺旋式、长足式发展。

北京师范大学　霍力岩

2023 年 11 月

目　　录

导论

学前教育是终身学习的开端，是国民教育体系的重要组成部分，是重要的社会公益事业。办好学前教育，实现幼有所育、幼有善育，是党和政府为老百姓办实事的重大民生工程，关系亿万儿童健康成长，关系社会和谐稳定，关系党和国家事业未来。师资队伍是保障学前教育健康可持续发展的关键。高等职业教育学前教育专业教材《幼儿行为观察与指导》进行"岗课赛证"融通开发设计，是落实教育链、人才链与产业链、创新链相衔接的重要抓手，是探索"岗课赛证"综合育人人才培养模式的重要尝试，是提升学前教育专业人才培养质量的重要突破口，也是对党的二十大报告"推进职普融通、产教融合、科教融汇，优化职业教育类型定位"要求的落地实践。

一、学前教育行业产业链分析

学前教育又称幼儿教育，是指实施幼儿教育的机构根据一定的培养目标和幼儿的身心发展特点，对入小学前的幼儿进行有计划的教育，其主要任务是使幼儿身心获得协调发展，为入小学接受小学阶段的教育作好准备。实施学前教育的机构主要有托儿所、幼儿园、附设在小学的学前班等，其年限为1~3年。

（一）学前教育行业发展历程

学前教育是一项社会公共事业，在各级教育中属于公共性最强、社会受益面最广的一项社会公共事业，这是国际共识。最早的学前教育机构诞生于1770年，法国新教派的牧师奥伯林创办的"编织学校"被看作近代学前教育机构的萌芽；1837年，德国教育家福禄贝尔在勃兰根堡开办了儿童活动学校，并于1840年命名为"幼儿园"（kindergarten），这是学前教育史上第一所以幼儿园命名的教育机构；1861年，英国空想社会主义者罗伯特·欧文在新兰纳克工厂创办了世界上第一所学前教育公共机构——"幼儿学校"。

我国最早的幼儿园思想出现在维新运动领导人康有为的《大同书》中。后来清政府于1903年颁布了《癸卯学制》，规定设立对2—6岁儿童进行教育的蒙养院，最早出现的是武昌模范小学蒙养院。接着，北京京师第一蒙养院、上海务本女塾幼稚舍、湖南蒙养院、福建公立幼稚园、天津严氏蒙养院等幼儿教育机构陆续建立。据光绪三十三年（1907）统计，全国的蒙养院已有428所，在院幼儿4893人。五四运动前后，以陶行知、陈鹤琴、张宗麟、张雪门为代表的爱国教育家极力提倡幼儿教育并在陶行知先生的倡议和直接领导下，张宗麟、徐世璧、王荆璞等人先后到南京郊区的燕子矶创办乡村幼稚园，探索省钱的、平民的、适合中国国情的兴办幼稚园之路。

中国共产党成立后，学前教育作为党之大计、国之大计，始终在中国共产党建国安邦的战略中占有重要地位。革命战争年代，在极端困难的情况下，我国以"托儿所"和"保育院"等形式对学前教育展开初步探索。中华人民共和国成立之初，国民经济处于恢复和发展时期，建立了以解放生产力为目标的学前教育体制，社会主义学前教育制度建立并曲折发展。改革开放以来，我国经济持续快速发展，学前教育的改革不断深入，学前教育专门规制体系进一步完善。党的十八大以来，学前教育改革在新的时代、新的阶段取得了新的突破。党的十八大提出要"办好学前教育"，将学前教育提到了一个前所未有的高度，"办好学前教育"成为"办好人民满意的教育"的重要部分。党的十九大报告中对"优先发展教育事业"作出新的全面部署，指出"办好学前教育"，同时确定普惠目标，2020年实现学前教育毛入园率85%，学前教育行业中普惠园率80%，公办园比例不低于50%。党的二十大报告在总结过去五年的工作和新时代十年的伟大变革时指出，在幼有所育等方面持续用力，并提出要强化学前教育普惠发展。围绕新时代学前教育改革的推进，一系列学前教育规制得以出台，涉及幼儿园环境、幼儿园教师职业道德、幼小衔接、学前教育督导、幼儿园教师发展等领域，推进学前教育的高质量发展。

（二）学前教育行业产业链情况

随着政府的愈发重视，近十年来，我国学前教育行业发展迅速。我国学前教育体系以儿童年龄段划分大致可以分为以0—3岁婴幼儿为主的托育行业和以3—6岁幼儿为主的幼儿园行业。其中，幼儿园涉及民生与社会公平，政策监管相对严格，要求公办园和普惠性民办园在幼儿园占比达到80%；而托育方面，由于渗透率较低及消费的非必需性，政策鼓励通过市场化方式，采用公办民营、民办公助等多种形式。

从行业产业链的角度看，幼儿园是学前教育唯一的类刚需产品，具有流量入口作用，横向可衍生出品牌、商品销售、管理、艺体培训等多元需求；纵向可向0—3岁托育（托育机构）及6岁幼小衔接拓展（见图0-1）。

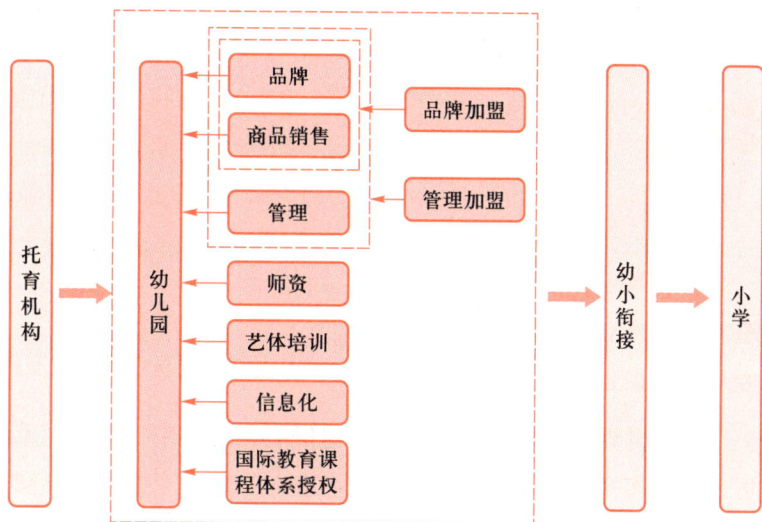

图0-1 我国学前教育产业链示意图

从上游看，我国在提升学前教育入学率的同时也在不断扩大学前教育规模，弥补学位缺口，学前教育经费投入扩大。教育部统计数据显示，2015—2020年，我国学前教育经费总投入呈上升态势，同时，我国学前教育经费总投入占全国教育经费总投入的比重整体呈上升趋势。2020年，全国教育经费总投入为53 014亿元，其中，全国学前教育经费总投入为4 203亿元，同比增长2.39%，占教育经费总投入的比重略有下降，为7.93%。2010年国家颁布《国家中长期教育改革和发展规划纲要（2010—2020年）》指出，2020年之前基本普及学前教育，建立政府主导、社会参与、公办民办并举的办园体制。纲要颁布后，学前教育收入增幅非常之大，短短几年增长数倍，全国各级政府对学前教育的重视程度不断提高。

从中游来看，近年来，我国幼儿园数量增势明显，2022年，全国共有幼儿园28.92万所，其中普惠性幼儿园24.57万所。普惠性幼儿园占全国幼儿园的比例为84.96%。[①]就市场规模而言，我国幼儿园市场规模呈稳定上升趋势。2013年，中国幼儿园市场规模仅为1 200亿元，到2020年，中国幼儿园的市场规模已经达到2 787亿元，并且呈现稳步增长态势，比2019年上涨10.38%。[②]

从下游来看，随着新生代父母对科学早教的认可，0—6岁的婴幼儿在各年龄段

---

① 中华人民共和国教育部政府门户网站.
② 华经产业研究院. 2022年中国学前教育行业发展历程、主要产业政策、市场竞争格局及发展趋势［EB/OL］. 根据网络资料整理.

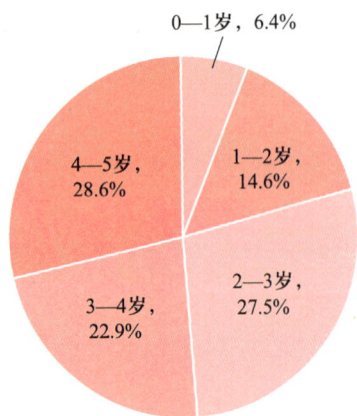

图 0-2　2021年我国0—6岁婴幼儿接受早教年龄分布情况

都出现了对早教的需求，且在早教市场消费群体中有一定占比。据统计，2021年我国接受早教的婴幼儿中，2—3岁幼儿占比达到28%，而2—4岁幼儿占比超过五成（见图0-2）。就市场规模而言，2020年，我国早教行业市场规模达3 038亿元，较2019年上升13.6%，受疫情影响，增长率较往年略有下降。早教行业连续多年市场规模增长超过10%，潜在市场巨大，预计未来将持续快速发展。[①]

（三）学前教育行业发展现状与趋势

当前世界各国学前教育事业迅速发展，近年来，许多国家学前教育机构的办学形式日益多样化和灵活化，满足社会上对学前教育的各种不同需求。主要表现为以下几个趋势。

第一，扩大幼儿园的服务功能。基于社会结构、生育观念转变等导致的适龄幼儿人数减少的大背景，幼儿园将会出现"有园没幼儿上"的现象，为了资源利用的最大化和做好托育和幼小衔接工作，幼儿园可以扩大服务功能，为入学前幼儿提供幼小衔接服务。

第二，丰富学前教育机构。人们对高质量学前教育的需求会影响学前教育机构的设置与变革，除了全日制和半日制幼儿园外，将会出现提供全日托、半日托、计时托、临时托等托育服务的机构，出现为婴幼衔接、幼儿入学准备的衔接机构等。

二、学前教育行业创新链分析

（一）学前教育行业发展的新方向

党的十八大、十九大以来，党中央坚持以人民为中心的发展思想，持续在"幼有所育"上用力。相关数据显示，"2011年至2021年，全国幼儿园数量增加超七成，近九成在园幼儿享受到普惠性学前教育。全国新增的幼儿园80%左右集中在中西部地区，60%左右分布在农村。2022年，全国有幼儿园28.92万所，学前教育毛入园率达到89.7%，全国幼儿园专任教师324.42万人，专任教师中专科以上学历比例为90.3%。可见，绝大多数幼儿享受到普惠性学前教育服务，我国学前教育迅速发展，

---

① 华经产业研究院. 2022年中国学前教育行业发展历程、主要产业政策、市场竞争格局及发展趋势［EB/OL］. 根据网络资料整理.

普及普惠水平不断提升。随着学前教育发展规模的扩大和入园率的提高，人民群众不但需要"有园上"，更要求"上好园"，需要不断提高学前教育质量。

2021年12月颁布实施的《"十四五"学前教育发展提升行动计划》[①]，提出"全面提升保教质量，坚持以游戏为基本活动，全面推进科学保教，加快实现幼儿园与小学科学有效衔接。推进学前教育教研改革，强化教研，为教师专业成长和幼儿园保育教育实践服务。健全幼儿园保教质量评估体系，充分发挥质量评估对保教实践的科学导向作用，提高教师专业素质和实践能力"。可见，对学前教育行业的发展提出了重视保教质量提升，科学规范实施幼儿园保教实践，以幼儿园保教质量评估促教师专业发展的重要引领与指导。

2022年2月，教育部印发实施的《幼儿园保育教育质量评估指南》[②]提出"聚焦班级观察。通过不少于半日的连续自然观察，了解教师与幼儿互动情况，准确判断教师对促进幼儿学习与发展所做的努力与支持，全面、客观、真实地了解幼儿园保育教育过程和质量"。"班级观察"成为评估幼儿园保育教育过程质量的重要方式，幼儿教师观察与评价能力的重要性也将越发凸显。

党的二十大报告作出"优化人口发展战略，建立生育支持政策体系，降低生育、养育、教育成本"的重要部署。《中华人民共和国国民经济和社会发展第十四个五年规划和2035年远景目标纲要》[③]明确提出要"发展普惠托育体系，健全支持婴幼儿照护服务和早期发展的政策体系"，并将每千人口拥有3岁以下婴幼儿托位数4.5个纳入"十四五"时期经济社会发展主要指标。政府和社会已经开始积极探索托幼一体化、社区托育、家庭托育等各种各样的托育模式，婴幼衔接、托幼一体是学前教育发展的必然趋势。

（二）学前教育行业发展的新需求

随着我国经济社会发展水平的不断提高，家庭收入的不断增加和学前教育消费观念的逐步升级，人民群众对学前教育的需求层次日趋多元化，对获得高质量学前教育服务的期盼越来越强烈。对幼儿园行业而言，它需要承担对3—6岁幼儿的保教责任，更是幼儿终身教育的起点，应注重保教结合，积极促进幼儿德智体美劳全面和谐发展。对托育行业而言，它需要承担对0—3岁婴幼儿的照护责任，更需要安排

---

① 教育部等九部门关于印发《"十四五"学前教育发展提升行动计划》的通知［EB/OL］. 中华人民共和国教育部政府门户网站.
② 教育部. 教育部关于印发《幼儿园保育教育质量评估指南》的通知［EB/OL］. 中华人民共和国教育部政府门户网站.
③ 中华人民共和国中央人民政府. 中华人民共和国国民经济和社会发展第十四个五年规划和2035年远景目标纲要［EB/OL］. 新华网.

多样化、有意义的早期教育活动，提升托育品质。总之，婴幼儿家长在选择学前教育产品与服务时，会综合考量教育理念、教育内容、师资及环境等条件因素，更倾向于追求差异化个性需求的满足。因此，解决好当前学前教育供给质量和人民群众多元化、高质量需求之间的矛盾，更加重视提升学前教育质量内涵，努力使适龄幼儿接受更加公平、更高水平的学前教育，是当前和今后一段时期推进学前教育高质量发展的关键所在。

总之，广覆盖、保基本、高质量的学前教育公共服务体系正在形成，人民群众幼有善育的美好愿景正在实现。

三、学前教育行业人才链分析

（一）愈发重视学前教育行业的人才质量

近年来，我国学前教育资源总量增加迅速。在师资建设上，学前教育教师培养规模不断扩大。2021年，全国共有1 095所本专科高校开设学前教育专业，毕业生达到26.5万人，分别比2011年增加591所、23.1万人，分别增长1.2倍、6.8倍。其中，专科在校生数占学前教育专业本专科在校生总量超过70%[1]，是充实幼儿园一线教师队伍的主力军。2022年，全国幼儿园专任教师324.42万人，专任教师中专科以上学历比例为90.3%，师生比从2011年的26∶1下降到2022年的14∶1，基本达到"两教一保"的配备标准，教师素质也明显提高，学历结构进一步优化。

师资队伍质量是学前教育事业发展的关键因素。2021年，教育部等九部门印发《"十四五"学前教育发展提升行动计划》，对如何加强幼儿园教师队伍建设提出明确要求，更加强化学前儿童发展和教育专业基础，注重培养学生观察了解儿童、支持儿童发展的实践能力。党的二十大报告中提出，要"加强师德师风建设，培养高素质教师队伍"。可见，持续提升学前教育行业教师的职业能力素质依旧是重点和痛点。

（二）学前教育行业人才能力的新要求

进入新时期，随着一些新幼教理念、方法的改进，教师的工作不再仅仅是"看管"幼儿，而是要能注重观察幼儿的内心需要，依幼儿的个别差异因材施教，提供适时的引导，培养幼儿自觉主动的学习和探索精神，注重智慧与品格的养成。同时，在"医教结合"、儿童认知发展与具身教育的发展下，还要求教师关注幼儿身体、情绪、心理、性格、品格等方面的发展和成长，能积极运用启发式教学法、情境教学

---

① 余俊帅. 新时期高职院校学前教育专业"三教"改革探析［J］. 教育与职业，2020（12）：85.

法、暗示教学法、操作法等，更加注重幼儿思考探索、情感感知、心理活动等方面的发展。而职业院校学前教育专业主要培养的对象是幼儿园等学前教育机构一线教师等应用型人才，决定了其人才培养目标要转变原来低层次、单一化的定位，培养高素质、复合型、专业化、彰显类型特征的学前教育人才，使他们既具有较高理论水平又具有突出操作能力，成为基础理论扎实的反思智慧型学前教育领域专业人才。

四、学前教育行业教育链分析

（一）学前教育行业全新育人模式

近年来，在全面建设社会主义现代化国家新征程中，不同层级的职业院校肩负着人才多样化培养、职业技能传承的重要使命。2021年4月，全国职业教育大会提出"职业教育'岗课赛证'融通的全新育人模式"；2021年10月，中共中央办公厅、国务院办公厅《关于推动现代职业教育高质量发展的意见》提出"完善'岗课赛证'综合育人机制，按照生产实际和岗位需求设计开发课程，开发模块化、系统化的实训课程体系，提升学生实践能力。及时更新教学标准，将新技术、新工艺、新规范、典型生产案例及时纳入教学内容。把职业技能等级证书所体现的先进标准融入人才培养方案"[1]。同时，针对学前教育专业岗位（群）及学前教育专业人才职业能力需求的最新变化，以"岗课赛证"综合育人模式引领学前教育专业职业院校的人才培养改革，共同推进"岗课赛证"融通的课程教学改革实践。

（二）学前教育行业人才能力定位

在"岗课赛证"融通的育人模式改革背景下，我国不同层级职业院校的学前教育专业人才培养目标逐渐呈现出共同的价值追求：落实立德树人根本任务，热爱学前教育事业，德智体美劳全面发展，具有良好的教师职业道德、先进的幼儿教育理念与扎实的科学人文艺术素养，具有幼儿研究与支持能力、幼儿保育与教育能力及教学反思能力，能够在幼儿园、托育服务中心等机构从事保教、科研、管理及社会服务的高素质应用型人才。

（三）学前教育行业课程体系创新

培养不同层级学前教育专业人才的职业院校开展了基于"岗课赛证"融通的人才培养模式改革，以课程教学改革为核心推动育人模式变革，体现课与岗、赛、证

---

[1] 中共中央办公厅，国务院办公厅. 关于推动现代职业教育高质量发展的意见［EB/OL］. 中华人民共和国中央人民政府门户网站.

的共融共生，强化职业能力实训。

第一，课岗融通方面，将学前教育课程教学内容与幼儿园教师岗位的保育与教育关键能力相链接，把幼儿园保教工作的过程、任务、标准、要求全部融入课程教学的设计与实施，尤其是专业核心课程，实现课程的设置、实施与幼儿园教师实际岗位能力的相互吻合。

第二，课赛融通方面，充分发挥国赛对高质量学前教育专业人才培养的引领作用，将国赛中的新技能、新要求、新规范融入课程教学改革过程。"大赛赛项规程设计以专业教学标准、职业能力标准等作为主要参考依据，内容紧跟教学实际，实现技能大赛相关标准与职业院校的专业课程标准的互动发展"[①]。积极借鉴国赛评价标准来改革课程考核评价方案，并把国赛训练与日常实践教学相结合。

第三，课证融通方面，把幼儿园教师资格证等职业能力等级证书所体现的标准要求融入课程教学全过程，分学年、学期将职业能力资格要求与专业课程教学无缝衔接。课程教学对标幼儿园教师资格证、普通话水平测试等级证、幼儿照护、器乐艺术指导等1＋X职业技能等级证书的考核要求[②]，强化在课程教学中的职业能力训练，使课程教学贴近幼儿园教师岗位工作实践。

第四，各层级学前教育专业人才培养的职业院校完善实践教学平台，与行业领军幼儿园、集团园开展深度合作，共建高水平产教融合创新的实践基地园，真正实现在幼儿园真实工作任务情境中锻炼学生的职业能力。

总之，"岗课赛证"融通已成为职业院校人才培养的鲜明特征，以"岗课赛证"融通为特色的教育教学改革的理论研究与实践探索，对学前教育专业人才培养质量提升、加速高水平学前教育专业（群）建设都产生了积极影响。

（四）学前教育行业新教材的开发

2021年，全国职业教育大会首次提出"岗课赛证"综合育人新要求，以课程改革为核心推动育人模式变革。2021年10月，中共中央办公厅、国务院办公厅印发的《关于推动现代职业教育高质量发展的意见》要求，要改进教学内容与教材，完善"岗课赛证"综合育人机制，按照生产实际和岗位需求设计开发课程。可见，随着高职学前教育专业人才培养目标定位的升级，高职学前教育专业首先要通过教学内容与教材的变革来推动新育人模式的发展，以达成新时代学前教育专业新的人才培养规格。

---

① 许远. 基于"1＋X证书"的"课证融合"教材开发研究［J］. 职业教育研究，2019（7）：32-40.

② 邰康锋，任江维. 高职教育"岗课赛证"融通教学改革的逻辑体系与实践策略：以学前教育专业为例［J］. 中国职业技术教育，2022，（26）：41-45，59.

从不同层级职业院校的学前教育专业的课程设置来看，"幼儿行为观察与指导"是一门重要的核心课程。本教材为"幼儿行为观察与指导"核心课程的配套教材，具有如下特点。

1. 贯彻"岗课赛证"融通的编写理念

本教材分析我国政策环境、人口变化、行业发展和幼儿园教师岗位职责要求，基于高职院校学前教育专业开展现状、幼儿园教师核心技能变化情况，以一日生活活动、主题游戏活动、区域游戏活动和综合实践活动中的典型工作任务为载体，厘清幼儿园教师进行幼儿行为观察与指导的能力内涵，同时融入学前教育专业全国职业院校技能大赛内容和幼儿园教师资格证要求，开发模块化、系统化和操作化的教材内容，培养学前教育专业学生的职业综合素质和行动能力。

2. 立足"阶梯递进式"的教学目标

本教材立足于培养学前教育专业学生应具备的如下能力。（1）熟知幼儿园一日生活活动的主要环节、熟知幼儿园集体教育活动的主要任务、熟悉幼儿园区域游戏的几种类型及熟知幼儿园常见的综合实践活动；掌握幼儿行为观察的观测点与具体行为标准、记录方式、记录标准和指导策略。（2）能根据记录内容分析幼儿行为并展开适宜的教育指导。（3）能关注幼儿行为观察与指导的最新理论知识与实践能力，能不断提升自身对幼儿行为水平分析与指导的能力。（4）尊重幼儿人格，富有爱心、责任心、耐心和细心，养成在日常生活中关爱幼儿、在点滴生活中引领幼儿健康成长的专业自觉，培养幼儿健全人格，做幼儿健康成长的启蒙者和引路人。

3. 注重"理实一体化"的内容设计

为加强教师队伍建设，保障教师队伍质量，促进幼儿健康成长，教育部陆续颁布《幼儿园教育指导纲要（试行）》《幼儿园教师专业标准（试行）》《3—6岁儿童学习与发展指南》，这些文件中都强调幼儿行为观察与指导能力是幼儿园教师专业能力的重要组成部分，教育部2022年印发的《幼儿园保育教育质量评估指南》更是强调聚焦幼儿园的班级观察。在此背景下，幼儿行为观察与指导能力受到高度重视，职业院校人才培养方案中也先后加入了这门课程。但在我国学前教育实践和职业院校学前教育专业人才培养中，幼儿行为观察与指导能力的培养还存在一些突出问题。比如，幼儿作为"人"的主体地位并没有得到充分重视，幼儿行为观察仍普遍面临着价值取向缺失、目标框架模糊、实践能力偏弱等问题。此外，大量幼儿行为观察与指导教学参考用书缺乏案例与实训内容，不利于学生掌握。为解决以上问题，本教材立足于幼儿园教师岗位职责要求，聚焦一日生活活动、主题游戏活动、区域游戏活动和综合实践活动四大项目，每个项目又由具体的工作任务构成，通过理论与实践相结合的教材内容设计，推进符合学前教育特点和学前教育专业学生学习需求的"幼儿行为观察与指导"课程建设。

五、结语

当前我国正处在全面建设社会主义现代化国家的新征程中，建设高质量学前教育体系，推动学前教育高质量发展，都需要以高质量的学前教育专业人才做保障。本教材基于"岗课赛证"综合育人的顶层设计，将岗位能力要求、技能大赛要求、行业证书要求与专业课程内容对接，实现以岗设课、以赛促课、以证验课，提升课堂教学活力，增强学生学习的实用性，提升学生职业综合素质和行动能力，推进高职学前教育专业"岗课赛证"四位一体育人模式改革，满足新时代对高职学前教育专业人才培养的新要求。

項目一

1

一日生活活动中的幼儿行为观察与指导

陶行知认为："全部的课程包括全部的生活，一切课程都是生活，一切生活都是课程。"生活活动是幼儿园中最常见、最普遍的活动，也是最基础、最重要的活动。幼儿的学习和成长是从生活开始的，良好的生活习惯与生活能力有助于幼儿更快地适应幼儿园当下的学习生活和未来的社会生活。因此，在一日生活活动中观察、记录幼儿的行为表现，并及时作出相应的分析和指导，对幼儿的主动学习和全面发展具有重要意义。

岗 位 要 求

一日生活活动中的幼儿行为观察与指导是幼儿园教师组织教育教学活动的基础。《3—6岁儿童学习与发展指南》指出："帮助幼儿养成良好的生活与卫生习惯""形成使其终身受益的生活能力和文明生活方式"。良好的生活习惯与生活能力，是奠定幼儿一生发展的重要基础。幼儿园一日生活活动中充满着教育的契机，幼儿园教师应该做到：

（1）珍视生活对幼儿的发展价值，有目的地观察幼儿在盥洗环节、进餐环节、午睡环节、如厕环节中的行为表现；

（2）在观察、记录与分析幼儿行为表现的基础上反思与改进生活活动的组织与实施；

（3）有效支持幼儿在园一日生活活动各环节中生活习惯的培养和生活能力的发展。

学 习 目 标

知识目标

☐ 熟知幼儿园一日生活活动的主要环节（盥洗环节、进餐环节、午睡环节、如厕环节）。

☐ 掌握一日生活活动主要环节中幼儿行为观察的观测点与具体行为标准、记录方式、记录标准、指导策略。

能力目标

☐ 能针对幼儿园一日生活活动主要环节的观测点与具体行为标准进行幼儿行为的观察与记录。

☐ 能根据记录内容分析幼儿行为并开展适宜的教育指导。

☐ 能关注幼儿园一日生活活动中幼儿行为观察与指导的最新理论知识与实践经验。

☐ 能不断提升自身对盥洗环节、进餐环节、午睡环节、如厕环节的幼儿行为水平分析与指导的能力，做终身学习的典范。

素养目标

☐ 尊重幼儿人格，富有爱心、责任心、耐心和细心。

☐ 养成在日常生活中关爱幼儿、在点滴生活中引领幼儿健康成长的专业自觉。

☐ 在一日生活的观察与指导中树立起以幼儿为本的专业信念。

☐ 培养幼儿健全人格，做幼儿健康成长的启蒙者和引路人。

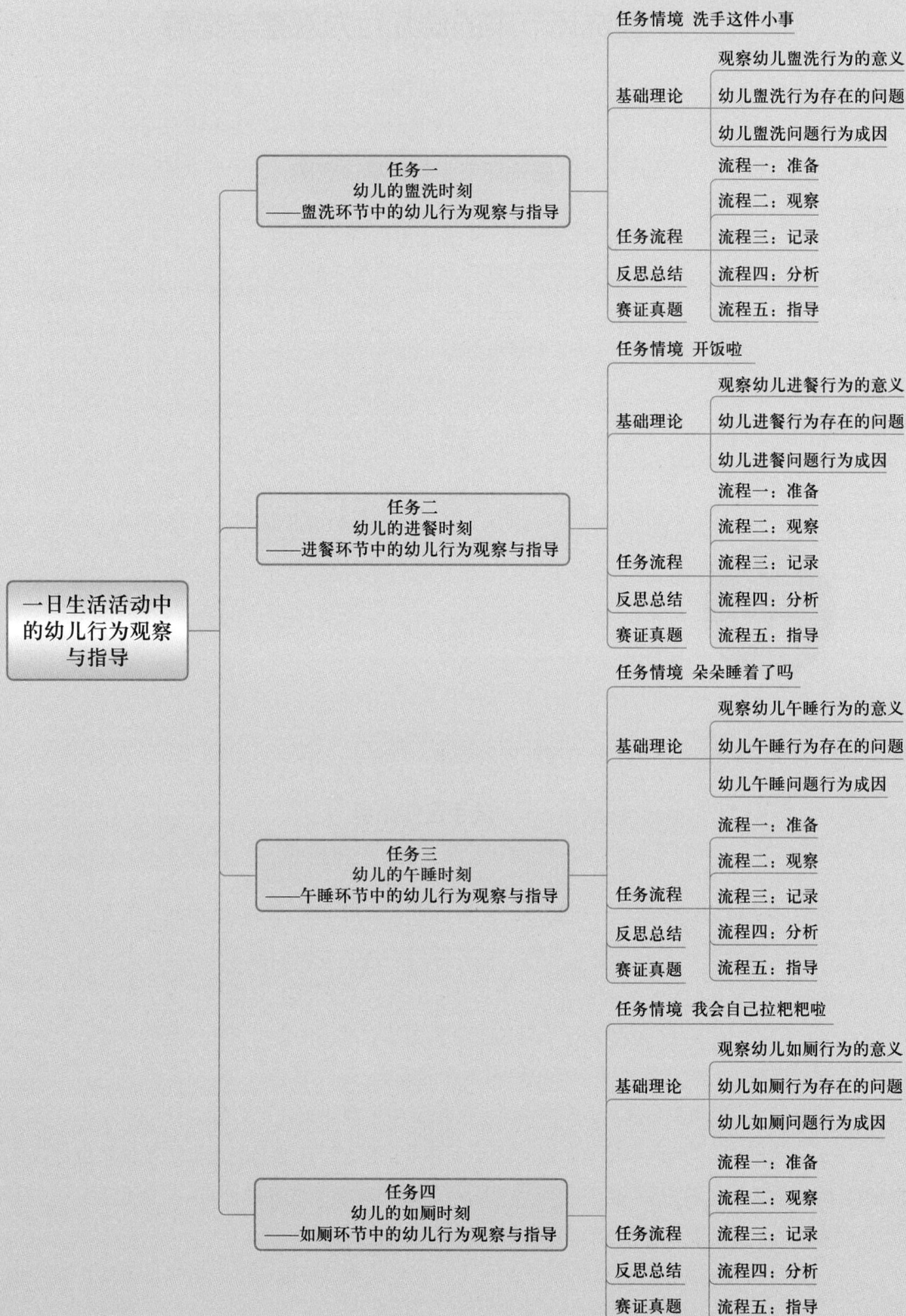

学 习 导 图

一日生活活动中的幼儿行为观察与指导

任务一
幼儿的盥洗时刻
——盥洗环节中的幼儿行为观察与指导

任务情境 洗手这件小事

基础理论	观察幼儿盥洗行为的意义
	幼儿盥洗行为存在的问题
	幼儿盥洗问题行为成因
任务流程	流程一：准备
	流程二：观察
	流程三：记录
反思总结	流程四：分析
赛证真题	流程五：指导

任务二
幼儿的进餐时刻
——进餐环节中的幼儿行为观察与指导

任务情境 开饭啦

基础理论	观察幼儿进餐行为的意义
	幼儿进餐行为存在的问题
	幼儿进餐问题行为成因
任务流程	流程一：准备
	流程二：观察
	流程三：记录
反思总结	流程四：分析
赛证真题	流程五：指导

任务三
幼儿的午睡时刻
——午睡环节中的幼儿行为观察与指导

任务情境 朵朵睡着了吗

基础理论	观察幼儿午睡行为的意义
	幼儿午睡行为存在的问题
	幼儿午睡问题行为成因
任务流程	流程一：准备
	流程二：观察
	流程三：记录
反思总结	流程四：分析
赛证真题	流程五：指导

任务四
幼儿的如厕时刻
——如厕环节中的幼儿行为观察与指导

任务情境 我会自己拉粑粑啦

基础理论	观察幼儿如厕行为的意义
	幼儿如厕行为存在的问题
	幼儿如厕问题行为成因
任务流程	流程一：准备
	流程二：观察
	流程三：记录
反思总结	流程四：分析
赛证真题	流程五：指导

任务— 幼儿的盥洗时刻
——盥洗环节中的幼儿行为观察与指导

盥洗环节观察指导诀窍歌

盥洗环节要做好，盥洗意识是首要；

盥洗环节前中后，习惯能力都思考；

饭前便后要洗手，七步方法都做到；

漱口擦脸有诀窍，洗漱物品整理好；

心中目标很清晰，问题进步都看到；

指导策略有步骤，盥洗行为均提高。

幼儿的盥洗
时刻——盥
洗环节中的
幼儿行为观
察与指导

**任务
情境**

请了解盥洗环节任务情境的内容梗概。

洗手这件小事

大班户外活动结束后，小朋友们的小手上都弄了很多泥。小朋友们回到教室全都挤到了水池边，带来了一阵喧闹。天天小朋友张开双手，挡在水池前不肯走，其他小朋友被挡住了，挤在一起，乱成一团。其他小朋友七嘴八舌地说："他不排队，还插队！""他还推我！"小朋友们纷纷告状，天天大声哭喊。陈老师蹲下来耐心地对天天说："真是这样吗？我相信你不排队是有原因的，把你的理由说给大家听听吧！"天天擦了擦眼泪，慢慢停止了哭喊，略微带着哭腔说："我手太脏了，我不要排队，他们太慢了。"陈老师又启发天天思考："小朋友们的手都很脏，这该怎么办呢？"正在这时候，乐乐说："天天很着急，我可以让他排我前面。"其他小朋友也跟着说愿意。陈老师对天天说："你看小朋友们对你真好！"天天有点不好意思地说："我下次也让小朋友排我前面。我们都要排队洗手。"

轮到天天洗手的时候，他打开水龙头，抬头扫了一眼墙上的七步洗手法，就开始先洗手掌，再洗指缝。然后拿起洗手池边上的洗手液，用力地挤了两滴，把洗手液放回原处后继续搓洗小手，之后轻轻用毛巾把手上的水擦干了。

基础理论

请关注盥洗环节的基础理论。

一、观察幼儿盥洗行为的意义

盥洗活动是幼儿园一日生活的重要组成部分。在幼儿园，盥洗活动包括洗手、洗脸、漱口等基本环节。一方面，盥洗为幼儿身体健康提供了重要保障，有助于幼儿养成良好的生活习惯和卫生习惯。另一方面，盥洗活动中蕴含着丰富的教育契机。例如，盥洗过程中幼儿会产生同伴积极互动行为，可以促进幼儿社会性的发展，同时幼儿也会存在插队、玩水、打闹等冲突行为，教师进行适时的教育引导能够帮助幼儿习得交往技能，发展幼儿的人际交往能力。因此，幼儿的盥洗行为是教师经常观察的内容之一。教师可以充分发挥观察记录的作用，了解每个幼儿的盥洗行为表现，并在分析的基础上提出有针对性的指导策略，引导幼儿养成良好的卫生习惯。

二、幼儿盥洗行为存在的问题

在幼儿园的一日生活中，盥洗是一个非常重要的环节。有专家统计，幼儿在园平均每日洗手10次，一般认为在吃东西前、吃东西后、如厕后、玩过玩具后、碰触到脏东西的时候就需要洗手，有些专家还建议小便前后都需要洗手。[①]在如此频繁的盥洗行为中，主要存在以下三方面的突出问题。

（一）幼儿缺乏主动的盥洗意识和正确的盥洗技能

这是盥洗环节中最常见也是最主要的问题。有些幼儿不清楚什么情况下需要主动洗手，饭前便后需要成人反复提醒才有洗手的意识；在洗手的过程中不会挽袖子，

---

① 焦金花. 幼儿一日活动中盥洗环节的实践与优化探研［J］. 成才之路，2019（25）：72-73.

不知道正确使用洗手液、香皂等工具，更不会正确的洗手步骤，常常在水龙头底下简单一冲了事，洗完手后不会使用毛巾擦干，只是随便把水甩到地上等。[①]

（二）盥洗环节存在秩序问题

洗手时，盥洗室内幼儿较多，很容易出现相互拥挤推拉的现象，一些幼儿没有等待和排队的意识，打闹嬉戏的现象时有发生。这些情况在小班更加常见，也容易导致安全事故的出现，因此教师要格外注意盥洗环节的秩序问题。[②]

（三）幼儿的节约意识较为薄弱

浪费表现在很多方面，有的幼儿会挤很多洗手液，有的幼儿会将洗手液或香皂泡进水里搓泡泡，有的幼儿则会把水龙头开得很大，看着水哗哗地流走，还有的幼儿则是出于好奇而故意打开水龙头玩水，造成了水资源的浪费……处在良好习惯养成期的幼儿节约意识尚未形成，需要成人多加引导。[③]

三、幼儿盥洗问题行为成因

幼儿盥洗问题行为产生的原因一般可以从幼儿自身、教师与家庭三方面进行分析。

（一）幼儿因素

（1）一方面，年龄较小的幼儿由于生活知识与经验的缺乏，还不能完全掌握正确的洗手方法；另一方面，幼儿普遍活泼好动，注意力容易分散，往往不能长时间关注一件事情。这些特点影响了他们的洗手行为，导致洗手时经常出现玩水、打闹、敷衍了事、弄湿衣袖与地面等情况。

（2）幼儿具有很强的模仿能力，无论是正确的或是错误的洗手行为，幼儿之间都很容易相互影响，因此要尽量在集体中树立好的榜样，供幼儿模仿学习。

（3）受认知发展水平的限制，幼儿的卫生清洁意识不强，还不能对卫生、细菌、疾病等相关概念与结果有深刻的认识，因此他们对勤洗手、正确洗手的重视不够。[④]

---

① 崔姝翠. 幼儿园小班生活常规教育的行动研究［D］. 天水：天水师范学院，2019.
② 焦金花. 幼儿一日活动中盥洗环节的实践与优化探研［J］. 成才之路，2019（25）：72-73.
③ 陈程. 在游戏中学会盥洗［J］. 教学月刊小学版（综合），2013（6）：53-55.
④ 季春红. 幼儿园小班洗手活动的现状分析与优化策略［J］. 山东教育（幼教园地），2020（10）：52.

（二）家庭因素

家庭成员的包办和溺爱，在不知不觉中剥夺了孩子的动手机会。很多家长觉得孩子还小，对他们有很多的不放心，因此会帮助孩子洗手；有的家长为了避免孩子自己洗手弄得到处都是水，会经常用湿巾擦手代替洗手……长此以往，这些包办行为不仅助长了孩子的依赖心理，还会成为其良好习惯养成的阻碍。由于缺少必要的练习机会，他们难以掌握正确的洗手方法。

（三）教师因素

（1）教师对盥洗环节重要性的认识不够。幼儿园的一日活动有多个环节，洗手贯穿其中且频率非常高，有些教师认为洗手只是一件简单的事情，是一个过渡的环节，经过教授，幼儿能够很快掌握或是认为洗手应由家长教授，所以经常把注意力放在下一个环节的准备上，从而出现盥洗环节简化、弱化与淡化的现象。

（2）教师没有提供有效的指导。受长期教师角色定位的影响，在盥洗环节，教师往往习惯于充当监督者和提醒者的角色，只重点关注幼儿的安全保障，经常只是口头提醒幼儿去洗手，对整个洗手过程较少进行有效引导。

任务流程

流程一：准备

请熟悉盥洗环节幼儿行为观察的观测点和具体行为标准。

准备内容呈现方式一：幼儿在生活中学习和成长，盥洗环节为教育幼儿提供了良好的契机，教师可以借此契机培养幼儿的生活习惯和生活能力。因此，幼儿盥洗行为观察的准备内容可以分为生活习惯和生活能力两个方面。生活习惯方面主要观察幼儿是否对水、盥洗物品及盥洗活动感兴趣，是否积极主动地探索使用水和盥洗物品，是否认真、专注地使用盥洗物品进行盥洗活动；生活能力方面主要观察幼儿是否能

> **知识链接**
>
> **七步洗手法**
>
> 第一步（内），洗手掌；
> 第二步（外），洗背侧指缝；
> 第三步（夹），洗掌侧指缝；
> 第四步（弓），洗指背；
> 第五步（大），洗拇指；
> 第六步（立），洗指尖；
> 第七步（腕），洗手腕、手臂。

自觉在饭前、便后、手脏时洗手，能否自觉在饭后漱口，能否使用正确的盥洗方法（如七步洗手法、鼓漱法①、擦脸方法等），能否整理好自己的洗漱物品，能否维护盥洗区域的环境卫生、注意节约水资源，能否自觉遵守盥洗规则和秩序（见表1-1）。

表1-1 盥洗环节幼儿行为观察的观测点和具体行为标准（方式一）

观测点	具体行为标准
A. 生活习惯	A1. 对水、盥洗物品及盥洗活动感兴趣
	A2. 积极主动地探索、使用水和盥洗物品
	A3. 认真、专注地使用盥洗物品进行盥洗活动
B. 生活能力	B1. 能自觉在饭前、便后、手脏时洗手
	B2. 能自觉在饭后漱口
	B3. 能使用正确的盥洗方法（如七步洗手法、鼓漱法、擦脸方法等）
	B4. 能整理好自己的洗漱物品
	B5. 能维护盥洗区域的环境卫生、注意节约水资源
	B6. 自觉遵守盥洗规则和秩序

准备内容呈现方式二：幼儿园的盥洗活动包括盥洗前排队；盥洗中正确方法的使用和良好习惯的养成；盥洗后的擦手、整理盥洗物品等。因此，幼儿盥洗行为观察的准备内容也可以分为盥洗前、盥洗中、盥洗后3个方面。盥洗前主要观察幼儿是否具有主动参与盥洗活动的意愿，能否自觉排队盥洗；盥洗中主要观察幼儿能否认真、专注地使用盥洗物品进行盥洗活动，能否独立盥洗，能否正确、熟练地使用盥洗物品，能否使用正确的盥洗方法，能否维护盥洗区域的环境卫生、注意节约水资源；盥洗后主要观察幼儿能否将盥洗物品送回指定位置，能否整理好自己的洗漱物品（见表1-2）。

表1-2 盥洗环节幼儿行为观察的观测点和具体行为标准（方式二）

观测点	具体行为标准
A. 盥洗前	A1. 具有主动参与盥洗活动的意愿
	A2. 能够自觉排队盥洗
B. 盥洗中	B1. 能认真、专注地使用盥洗物品进行盥洗活动
	B2. 能独立盥洗

---

① 鼓漱法：一种清洁牙齿及口腔黏膜的方法。闭口鼓腮做漱口动作1~2分钟，使口腔分泌唾液，同时以舌尖在牙齿的内外上下按摩1~2分钟，每日进行2次。此法能清洁牙齿及口腔黏膜，增强口腔的自洁作用，提高牙齿的抗病能力，使牙齿更加牢固、美观。

观测点	具体行为标准
B. 盥洗中	B3. 能正确、熟练地使用盥洗物品
	B4. 能使用正确的盥洗方法（如七步洗手法、鼓漱法、擦脸方法等）
	B5. 能维护盥洗区域的环境卫生、注意节约水资源
C. 盥洗后	C1. 能将盥洗物品送回指定位置
	C2. 能整理好自己的洗漱物品

流程二：观察

请根据任务情境完成对观察内容的描述。

洗手这件小事

今天大班户外活动结束后，小朋友们的小手都弄了很多泥。小朋友们回到教室全都挤到了水池边，带来了一阵喧闹。只听乐乐大声说："人太多了，要排队！要排队！"陈老师连忙赶过去，原来是天天小朋友张开双手，挡在水池前不肯走，其他小朋友被挡住了，挤在一起，乱成一团。陈老师把天天拉开，他却僵在那里不肯走，还大声哭喊："妈妈，妈妈！"陈老师耐着性子对他说："老师不批评你，只是想知道你打开双手想做什么。"这时其他小朋友七嘴八舌地说："他不排队，还插队！""他还推我！"小朋友们纷纷告状，天天继续大声哭喊。陈老师蹲下来耐心地对天天说："真是这样吗？我相信你不排队是有原因的，把你的理由说给大家听听吧！"听了陈老师的话，天天擦了擦眼泪，慢慢停止了哭喊，略微带着哭腔说："我手太脏了，我不要排队，他们太慢了。"陈老师问其他小朋友："你们的手脏吗？"小朋友们异口同声地回答："我们的手也全是泥。"陈老师又启发天天思考："小朋友们的手都很脏，这该怎么办呢？"正在这时候，乐乐说："天天很着急，我可以让他排我前面。"其他小朋友也跟着说愿意。陈老师对天天说："你看小朋友们对你真好！"天天有点不好意思地说："我下次也让小朋友排我前面。我们都要排队洗手。"

轮到天天洗手的时候，他打开水龙头，用手碰了碰，大声说："呀，这水真凉！"抬头扫了一眼墙上的七步洗手法，就开始先洗手掌，再洗指缝。大约洗了30秒，他瞧了瞧自己的小手，发现没有洗干净，好多地方还是黄黄的，就拿起洗手池边上的洗手液，用力地挤了两滴，这时候水龙头的水"哗哗"地流着，他侧身告诉旁边的乐乐："要用洗手液才能把手洗得干干净净的。"乐乐专心地洗着没有理会他，天天说完把洗手液放回原处继续搓洗小手，洗干净后轻轻地用毛巾把手上的水擦干。刚要转身离开，乐乐提醒他说："天天，你的水龙头没有关好，还在滴水呢。"天天没说话，走过去关好了水龙头。

● 注意事项：观察前——① 明确观察目的；② 选择适宜的观察记录方法，如轶事记录法[①]、等级评定法[②]，适宜的记录方法是分析指导的基础；③ 明确幼儿洗手行为的观测点，确保洗手行为可观察、可测量，观察环境尽可能是自然的。观察中——① 详细、具体地记录幼儿洗手的整个过程，观察描述保持客观，尽可能准确地反映实际情况，避免主观判断和臆测；② 观察6W要素，即对象（who）、时间（when）、地点（where）、事件（what）、过程（how）、原因（why）。观察后——① 及时整理观察记录；② 根据整理结果提出教育指导建议。

流程三：记录

请根据观察内容完成记录。

为更高效地观察幼儿的洗手行为，教师可以在观察之前使用等级评定法制作观察记录表，以快速记录幼儿盥洗行为。表1-3是供参考的幼儿盥洗行为等级评定观察记录表。

表1-3　幼儿盥洗行为等级评定观察记录表

幼儿姓名：　　　　班级：　　　　洗手/漱口/擦脸：　　　　观察者：

方面	要点	水平	判断依据（行为实录）
A. 生活习惯	A1. 对水、盥洗物品及盥洗活动感兴趣	□水平一：对水和盥洗物品的存在几乎毫无反应	
		□水平二	
		□水平三：能察觉到身边的水和盥洗物品，转向并接触到水和盥洗物品	

---

① 轶事记录法是采用叙述性的语言将正在发生的或不久前发生的事件记录下来的方法。教师应有目的地选择观察对象，以获取有价值的信息。记录要尽可能全面，包括行为发生的背景、事件过程、幼儿的行为，以及幼儿的语言、音调、面部表情等情绪变化，还有与之相联系的其他在场幼儿的活动。教师应尽可能对幼儿行为进行客观的描述，不做评价和解释，避免主观判断。

② 等级评定法是用等级评定量表将所观察的行为事件数量化，用数量来判断行为事件在程度上的差别，评定者根据实际情况在量表上适合的数字或相应的点上标记号。使用等级评定法需要注意的是：第一，明确等级评定量表的适用范围；第二，尽可能避免观察者自身的主观性错误。

方面	要点	水平	判断依据（行为实录）
A. 生活习惯	A1. 对水、盥洗物品及盥洗活动感兴趣	□水平四	
		□水平五：迅速发现身边的水和盥洗物品，对身边的水和盥洗物品表现出强烈的好奇心和兴趣	
	A2. 积极、主动地探索、使用水和盥洗物品	□水平一：不愿意探索、使用水和盥洗物品	
		□水平二	
		□水平三：愿意在他人的帮助下探索、使用水和盥洗物品	
		□水平四	
		□水平五：积极主动地探索、使用水和盥洗物品，能够详细描述自己对水和盥洗物品的需求	
	A3. 认真、专注地使用盥洗物品进行盥洗活动	□水平一：不能认真、专注地使用盥洗物品	
		□水平二	
		□水平三：基本能够认真、专注地使用盥洗物品进行盥洗活动，但完成盥洗活动后没有清洁干净	
		□水平四	
		□水平五：能够认真、专注地使用盥洗物品，并清洁干净	
B. 生活能力	B1. 能自觉在饭前、便后、手脏时洗手	□水平一：不会在饭前、便后、手脏时洗手	
		□水平二	
		□水平三：在他人的提醒下，会在饭前、便后、手脏时洗手	
		□水平四	
		□水平五：能自觉在饭前、便后、手脏时洗干净手	
	B2. 能自觉在饭后漱口	□水平一：不会在饭后漱口	
		□水平二	
		□水平三：在他人的提醒下，饭后漱口	
		□水平四	
		□水平五：自觉在饭后漱口	

续表

方面	要点	水平	判断依据（行为实录）
B. 生活能力	B3. 能使用正确的盥洗方法（如七步洗手法、鼓漱法、擦脸方法等）	□水平一：不能使用正确的盥洗方法	
		□水平二	
		□水平三：在他人或图示的提醒下，能使用正确的盥洗方法	
		□水平四	
		□水平五：能自觉使用正确的盥洗方法，并能够清洁干净	
	B4. 能整理好自己的洗漱物品	□水平一：不能整理好自己的洗漱物品（例如，不能将毛巾、漱口杯放回固定的位置）	
		□水平二	
		□水平三：在他人的提醒下，能够把毛巾、漱口杯放回固定的位置	
		□水平四	
		□水平五：能够自主地把毛巾、漱口杯放回固定的位置	
	B5. 能维护盥洗区域的环境卫生、注意节约水资源	□水平一：不能保持和维护盥洗区域的环境卫生，不能做到节约用水，在盥洗时玩水	
		□水平二	
		□水平三：盥洗时，在他人的提醒下能保持盥洗区域卫生、节约用水、用洗手液等	
		□水平四	
		□水平五：盥洗时，能自觉保持盥洗区域卫生，会根据需要调节水的大小，并在使用洗手液时关闭水龙头	
	B6. 自觉遵守盥洗规则和秩序	□水平一：不遵守盥洗规则和秩序，不排队，玩水	
		□水平二	
		□水平三：在他人的提醒下，能自觉遵守盥洗规则和秩序，会排队，不玩水	
		□水平四	
		□水平五：自觉遵守盥洗规则和秩序，会排队，不玩水	

除了等级评定法，教师还可以使用行为检核法[①]进行观察记录，表1-4是供参考的幼儿盥洗行为检核观察记录表。

表1-4　幼儿盥洗行为检核观察记录表

幼儿姓名：	班级：	洗手/漱口/擦脸：	观察者：	备注
盥洗前	能否在需要时主动洗手/漱口/擦脸	□能　　　□否		
	能否自主取用相关盥洗工具	□能　　　□否		
盥洗中	专注度	□专注于盥洗		
		□分心（嬉闹、聊天）		
	独立性	□需要帮助　　　□独立完成		
	动作熟练度	□使用清洁工具　　　□不使用清洁工具		
		□不熟练　　　□较熟练　　　□非常熟练		
	盥洗速度	□过快＜10秒		
		□过慢＞1分钟		
		□正常10秒＜盥洗时间＜1分钟		
	环保行为	□不浪费水		
		□不浪费肥皂或其他清洁工具		
	遵守秩序	□能　　　□否		
	盥洗情绪	□积极愉悦　　　□适中　　　□焦虑抗拒		
盥洗后	能否及时关闭水龙头	□能　　　□否		
	能否自主收拾盥洗工具并摆放整齐	□能　　　□否		

流程四：分析

请根据记录表格内容对观察情况进行分析。

[①] 行为检核法又称为清单法、检测表单法，指观察者依据一定的观察目的，事先拟定所需要观察的项目，并将它们排列成清单式的表格，然后通过观察，根据检核表内容逐一检视幼儿行为出现与否的一种观察与记录方法。使用行为检核法的关键在于观察之前需要制订周密而详细的计划，而计划的核心则是对所要观察的行为进行具体的界定，形成一份可参考的行为检核表。我们可以参考已有的检核表，也可以根据《3—6岁儿童学习与发展指南》、经典文献资料或结合日常已有经验来设计表格。

表1-5是陈老师采用等级评定法对盥洗环节某一幼儿的盥洗行为进行的观察分析。

表1-5 幼儿盥洗行为观察分析表

幼儿姓名：天天 　　　班级：大班 　　　洗手/漱口：洗手 　　　观察者：陈老师

方面	要点	观察行为实录与水平选择
A. 生活习惯	A1. 对水、盥洗物品及盥洗活动感兴趣	通过将幼儿行为实录与记录标准中的不同水平比较，可知幼儿现在处于水平五 • 行为实录：轮到天天洗手的时候，他打开水龙头，用手碰了碰，大声说："呀，这水真凉！"
	A2. 积极主动地探索、使用水和盥洗物品	通过将幼儿行为实录与记录标准中的不同水平比较，可知幼儿现在处于水平五 • 行为实录：（天天）略微带着哭腔说："我手太脏了，我不要排队，他们太慢了。" 天天抬头扫了一眼墙上的七步洗手法
	A3. 认真、专注地使用盥洗物品进行盥洗活动	通过将幼儿行为实录与记录标准中的不同水平比较，可知幼儿现在处于水平三 • 行为实录：他侧身告诉旁边的乐乐："要用洗手液才能把手洗得干干净净的。"乐乐专心地洗着没有理会他，天天说完把洗手液放回原处继续搓洗小手，洗干净后轻轻地用毛巾把手上的水擦干
B. 生活能力	B1. 能自觉在饭前、便后、手脏时洗手	通过将幼儿行为实录与记录标准中的不同水平比较，可知幼儿现在处于水平五 • 行为实录：（天天）略微带着哭腔说："我手太脏了，我不要排队，他们太慢了。"
	B2. 能自觉在饭后漱口	观察记录中未提及此项，不做判断
	B3. 能使用正确的盥洗方法（如七步洗手法、鼓漱法、擦脸方法等）	通过将幼儿行为实录与记录标准中的不同水平比较，可知幼儿现在处于水平五 • 行为实录：（天天）抬头扫了一眼墙上的七步洗手法，就开始先洗手掌，再洗指缝。大约洗了30秒，他瞧了瞧自己的小手，发现没有洗干净，好多地方还是黄黄的，就拿起洗手池边上的洗手液，用力地挤了两滴……天天说完把洗手液放回原处继续搓洗小手，洗干净后轻轻地用毛巾把手上的水擦干
	B4. 能整理好自己的洗漱物品	观察记录中未提及此项，不做判断
	B5. 能维护盥洗区域的环境卫生、注意节约水资源	通过将幼儿行为实录与记录标准中的不同水平比较，可知幼儿现在处于水平三 • 行为实录：（天天）刚要转身离开，乐乐提醒他说："天天，你的水龙头没有关好，还在滴水呢。"天天没说话，走过去关好了水龙头

续表

方面	要点	观察行为实录与水平选择
B. 生活能力	B6. 自觉遵守盥洗规则和秩序	通过将幼儿行为实录与记录标准中的不同水平比较，可知幼儿现在处于水平三 • 行为实录：这时其他小朋友七嘴八舌地说："他不排队，还插队！""他还推我！" 经过教师指导后，天天愿意排队洗手 • 行为实录：（天天）有点不好意思地说："我下次也让小朋友排我前面。我们都要排队洗手。"

表1-6是陈老师采用行为检核法对盥洗环节某一幼儿的盥洗行为进行的第2周为期5天的观察分析。

表1-6 幼儿盥洗行为系统观察分析表

幼儿姓名：彤彤　　　　年龄：5岁2个月　　　☑洗手 □漱口　　　记录人：陈老师

观察次数	观察时间	自觉性		盥洗方法		是否专注		遵守秩序		节约水	
		指引	独立	正确	错误	是	否	能	否	能	否
1	周一		√	√			√	√		√	
2	周二		√	√			√	√			
3	周三		√	√		√		√			
4	周四		√	√			√	√			
5	周五		√	√		√			√		

表1-6为彤彤入园第二周的系统观察记录，从记录中教师可以看出彤彤能够独立盥洗，盥洗方法正确，能节约用水，但是盥洗不够专注，存在不排队的行为。

流程五：指导

请分析幼儿行为表现，提出改进意见或指导策略。

1. 基于幼儿生活习惯行为表现分析结果的指导

基于幼儿"认真、专注地使用盥洗物品进行盥洗活动"行为表现分析结果的指导。

面对天天的行为表现，教师可以通过情境讨论、角色扮演的策略来支持幼儿在"认真、专注地使用盥洗物品进行盥洗活动"方面上升到高一级的水平。具体指导策略如下：

25

　　★ 拍摄在盥洗时能够认真、专注地盥洗的幼儿的行为表现，也拍摄不能认真、专注地盥洗的幼儿的行为表现，如在盥洗室里嬉笑打闹、玩水、弄湿衣袖等不恰当的行为。让幼儿一起讨论这些行为的对错，以及应该如何做。

　　★ 让幼儿扮演盥洗时的不同角色，如正在盥洗的幼儿、等待的幼儿等，让幼儿体会自己的行为表现的对错及对其他幼儿的影响。

2. 基于幼儿生活能力行为表现分析结果的指导

　　（1）基于幼儿"使用正确的盥洗方法"行为表现分析结果的指导。

　　面对天天的行为表现，教师可以通过集体教学活动、与环境互动、家园合作的策略来支持幼儿在"使用正确的盥洗方法"方面上升到高一级的水平。具体指导策略如下：

　　★ 采用七步洗手法的儿歌、设计有关七步洗手法的游戏，帮助天天掌握七步洗手的盥洗技能。

　　★ 真正发挥"环境会说话"的作用，设计、更新盥洗室的符号、图标等，提醒天天按照正确的方法盥洗。

　　★ 与天天家长沟通，让家长了解七步洗手法的益处，在家庭中也要求天天用七步洗手法盥洗。

　　（2）基于幼儿"节约水资源"行为表现分析结果的指导。

　　面对天天的行为表现，教师可以通过主题活动、与环境互动的策略来支持幼儿在"节约水资源"方面上升到高一级的水平。具体指导策略如下：

　　★ 教师设计"我爱水宝宝"的主题活动，让幼儿通过教学活动、区域活动、自主探究活动等养成保护水资源、节约用水的良好行为习惯。

　　★ 围绕节约水资源设计、张贴盥洗室的符号、图画等，提醒幼儿在盥洗时做到爱护水资源、节约用水。

　　（3）基于幼儿"自觉遵守盥洗规则和秩序"行为表现分析结果的指导。

　　面对天天的行为表现，教师可以通过情境讨论、与环境互动的策略来支持幼儿在"自觉遵守盥洗规则和秩序"方面上升到高一级的水平。具体指导策略如下：

　　★ 拍摄在盥洗时能够自觉遵守盥洗规则和秩序的幼儿的行为表现，同时也拍摄不能遵守盥洗规则和秩序的幼儿的行为表现，如在盥洗室里推挤、不排队、玩水等不恰当的行为。让幼儿一起来讨论这些行为的对错，以及应该如何做。

　　★ 设计、更新盥洗室的墙面、地面符号、图标等，如在地面贴上小脚印提醒幼儿排队。

**反思
总结**

请根据所学内容完成反思总结。

1. 在学习了盥洗环节幼儿行为观察的观测点与具体行为标准、记录方法、分析指导等内容之后，请对所学内容进行回顾总结。

（1）我知道盥洗环节幼儿行为观察的观测点与具体行为标准：

_____

_____

_____

（2）我知道观察记录的方法包括：

_____

_____

_____

（3）我知道观察与指导幼儿盥洗行为的任务流程：

_____

_____

_____

2. 请根据情境灵活应用所学内容设计并开展调查。

盥洗室发生了什么？

幼儿每天在幼儿园都要进行洗手、洗脸、梳头、漱口等盥洗活动。教师要帮助幼儿建构相关经验并指导幼儿掌握正确的盥洗方法，纠正幼儿在盥洗环节中存在的问题，使其养成良好的盥洗习惯。这一天，陈老师所在的大三班盥洗室里传出一阵阵的喧闹声……

究竟怎么回事呢？你需要了解哪些内容？你会如何运用本任务所学来促进幼儿在盥洗环节的学习与发展？请你从调查目标、调查方法、调查过程、调查结果等方面设计调查方案了解现状，并运用所学设计解决问题的步骤。

_____

_____

_____

_____

赛证
真题

请熟悉本部分内容链接的赛证真题。

赛场直击

[2021年全国职业院校技能大赛·学前教育技能赛项试题]（　　）不属于婴幼儿良好的盥洗习惯。

A. 男孩理头发　　　　　　　　　B. 经常洗头、洗澡和换衣

C. 每天洗脸、洗脚、洗屁股　　　D. 留长指甲

国考聚焦

1. [2021年下半年中小学和幼儿园教师资格考试　保教知识与能力试题（幼儿园）]下列关于个人卫生消毒制度的表述中，不正确的是（　　）。

A. 幼儿一人一杯、一巾，每天消毒一次

B. 饭前便后用肥皂、流动水洗手

C. 每月为幼儿剪指甲一次

D. 被褥做到专人专用，两周换洗床单、枕巾一次

2. [2019年下半年中小学和幼儿园教师资格考试　综合素质试题（幼儿园）]洗手时，东东突然叫了起来："洗手液溅进我眼睛里了！"这时教师首先应该做的是（　　）。

A. 用流动水冲洗眼睛　　　　　　B. 用干净的软布擦眼睛

C. 找保健医生　　　　　　　　　D. 拉开眼皮吹一吹

3. [2018年下半年中小学和幼儿园教师资格考试　综合素质试题（幼儿园）]为帮助幼儿掌握正确的洗手顺序和方法，王老师自编儿歌：亲亲水，哗啦啦卷卷袖子洗手啦。先洗小手心，再搓小手背，十个手指都洗到，人人夸我讲卫生。他还引导幼儿边唱边练。下列说法中，与该教师做法无关的是（　　）。

A. 注重幼儿知识积累　　　　　　B. 注重幼儿气质养成

C. 注重幼儿情境体验　　　　　　D. 注重幼儿习惯养成

4. 刚进园时，小朋友们试图用旋转的方法打开水龙头，不出水就大声叫老师。这时蒋老师没有急于出手帮助，而是鼓励他们自己去试。很快小朋友们发现，提起开关，水就

28

流出来，按下去，水就关上了，小朋友们高兴得不得了。这体现了蒋老师注重（　　）。

　　A．教师的主体作用　　　　　　　B．游戏的促进作用

　　C．幼儿的亲身体验　　　　　　　D．环境的积极影响

　　5．材料分析题。

　　班上的一些幼儿不喜欢洗手，有些幼儿虽然洗手，也只是简单地冲冲水就算了。户外活动后，韩老师把幼儿分成两组：一组念着儿歌认真地洗手，另一组暂时不洗手。韩老师拿出两块柚子皮，一组一块，让幼儿分别摸柚子皮内层，红红突然叫起来"黑了，黑了！"

　　果然，没洗手那组幼儿摸过的柚子皮内层已经黑乎乎了。韩老师趁机提问："柚子皮为什么会变黑呀？"幼儿抢着说："他们没洗手，手很脏，手上有土，把柚子皮弄脏了。"韩老师连忙引导："这是我们能看见的，还有我们看不见的呢？""细菌、病毒！"幼儿大声说。韩老师趁热打铁："如果我们不洗手就拿东西吃，手上的脏东西会沾到食物上，脏东西进入我们的肚子，身体会怎么样？我们应该怎样做呢？"幼儿叽喳地讨论开来，最后得出了"一定要认真洗手，做健康的小主人"的结论。活动结束后，没洗手的幼儿，立刻跑到洗手池边洗手，洗得格外认真，洗了手的幼儿中有人感觉自己没洗干净，就认真地又洗了一遍。

　　从此，多数幼儿能自觉地洗手，如果某个幼儿忘记洗手，其他的幼儿也会提醒他。

　　问题：请结合材料，从儿童观的角度评析韩老师的教育行为。

答案解析

任务二　幼儿的进餐时刻
——进餐环节中的幼儿行为观察与指导

进餐环节观察指导诀窍歌

要想孩子进餐好，进餐习惯很重要；

餐前主动把手洗，自主取餐秩序好；

进餐专注不挑食，食量合理氛围好；

餐具送回指定区，擦嘴漱口卫生好；

敢于尝试新食物，保持好奇挺重要；

进餐环节要做好，目标策略梳理好。

幼儿的进餐时刻——进餐环节中的幼儿行为观察与指导

任务情境

请了解进餐环节任务情境的内容梗概。

开 饭 啦

　　在幼儿园大班的午餐时间，正在洗手的琳琳闻到饭菜的香味，赶紧把手放在毛巾上拍了拍，就"飞"回了自己的座位。她坐直了身子，眼睛注视着教师的方向，示意愿意协助教师做分发餐具和饭菜的小值日生。乐乐还没有洗手，他斜着身子坐着，笑眯眯地对琳琳说："今天中午有红烧狮子头吃，我最喜欢了！"琳琳只是笑了笑，一句话也没说，继续举着手，注视着教师的方向。教师开始介绍今天中午的菜谱——西红柿炒鸡蛋、红烧排骨和冬瓜海带汤。听到没有红烧狮子头，乐乐"啊"了一声，大声地说道："不吃不吃，我不吃冬瓜，我只要吃红烧狮子头！"看着饭菜，乐乐抓起筷子翻了翻，又放下了筷子，身体靠到椅子背上，眼睛四处打量。琳琳则轻轻坐下来，左手扶碗，右手拿筷子，一口饭一口菜，低头慢慢吃了起来。琳琳吃完饭后将自己的小椅子放好，并将碗勺放在了餐具回收处。乐乐拿着筷子在饭碗里慢慢搅着，过了十几分钟终于吃完饭，放下碗筷就跑去外面玩了。保育员老师马上走过来，收拾了他的餐具，并开始打扫他的餐桌和地面。

基础理论

请关注进餐环节的基础理论。

一、观察幼儿进餐行为的意义

　　进餐环节是幼儿园一日生活中非常重要的一个环节。在幼儿园，进餐环节包括三餐两点（早、中、晚三餐和早点、午点）。一方面，进餐为幼儿身体发育提供了充足的营养，是幼儿学习的物质基础。另一方面，一日生活皆教育，进餐环节也为教育幼儿提供了良好的契机。例如，帮助幼儿习得生活技能，形成"自己的事情自己做"的独立自主意识及诸如分享、专注、感恩等良好的人格品质。因此，幼儿的进餐行为，是教师经常观察的内容之一。教师可以充分发挥观察记录的作用，了解每个幼儿的进餐行为表现，并在分析的基础上提出有针对性的指导策略，引导幼儿养成良好的进餐习惯和进餐能力。

二、幼儿进餐行为存在的问题

学前期是幼儿各方面能力发展的关键期，也是幼儿良好进餐行为形成的重要阶段。然而，有研究发现，当前中国幼儿饮食行为存在偏爱零食、挑食和偏食、进餐不专注、无法独立进餐、进餐时间长、进餐不规律、不吃早餐7方面问题[①]，这些问题可以从进餐时间、进餐习惯和进餐能力3个方面进行阐述。

> **知识链接**
>
> 膳食准则
>
> 《中国居民膳食指南2022》中提出了平衡膳食八项准则：
> 1. 食物多样，合理搭配；
> 2. 吃动平衡，健康体重；
> 3. 多吃蔬果、奶类、全谷、大豆；
> 4. 适量吃鱼、禽、蛋、瘦肉；
> 5. 少盐少油，控糖限酒；
> 6. 规律进餐，足量饮水；
> 7. 会烹会选，会看标签；
> 8. 公筷分餐，杜绝浪费。

（一）进餐时间方面

幼儿在进餐时间方面存在进餐时间过慢或过快的问题，易走向两个极端。一方面，王芳等研究者在上海市的调查显示，有43.3%的幼儿进餐时间较长，其中38.9%的幼儿在25～45分钟完成，4.4%的幼儿进餐时间超过45分钟[②]；另一方面，部分教师为了工作方便，采用评比、比赛的方法"看谁吃得快"，这些不当的方法容易导致幼儿狼吞虎咽，不利于营养的吸收，影响身体健康。

（二）进餐习惯方面

幼儿在进餐习惯方面主要存在进餐不专注，进餐不规律，不吃早餐，偏食、挑食、吃零食等问题，违背了食物多样、搭配合理的幼儿平衡膳食准则。例如，在进餐不专注方面，很多幼儿习惯一边吃饭一边与同伴玩闹，特别是在冬天，饭菜凉了

---

① 管梦雪，周楠. 国内学前儿童饮食行为研究进展［J］. 中国公共卫生，2020，36（5）：845-848.

② 王芳，蔡文秀. 180名儿童饮食行为调查分析［J］. 中国妇幼保健，2010，25（32）：4741-4742.

气质类型

美国心理学家托马斯等人根据活跃水平等9个维度将婴儿气质划分为容易型、困难型和迟缓型3类。

容易型的婴儿生理节律有规律，比较活跃，容易适应环境，情绪积极、稳定，在活动中比较专注，不易分心。这类气质的婴儿占40%。

困难型的婴儿生理节律混乱；情绪不稳定，易烦躁，对新环境不容易适应；主导情绪消极、紧张，焦虑强烈；注意力维持时间较短，容易分心；与成人关系不密切。这类气质的婴儿占10%。

迟缓型的婴儿不活跃，情绪比较消极，表现较为安静，对环境刺激的反应比较温和、低调，对新环境的适应比较慢，通过抚爱和教育能逐步适应新环境。这类气质的婴儿占15%。

除了以上3类气质外，还有35%的婴儿属于混合型气质。

还没有吃完。刘一心等研究者发现，有66.5%的幼儿吃饭时看电视或玩玩具[1]；在偏食、挑食、吃零食方面，一些幼儿在进餐中只吃自己喜欢的饭菜，遇到自己喜欢的食物会跟同伴抢夺，遇到不喜欢的食物就挑出来放在桌面上，存在挑挑拣拣的行为，一些幼儿不喜欢吃绿叶蔬菜、只爱吃肉。胡琼伟等的调查显示，有56.4%的幼儿存在挑食、偏食行为[2]；夏欣等的调查显示，有62.1%的幼儿喜欢吃零食[3]。

（三）进餐能力方面

幼儿在进餐能力方面存在不能熟练使用餐具、不能独立进餐、吃东西不会细嚼慢咽、不会整理用餐物品、浪费粮食等问题。例如，在不能熟练使用餐具方面，幼儿存在拿勺姿势不正确、使用筷子不灵活等问题；在不能独立进餐方面，很多家长认为幼儿独立进餐会吃不饱，往往选择"喂饭"的策略，久而久之形成了幼儿吃饭依赖他人的习惯，在家依赖父母、祖辈，在幼儿园依赖教师。叶天惠等的研究显示，有50.45%的幼儿无法独立完成进餐[4]；在不会整理用餐物品方面，许多幼儿在进餐后不整理、不回收餐具就离开座位；在浪费粮食方面，幼儿在进餐过程中的问题主要表现在掉落饭菜、饭菜吃不干净、添加了很多自己喜欢的菜又吃不完等。

三、幼儿进餐问题行为成因

有研究指出，"影响幼儿饮食行为的因素包括家长的喂养行为、家庭教养方式、

[1] 刘一心，邓文娇，李海飞，等. 深圳市学龄前儿童饮食行为对其营养状况的影响［J］. 中国儿童保健杂志，2012，20（8）：677-678，692.
[2] 胡琼伟，徐凌忠，于红霞，等. 济南市历下区学龄前儿童饮食行为习惯及营养品摄入调查分析［J］. 中国儿童保健杂志，2013，21（9）：992-995.
[3] 夏欣，吴维超，王春丽，等. 学龄前儿童家庭因素和饮食行为与营养状况的相关性［J］. 疾病监测与控制，2015，9（9）：613-615.
[4] 叶天惠，华丽，秦秀丽，等. 学龄前儿童饮食行为现状调查［J］. 护理学杂志，2016，31（5）：83-86.

祖辈的养育态度、家庭进餐环境、家庭社会经济地位、媒体的宣传、西式快餐的流行"[1]。针对幼儿进餐过程中的各类问题行为，教师可以从幼儿自身、家庭原因和其他因素3个方面进行成因分析。

（一）幼儿自身

（1）幼儿对食物味道、口感、性状等不适应。研究发现，有特殊气味和颜色的食物往往是幼儿拒绝的对象。例如，一些幼儿对诸如鱼、香菜、洋葱等具有特殊气味的食物比较抗拒，即使吃了也容易吐出来；一些幼儿不喜欢吃木耳是因为不喜欢黑色，不喜欢吃苋菜是因为对红色的食物比较抵触。

（2）较难咀嚼的食物往往也是幼儿比较排斥的对象。例如，芹菜因其纤维粗、带绿色叶子的蔬菜因其长、难嚼而遭到幼儿的排斥。

（3）气质特点影响幼儿饮食行为。幼儿气质特点与饮食行为有一定的关系。研究表明，困难型幼儿较容易出现挑食、进餐不专注及进餐速度慢的问题；相对而言，易养型幼儿的进餐速度较快且专注性好。[2]

（二）家庭原因

（1）不良的家庭教养方式。家庭教养方式分专制型、溺爱型、民主型。不同的教养方式对幼儿进餐行为的影响不尽一致：专制型的教养方式能提高幼儿的进餐独立性，但是限制了幼儿对食物的自由选择；溺爱型的教养方式很容易导致幼儿过度进食和挑食、偏食行为；民主型的教养方式对幼儿养成良好的饮食行为具有极大的促进作用[3]。

（2）家长存在不良的饮食习惯。父母或主要抚养人不良的饮食习惯也容易造成幼儿进餐慢、无法独立进餐、进餐不专注、挑食和偏食等。例如，有些家长盲目减肥的行为可能造成幼儿不爱吃荤菜和主食；家长习惯一边看电视一边进餐，就有可能使幼儿养成不专心吃饭、边玩边吃等不良习惯。

（三）其他因素

（1）幼儿进餐时不良的情绪体验。成人（家长或教师）纠正幼儿进餐问题的态度和行为也会影响幼儿。父母的粗暴做法，会使幼儿变得情绪低落，不能愉快地进

① 管梦雪，周楠. 国内学前儿童饮食行为研究进展［J］. 中国公共卫生，2020，36（5）：845-848.
② 崔爱丽. 幼儿饮食行为与其气质特点的关系探究［D］. 南京：南京师范大学，2011.
③ 刘迎晓. 父母教养方式对3—6岁幼儿饮食行为的影响［D］. 石家庄：河北师范大学，2016.

餐。久而久之，幼儿会对进餐产生抗拒心理[①]。如有时成人强迫幼儿进食，因幼儿不好好吃饭而大发脾气，甚至体罚幼儿，这些行为容易导致幼儿就餐时情绪紧张，加重对食物的恐惧和厌恶。

（2）媒体的宣传。如今，在电视、电脑、手机中充斥着各类快餐的广告，这些广告不断重复，影响幼儿对食物的选择。

任务流程

流程一：准备

请熟悉进餐环节幼儿行为观察的观测点和具体行为标准。

根据习惯与能力、时间节点两种不同的划分标准，进餐环节幼儿行为观察的观测点也有两种不同的呈现方式。

方式一：一日生活皆教育，进餐环节为教育幼儿提供了良好的契机，可以借此契机培养幼儿的生活习惯和生活能力。因此，幼儿进餐行为观察的观测点可以分为生活习惯和生活能力两个方面。生活习惯主要观察幼儿是否对食物好奇和感兴趣、是否专注于进餐、是否敢于尝试"新"食物；生活能力主要观察幼儿是否能熟练使用勺子、筷子，是否能在吃东西时细嚼慢咽，是否能做到不偏食、不挑食、不暴饮暴食，是否能整理好自己的用餐物品，是否能做到不浪费粮食，是否能自觉遵守进餐规则、秩序。具体如表1-7所示。

表1-7　进餐环节幼儿行为观察的观测点与具体行为标准（方式一）

观测点	具体行为标准
A. 生活习惯	A1. 对食物好奇和感兴趣
	A2. 专注于进餐
	A3. 敢于尝试"新"食物

---

① 李娜娜. 小班幼儿进餐问题及对策分析［J］. 齐齐哈尔师范高等专科学校学报，2019（2）：7-9.

观测点	具体行为标准
B. 生活能力	B1. 能熟练使用勺子、筷子
	B2. 能在吃东西时细嚼慢咽
	B3. 能做到不偏食、不挑食、不暴饮暴食
	B4. 能整理好自己的用餐物品
	B5. 能做到不浪费粮食
	B6. 能自觉遵守进餐规则、秩序

方式二：幼儿园的进餐活动包括餐前盥洗；进餐中良好习惯的养成；进餐后的整理、盥洗等。因此，幼儿进餐行为观察的观测点可以分为餐前、餐中、餐后三方面。餐前主要观察幼儿能否主动洗手和能否主动取餐；餐中主要观察幼儿能否专注于进餐、能否独立进餐、能否正确和熟练地使用餐具、能否匀速进餐、能否不挑食/不偏食、进食量是否合理和能否积极愉悦地进餐；餐后主要观察幼儿能否将餐具送回指定位置和能否自主漱口、擦嘴。具体如表1-8所示。

表1-8　进餐环节幼儿行为观察的观测点与具体行为标准（方式二）

观测点	具体行为标准
A. 餐前	A1. 能主动洗手
	A2. 能自主取餐
B. 餐中	B1. 能专注于进餐
	B2. 能独立进餐
	B3. 能正确、熟练地使用餐具
	B4. 能匀速进餐
	B5. 能不挑食/不偏食
	B6. 进食量合理
	B7. 能积极、愉悦地进餐
C. 餐后	C1. 能将餐具送回指定位置
	C2. 能自主漱口、擦嘴

流程二：观察

请根据任务情境完成对观察内容的描述。

开 饭 啦

　　这是幼儿园的大班，现在是幼儿的午餐时间。闻到饭菜的香味，琳琳赶紧把手放在毛巾上拍了两下，就"飞"回了自己的座位。她坐直了身子，把一只手放在桌上，并举起另一只手，眼睛注视着教师的方向。很多幼儿在讨论今天的饭菜。乐乐还没有洗手，他斜着身子坐着，笑眯眯地对琳琳说："今天中午有红烧狮子头吃，我最喜欢了！"琳琳只是笑了笑，一句话也不说，继续举着手，注视着教师的方向。（为了快速进入用餐环节）教师故意提高了嗓门喊道："小朋友们，我们要吃饭了！请大家快坐好，保持安静！"接着，教师请表现很认真的琳琳当"大厨"，负责给自己的小组分发食物。教师开始介绍今天中午的菜谱——西红柿炒鸡蛋、红烧排骨和冬瓜海带汤。听到没有红烧狮子头，乐乐"啊"了一声，大声地对教师说："不吃不吃，我不吃冬瓜，我只要吃红烧狮子头！"老师没有马上理会乐乐的要求，继续介绍今天菜品的营养价值，希望幼儿可以愉快地进餐。

　　当琳琳把菜和米饭端到乐乐面前时，乐乐抓起筷子翻了翻菜，又放下了筷子，身体靠到椅子背上。琳琳发完自己小组的食物，轻轻坐下来，左手扶碗，右手拿筷子，一口饭一口菜，低头慢慢吃了起来。教师一边在各张餐桌前走动，一边叮嘱幼儿："农民伯伯种粮食很辛苦，大家要珍惜粮食。我们比比，看今天谁吃得又快又干净？"教室里慢慢安静下来，只听见一些碗筷的声音和个别幼儿的说话声，教师轻轻舒了一口气。

　　乐乐还是坐着一动不动，他的嘴角下拉，一会儿看看琳琳，一会儿看看教师。教师还是没有特意去理会他，继续朝其他餐桌走去。不一会儿，琳琳大喊起来："王老师！乐乐把冬瓜都扔到我碗里了。"教师转过身，刚刚张开嘴想说些什么，就听乐乐嘟着嘴说："我们家从来不吃冬瓜，爸爸说那是喂猪的。"很多幼儿笑了起来。教师缓缓地蹲在乐乐身旁对他说："冬瓜特别有营养，味道也不错，不信你尝尝？"说罢便让琳琳把冬瓜还给乐乐。琳琳拿起筷子，一次一块，很快，冬瓜又回到了乐乐的碗里。乐乐低下头，用筷子夹一块冬瓜，第一次没夹住。"太滑了。"乐乐一边说，一边继续戳冬瓜，好不容易戳到一块，他皱起眉头，小小地咬了一口。看乐乐不再说什么，教师就走开了，教室里又安静下来。

　　幼儿陆陆续续吃完，并告诉教师完成了"光盘行动"，随后离开自己的位置。大多数幼儿离开位置时，位置上都是干干净净的。琳琳把餐具放回收餐具的桶里，把残渣倒进垃圾桶，又跑回自己的座位推好小椅子。琳琳一边擦嘴一边跑过来对教师说："王老师，你快去看看，乐乐把菜倒了一地……"教师站起来，走到乐乐餐桌边，看到乐乐脚下全是饭粒和冬瓜，（教师长舒了一口气后，面带微笑）说道："乐乐，浪费粮食是不对的。你爸爸妈妈也没跟我说过你不能吃冬瓜，你要尝试吃不同的菜。"保育员老师赶忙过来，拿扫帚和簸箕把掉在地上的饭和菜打扫干净，又重新给乐乐盛了菜。乐乐拿着筷子在饭碗里慢慢搅着。

餐桌上的幼儿越来越少，大家都去外面散步了。乐乐又磨蹭了十几分钟才吃完饭，吃完后放下碗筷就跑去外面玩了。保育员老师马上走过来，收了他的餐具，并开始打扫他的餐桌和地面。

● 注意事项：观察前——① 明确进餐行为的观测点，保证进餐行为是客观的、可观察和可测量的；② 选择适宜的观察记录方法，对幼儿进餐行为的记录应尽可能客观、真实、具体、详尽，准确反映实际情况。观察中——① 尽可能详记幼儿进餐环节的客观事实，避免主观判断；② 观察6W要素。观察后——① 及时整理观察记录；② 根据整理结果提出教育指导建议。

流程三：记录

请根据观察内容完成记录。

为更高效地观察幼儿的进餐行为，教师可以在观察之前使用等级评定法制作观察记录表，以快速记录幼儿进餐行为，表1-9是供参考的幼儿进餐行为等级评定观察记录表。

表1-9　幼儿进餐行为等级评定观察记录表

幼儿姓名：　　　　　班级：　　　　　进餐/点心：　　　　　观察者：

方面	要点	水平	判断依据（行为实录）
A. 生活习惯	A1. 对食物好奇和感兴趣	□水平一：对每日餐点食物的变化几乎毫无反应，没有表现出好奇和兴趣	
		□水平二	
		□水平三：在教师或同伴的提醒下，能察觉到每日餐点食物的变化，偶尔会提出问题	
		□水平四	
		□水平五：能迅速发现每日餐点食物的变化，并乐于对食物刨根问底	
	A2. 能专注于进餐	□水平一：不能专注于进餐	
		□水平二	
		□水平三：在教师或同伴的提醒下，能专注于进餐	
		□水平四	
		□水平五：能专注于进餐	

方面	要点	水平	判断依据（行为实录）
A. 生活习惯	A3. 敢于尝试"新"食物	□水平一：抗拒尝试"新"食物	
		□水平二	
		□水平三：在教师或同伴的鼓励下尝试"新"食物	
		□水平四	
		□水平五：主动尝试"新"食物	
B. 生活能力	B1. 能熟练使用勺子、筷子	□水平一：不会使用勺子、筷子	
		□水平二	
		□水平三：在教师的帮助下，会使用勺子、筷子	
		□水平四	
		□水平五：熟练使用勺子、筷子	
	B2. 能在吃东西时细嚼慢咽	□水平一：吃东西时不能细嚼慢咽	
		□水平二	
		□水平三：在教师或同伴提醒下，吃东西时细嚼慢咽	
		□水平四	
		□水平五：能在吃东西时细嚼慢咽	
	B3. 能做到不偏食、不挑食、不暴饮暴食	□水平一：偏食、挑食、暴饮暴食	
		□水平二	
		□水平三：在教师或同伴的提醒下，能做到不偏食、不挑食、不暴饮暴食	
		□水平四	
		□水平五：能做到不偏食、不挑食、不暴饮暴食	
	B4. 能整理好自己的用餐物品	□水平一：不会整理自己的用餐物品	
		□水平二	
		□水平三：在教师或同伴的提醒帮助下，能整理自己的用餐物品	
		□水平四	
		□水平五：能整理好自己的用餐物品	

续表

方面	要点	水平	判断依据（行为实录）
B. 生活能力	B5. 能做到不浪费粮食	□水平一：经常撒饭、掉饭、剩饭	
		□水平二	
		□水平三：在教师或同伴的提醒下，不撒饭、掉饭、剩饭	
		□水平四	
		□水平五：不撒饭、掉饭、剩饭	
	B6. 能自觉遵守进餐规则、秩序	□水平一：不能自觉遵守进餐规则、秩序	
		□水平二	
		□水平三：在教师或同伴的提醒下，能自觉遵守进餐规则、秩序	
		□水平四	
		□水平五：能自觉遵守进餐规则、秩序	

为更高效地观察幼儿的进餐行为，教师可以在观察之前使用行为检核法制作观察记录表，以快速记录幼儿进餐行为，表1-10是供参考的幼儿进餐行为检核观察记录表。

表1-10 幼儿进餐行为检核观察记录表

幼儿姓名：	班级：	进餐/点心	观察者：	备注
餐前	能否主动洗手	□能　　□否		
	能否自主取餐	□能　　□否		
餐中	专注度	□专注于进餐		
		□分心（玩餐具、玩玩具、随意走动）		
	独立性	□喂食　　□独立完成		
	动作熟练度	□使用勺子　　□使用筷子		
		□不熟练　　□较熟练　　□非常熟练		
	进餐速度	□过快 < 20分钟		
		□过慢 > 30分钟		
		□正常 20分钟 < 进餐时间 < 30分钟		
	挑食/偏食行为	□排斥某种或某些事物		
		□不挑食		

续表

餐中	进食量	□少量	□适量	□过量	
	进餐情绪	□积极愉悦	□适中	□焦虑抗拒	
餐后	能否将餐具送回指定位置	□能	□否		
	能否自主漱口、擦嘴	□能	□否		

流程四：分析

请根据记录表格内容对观察情况进行分析。

表1-11是王老师采用等级评定法对进餐环节某一幼儿的进餐行为进行的观察行为分析。

表1-11 幼儿进餐行为观察分析表

幼儿姓名：乐乐　　　　班级：大班　　　　进餐/点心：午餐　　　　观察者：王老师

方面	要点	观察行为实录与水平选择
A. 生活习惯	A1. 对食物好奇和感兴趣	通过将幼儿行为实录与记录标准中的不同水平比较，可知幼儿现在处于水平五 •行为实录：（乐乐）斜着身子坐着，笑眯眯地对琳琳说："今天中午有红烧狮子头吃，我最喜欢了！"
	A2. 能专注于进餐	通过将幼儿行为实录与记录标准中的不同水平比较，可知幼儿现在处于水平三 •行为实录：（乐乐）还是坐着一动不动，他的嘴角下拉，一会儿看看琳琳，一会儿看看教师 经过教师指导后，乐乐开始专注进餐 •行为实录：（乐乐）一边说，一边继续戳冬瓜。好不容易戳到一块，他皱起眉头，小小地咬了一口。看乐乐不再说什么，教师就走开了
	A3. 敢于尝试"新"食物	通过将幼儿行为实录与记录标准中的不同水平比较，可知幼儿现在处于水平三 •行为实录：听到没有红烧狮子头，乐乐"啊"了一声，大声地对教师说："不吃不吃，我不吃冬瓜，我只要吃红烧狮子头！" 经过教师指导后，乐乐愿意配合尝试"新"食物 •行为实录：（乐乐）一边说，一边继续戳冬瓜。好不容易戳到一块，他皱起眉头，小小地咬了一口。看乐乐不再说什么，教师就走开了

续表

方面	要点	观察行为实录与水平选择
B. 生活能力	B1. 能熟练使用勺子、筷子	通过将幼儿行为实录与记录标准中的不同水平比较，可知幼儿现在处于水平一 •行为实录：（乐乐）低下头，用筷子夹一块冬瓜，第一次没夹住。"太滑了。"乐乐一边说，一边继续戳冬瓜，好不容易戳到一块
	B2. 能在吃东西时细嚼慢咽	观察记录中未提及此项，不做判断
	B3. 能做到不偏食、不挑食、不暴饮暴食	通过将幼儿行为实录与记录标准中的不同水平比较，可知幼儿现在处于水平一 •行为实录：（乐乐）嘟着嘴说："我们家从来不吃冬瓜，爸爸说那是喂猪的。" 经过教师指导后，乐乐还是把冬瓜挑了出去 •行为实录：教师站起来，走到乐乐餐桌边，看到乐乐脚下全是饭粒和冬瓜
	B4. 能整理好自己的用餐物品	通过将幼儿行为实录与记录标准中的不同水平比较，可知幼儿现在处于水平一 •行为实录：（乐乐）又磨蹭了十几分钟才吃完饭，吃完后放下碗筷就跑去外面玩了
	B5. 能做到不浪费粮食	通过将幼儿行为实录与记录标准中的不同水平比较，可知幼儿现在处于水平一 •行为实录：教师站起来，走到乐乐餐桌边，看到乐乐脚下全是饭粒和冬瓜
	B6. 能自觉遵守进餐规则、秩序	观察记录中未提及此项，不做判断

表1-12是王老师采用行为检核法对进餐环节某一幼儿的进餐行为进行的第4周为期5天的观察行为分析。

表1-12 幼儿进餐行为系统观察分析表

幼儿姓名：心心　　年龄：4岁7个月　　☑午餐　□点心　　记录人：王老师

观察次数	观察时间	独立性		进餐速度			是否挑食		进餐情绪	
		喂食	独立	过快	正常	过慢	是	否	抗拒	愉悦
1	周一		√			√	√		√	
2	周二		√			√	√			√

41

续表

观察次数	观察时间	独立性		进餐速度			是否挑食		进餐情绪	
		喂食	独立	过快	正常	过慢	是	否	抗拒	愉悦
3	周三		√			√	√		√	
4	周四		√			√	√		√	
5	周五		√		√		√			√

表1-12显示心心入园第4周的系统观察记录，从记录中，教师可以看出心心能够独立进餐，但是进餐速度比较慢，存在明显的挑食行为，总体进餐情绪不太好。

流程五：指导

请根据幼儿行为表现分析情况提出改进意见或指导策略。

1. 基于幼儿生活习惯行为表现分析结果的指导

（1）基于幼儿专注进餐行为表现分析结果的指导。

面对乐乐的行为表现，教师可以使用榜样示范、改善烹调与摆盘、家园共育的策略来支持幼儿在专注进餐方面上升到高一级的水平。具体指导策略如下：

★ 让专注进餐的幼儿坐在乐乐的身边，起到榜样示范的作用。

★ 厨房叔叔阿姨在烹调蔬菜时，尽可能变化烹调方式，带给幼儿不同的口味；教师在装盘分发时，要注意美观性、趣味性。

★ 与乐乐家长沟通，营造安静、愉悦的家庭就餐氛围，尽量要排除讲话、看电视等进餐干扰因素。

（2）基于幼儿"敢于尝试'新'食物"的行为表现分析结果的指导。

面对乐乐的行为表现，教师可以使用榜样示范、区域游戏、家园共育的策略来支持幼儿在"敢于尝试'新'食物"方面上升到高一级的水平。具体指导策略如下：

★ 让乐于尝试"新"食物的幼儿坐在乐乐的身边，有利于乐乐降低对没吃过的"新"食物的抗拒。

★ 开展"蔬菜变变变"的区域探究活动，让乐乐通过发现烹调过程中蔬菜颜色、形态的改变，对蔬菜慢慢产生兴趣。

★ 与乐乐家长沟通，需要家长多帮助乐乐尝试吃一些以前不爱吃或是没吃过的食物，逐渐接受"新"食物。

2. 基于幼儿生活能力行为表现分析结果的指导

（1）基于幼儿学习使用筷子行为表现分析结果的指导。

面对乐乐的行为表现，教师可以使用区域游戏、家园共育的策略来支持幼儿在学习使用筷子方面上升到高一级的水平。具体指导策略如下：

★ 开展"夹夹乐""小巧手"的区域游戏活动，让乐乐练习使用筷子夹细小物体的游戏，用剪刀、胶水等制作美工作品的活动，锻炼小肌肉操作，增加手指灵活度。

★ 与乐乐家长沟通，在家进餐时也督促乐乐使用筷子而不是勺子进餐，更不要让家长喂饭。

（2）基于幼儿不偏食、不挑食行为表现分析结果的指导。

面对乐乐的行为表现，教师可以使用榜样示范、区域游戏、家园共育的策略来支持幼儿在不偏食、不挑食方面上升到高一级的水平。具体指导策略如下：

★ 让喜欢吃各样各样蔬菜的幼儿坐在乐乐的身边。对乐乐能够吃以前拒绝的蔬菜、多吃蔬菜的行为表现，及时进行鼓励、表扬。

★ 开展"蔬菜幻想家"的区域活动，让乐乐通过美术游戏感受用蔬菜创作的乐趣，并逐渐了解蔬菜的营养成分。

★ 与乐乐家长沟通，请家长多帮助乐乐尝试吃一些以前不爱吃但不太抗拒的蔬菜，使乐乐尝试各种蔬菜的味道，也逐渐懂得吃蔬菜的益处。

（3）基于幼儿整理自己的用餐物品行为表现分析结果的指导。

面对乐乐的行为表现，教师可以使用榜样示范、区域游戏、家园共育的策略来支持幼儿在整理自己的用餐物品方面上升到高一级的水平。具体指导策略如下：

★ 让能够做到整理好自己的用餐物品的幼儿坐在乐乐的身边，起到榜样示范的作用。

★ 开展"我是整理家"角色扮演活动，使乐乐掌握收纳整理、擦桌子丢垃圾等整理技能。

★ 与乐乐家长沟通，在家里进餐后，也让乐乐自己收拾碗筷和掉在桌子、地面上的食物残渣，而不是由家长包办代替。

（4）基于幼儿节约粮食行为表现分析结果的指导。

面对乐乐的行为表现，教师可以使用榜样示范、情境创设、家园共育的策略来支持幼儿在节约粮食和尊重他人劳动成果方面上升到高一级的水平。具体指导策略如下：

★ 让能够做到节约粮食的幼儿坐在乐乐的身边，起到榜样示范的作用。

★ 创设情境：在班级的生活区张贴一些"节约粮食、光盘行动"的图示；让乐乐扮演情境角色如辛勤劳动的农民伯伯、厨房叔叔阿姨、饿肚子的流浪儿等。

★ 与乐乐家长沟通，需要家庭进餐时帮助乐乐节约粮食，盛多少吃多少，不剩饭、不浪费。

反思总结

请根据所学内容完成反思总结。

1. 在学习了幼儿进餐行为观察的观测点与具体行为标准、记录方法、分析指导等内容之后，请对所学内容进行回顾总结。

（1）我知道幼儿进餐行为观察的观测点与具体行为标准：

_____

_____

_____

（2）我知道观察记录的方法包括：

_____

_____

_____

（3）我知道观察与指导幼儿进餐行为的任务流程：

_____

_____

_____

2. 请根据情境灵活应用所学内容设计并开展调查。

只想吃红烧狮子头的乐乐

在幼儿园，不仅有早餐、午餐，还有早点和午点，良好的进餐习惯和进餐能力的培养，有助于幼儿的健康成长。教师有效支持幼儿园的进餐环节，就要帮助幼儿养成健康的饮食习惯、良好的卫生习惯及掌握正确的进餐方法等。乐乐小朋友只想吃红烧狮子头，怎么都不肯吃其他菜……

究竟怎么回事呢？你需要了解哪些内容？你会如何运用本任务所学来促进幼儿在进餐环节的学习与发展？请你从调查目标、调查方法、调查过程、调查结果等方面设计调查方案了解现状，并运用所学设计解决问题的步骤。

_____

_____

_____

赛证真题

请熟悉本部分内容链接的赛证真题。

赛场直击

［2021年全国职业院校技能大赛·学前教育技能赛项试题］教师要引导幼儿养成良好的饮食习惯，其中良好的饮食习惯不包括（　　　）。

A. 定时、定量进餐

B. 细嚼慢咽

C. 不干不净吃了没病

D. 吃饭时不要说笑打闹

国考聚焦

［2016年下半年中小学和幼儿园教师资格考试 综合素质试题（幼儿园）］午餐时，有些幼儿边吃边玩，为了让幼儿专心进餐，李老师的正确做法是（　　　）。

A. 没吃完的不准睡觉

B. 比比看谁吃得最快

C. 我看看谁吃得最香

D. 看谁还在那磨蹭

答案解析

任务三 幼儿的午睡时刻
——午睡环节中的幼儿行为观察与指导

午睡环节观察指导诀窍歌

睡眠充足身体好，午睡安全最重要；

入睡活动要轻缓，积极主动准备好；

午睡全程不打闹，安静入睡被盖好；

起床动作不拖拉，床铺自主整理好；

穿脱衣服和鞋袜，拉好拉链扣系好；

要想午睡习惯好，细心专业都做到。

任务情境

请了解午睡环节任务情境的内容梗概。

朵朵睡着了吗

午睡时，朵朵蹦蹦跳跳地进了寝室。在床上，她的小手忙个不停，身子总翻来覆去，使床发出"咯吱咯吱"的响声。李老师走到她床旁边，只见朵朵上衣的纽扣解开了一半，嘴里时不时还发出吹气声。李老师轻声说："朵朵，如果你今天可以脱好衣服，好好睡觉，我就第一个喊你起床，还送你小礼物，好不好？"朵朵笑眯眯地点点头，两只小手配合着一拉一转一拨，把纽扣全部解开了。不一会儿，李老师听到朵朵轻声在喊："李老师，李老师……"李老师走过去，朵朵对她说："老师，我想小便。"李老师带她如厕后回到小床躺下。没多久，一阵轻微的歌声传到了李老师的耳朵里，是朵朵在唱歌。李老师第三次来到朵朵床边，还没等李老师说话，她就笑嘻嘻地跟李老师说："李老师，我们来拉钩，拉了钩我就睡觉。"说完还主动地伸出了小手。李老师伸出手跟她拉起钩来，最后还刻意用大拇指盖了一个"印章"。这次朵朵一会儿就睡着了。到了起床时间，眼看其他小朋友都已经穿好衣服走出了寝室，李老师只好帮朵朵把衣服穿上。朵朵自己穿好了裤子，李老师一看，裤子的前后还是反的，又赶忙帮朵朵换过来。最后，朵朵穿上鞋袜，就像小鸟一样飞出了寝室。

基础理论

请关注午睡环节的基础理论。

一、观察幼儿午睡行为的意义

午睡行为是幼儿园生活活动的重要组成部分之一。一方面，午睡行为对幼儿的生长发育具有重要意义，为幼儿身心健康发展提供保障。另一方面，教师对幼儿良好午睡行为的培养尤为重要。例如，引导幼儿按时午睡和按时起床，锻炼幼儿自己穿脱衣物，有助于培养幼儿的生活自理能力和良好的生活习惯。因此，幼儿的午睡行为，是教师经常观察的内容之一。教师可以充分发挥观察记录的作用，了解幼儿普遍的午睡行为表现，并在分析的基础上提出有针对性的指导策略，引导幼儿养成良好的午睡习惯和自理能力。

二、幼儿午睡行为存在的问题

《幼儿园教育指导纲要（试行）》中指出：应"根据幼儿的需要建立科学的生活常规。培养幼儿良好的饮食、睡眠、盥洗、排泄等生活习惯和生活自理能力。"幼儿的午睡占到幼儿在园一日活动中1/3的时间，是根据幼儿的年龄特点和身心需要而设置的，它对促进幼儿身体的正常发育，增强体质，培养幼儿参加活动的兴趣，培养幼儿良好的生活习惯、卫生习惯等方面起到非常重要的作用。因此午睡是幼儿教学中的一个重要环节。

然而，已有研究发现"当前中国幼儿午睡环节存在睡眠质量低、入睡困难、相互聊天、睡眠时伴有不良的行为、教师在幼儿午睡过程中对个别幼儿关注度低等问题"[1]，

---

① 孙燕. 浅谈小班幼儿午睡中存在的问题及对策［J］. 情感读本，2016（26）：86.

午睡不仅成了幼儿的负担，也成了教师的包袱[1]。这些问题我们可以从幼儿午睡前、午睡中、午睡后三方面进行阐述。

（一）午睡前

幼儿在午睡前的行为表现极大地影响着其睡眠的质量。汪旭[2]等研究者以安徽省芜湖市一所省级示范性幼儿园中一班的30名幼儿和2名教师作为观察对象，对午睡环节进行了持续一个月的观察并对幼儿午睡不良行为做了详细记录，观察发现，幼儿午睡前存在拖拉、行动缓慢（如有的幼儿不按规定时间吃饭、教师催促时依旧不紧不慢、东张西望地进入卧室），状态兴奋、动作不断（睡前特别兴奋，进入被窝之后仍然不停地活动：有的顶着被子、撅着屁股在被窝里玩，张牙舞爪、念念有词；有的从被窝的一头爬到另一头；有的蒙着头咬被角；有的玩弄自己的手指或头发等），拒不上床、抵抗午睡（如有的幼儿每到午睡时刻总是哭闹着不肯上床睡觉）等问题。

（二）午睡中

幼儿在午睡中主要存在入睡困难、小声说话（如有的幼儿在其他幼儿已经进入梦乡的时候依旧东张西望，教师过来时就马上假装睡觉，教师走了时就会躲在被子里和旁边的幼儿窃窃私语），睡姿不科学、睡眠质量差（如有的幼儿仰卧、有的侧卧、有的俯卧、有的蒙着头睡觉、有的睡觉过程中还打呼噜，起床后每个幼儿的状态也都不大一样），中途醒来、提各种要求（如有的幼儿睡觉过程中会不断醒来一会儿要如厕、一会儿要喝水）等问题。据调查，有84.75%的教师认为所在班级的幼儿睡姿不太正确，孙燕[3]等研究者认为，从卫生角度来讲，仰卧更有利于保持睡眠中的呼吸通畅，促进幼儿身体发育。因此，保持正确的睡眠姿势，养成良好的睡眠习惯等，是改善幼儿睡眠质量的关键。

（三）午睡后

幼儿在午睡后主要存在不愿起床、有起床气（如有的幼儿起床后情绪良好，有的幼儿却情绪不稳定，对教师和其他幼儿不理不睬），动作迟缓、总是拖延（如有的幼儿虽然起床了但是行动总是比别人慢，落后其他幼儿），睡眠过久、苏醒缓慢（如有的幼儿在教师提醒起床后仍处在睡眠状态，还有个别幼儿直到其他幼儿吃完午点

---

① 何思诺. 幼儿午睡中存在的问题及对策［J］. 新教育时代电子杂志（学生版），2017（38）：10.

② 汪旭. 中班幼儿午睡不良行为研究［J］. 幼儿教育研究，2021，38（2）：38-41.

③ 孙燕. 浅谈小班幼儿午睡中存在的问题及对策［J］. 情感读本，2016（26）：86.

准备参加户外活动时才睡眼惺忪地从寝室走出来）等问题。

三、幼儿午睡问题行为成因

针对幼儿午睡环节中的各类问题行为，可以从幼儿园园所、幼儿园教师、家庭及幼儿自身等方面进行成因分析。

（一）园所方面

幼儿园午睡时间安排不合理。《3—6岁儿童学习与发展指南》中提出，幼儿园要"保证幼儿每天睡11~12小时，其中午睡一般应达到2小时左右"。午睡时间可根据幼儿的年龄、季节的变化和个体差异适当减少。因此，幼儿园午睡时间的安排应该以不同年龄阶段幼儿的身心发展特点为依据，而不是笼统地规定全园大、中、小班幼儿的午睡时间。

（二）教师方面

首先，睡前活动管理不当（有的教师没有严格按照幼儿园一日活动流程开展睡前活动、做好餐前阅读活动与散步活动，这不利于幼儿有一个良好的睡眠状态）；其次，缺乏午睡教育意识（有的教师对幼儿的午睡没有耐心，对幼儿睡眠的各种姿势和不良睡眠行为了解不够，对幼儿午睡置之不理或者不够重视，缺乏责任心）；最后，营造午睡氛围欠佳（在幼儿上床安静下来后，有的教师会玩手机、刷视频，有的教师会大声提醒未安静睡觉的幼儿，有的教师之间还会进行正常音量的交谈，这些人为的噪声都会对幼儿的午睡产生影响）。

> **知识链接**
>
> *睡眠时间*
>
> 睡多长时间算够？很难统一。幼儿气质类型不同，所需睡眠可能相差1~2小时。只要入睡快、睡得香、醒后精神饱满、精力充沛，就说明睡眠质量好、时间够。
>
> *睡眠中磨牙*
>
> 人们认为磨牙是因为有蛔虫病，但证据不足，需要医院检查，磨牙不能成为判断依据。常磨牙，要去口腔科检查有无牙齿排列不整齐、上下牙弓咬合关系不正常等问题。

（三）家庭方面

家庭生活没有规律，久而久之会影响幼儿的睡眠质量，所以说家庭的生活方式会直接影响到幼儿[①]。调查发现，很多幼儿在家没有午睡习惯，且很多家长认为其午

———————
[①] 徐薇薇. 培养习惯、健康成长：小班幼儿午睡问题的研究 [J]. 小学科学（教师版），2015，133（5）：154.

睡活动没那么重要。幼儿在家是否午睡与幼儿上午的疲劳程度及一天的活动安排有直接联系；还有些家长没有养成科学、合理的作息时间，比如，周末会让幼儿玩到较晚才睡，第二天早上看到幼儿睡得比较熟，就会不自觉地让其多睡一会儿。因此，幼儿在家晚睡晚起、作息不规律，不利于其午睡习惯的养成。

（四）幼儿方面

不同年龄阶段的幼儿，性格特点与气质类型也不尽相同，从而对午睡的需求也不尽相同。性格安静、迟缓、有耐心的幼儿往往情绪波动较小，所需入睡时间较短；而活泼、好动、爱折腾的幼儿往往生龙活虎，在进入被窝后仍然会不停地活动，所需入睡时间较长。另外，幼儿自身午睡习惯的不同影响着其午睡质量，有的幼儿确实没有睡午觉的习惯，一到午睡时间就哭闹抗拒；有的幼儿缺乏安全感，午睡时需要成人的陪伴和安抚；有的幼儿午睡时需要听睡前故事来助眠；有的幼儿睡眠很浅，常因为一些很小的声音就清醒过来等。

任务流程

流程一：准备

请熟悉午睡环节幼儿行为观察的观测点与具体行为标准。

准备内容呈现方式一：幼儿在生活中学习和成长，午睡环节为教育幼儿提供了良好的契机，可以借此契机培养幼儿的生活习惯和生活能力。因此，幼儿午睡行为观察的观测点可以分为生活习惯和生活能力两个方面。生活习惯方面主要观察幼儿是否积极、主动地做好午睡准备、是否坚持完成任务（完成脱穿衣/鞋/袜）、是否能够解决午睡过程中的生活问题；生活能力方面主要观察幼儿能否正确并熟练地穿脱衣服和鞋袜，能否熟练系扣子、拉拉链（手指的灵活、协调），能否自觉遵守入睡或起床规则、秩序，能否整理自己的床铺、衣裤、鞋袜（见表1-13）。

表1-13　午睡环节幼儿行为观察的观测点与具体行为标准（方式一）

观测点	具体行为标准
A. 生活习惯	A1. 积极、主动地做好午睡准备
	A2. 坚持完成任务（完成脱穿衣/鞋/袜）
	A3. 问题解决
B. 生活能力	B1. 能正确并熟练地穿脱衣服和鞋袜
	B2. 能熟练地系扣子、拉拉链（手指的灵活、协调）
	B3. 能自觉遵守入睡或起床规则、秩序
	B4. 能整理自己的床铺、衣裤、鞋袜

准备内容呈现方式二：幼儿园的午睡活动包括午睡前准备、脱衣裤；午睡中良好睡眠习惯的养成；午睡后的起床、整理床铺、穿衣裤和鞋袜等。因此，幼儿午睡行为观察的观测点也可以分为午睡前、午睡中、午睡后三方面。午睡前主要观察幼儿能否积极做好午睡准备，能否自主完成穿脱衣裤、鞋袜的任务；午睡中主要观察幼儿能否保持正确的睡眠姿势，能否盖好被子，睡醒后能否做到不打扰同伴，有便意、身体不适或发现同伴有异常情况时能否及时告诉教师；午睡后主要观察幼儿能否按时起床，不拖拉、打闹，能否整理好床铺、自己穿脱鞋袜（见表1-14）。

表1-14　午睡环节幼儿行为观察的观测点与具体行为标准（方式二）

观测点	具体行为标准
A. 午睡前	A1. 能够积极做好午睡准备
	A2. 能够自主完成穿脱衣裤、鞋袜的任务
B. 午睡中	B1. 能够保持正确的睡眠姿势
	B2. 能够盖好被子，避免着凉
	B3. 睡醒后不打扰同伴
	B4. 有便意、身体不适或发现同伴有异常情况时能够及时告诉教师
C. 午睡后	C1. 能够按时起床，不拖拉、打闹
	C2. 能整理好床铺，自己穿脱鞋袜

流程二：观察

请根据任务情境完成对观察内容的描述。

朵朵睡着了吗

　　"李老师，今天朵朵午睡时睡着了吗？"这个星期里，朵朵妈妈几乎每天都要问同样的问题。原因是，朵朵在家从来不午睡，妈妈很是担心，想了解她每天在幼儿园里的午睡情况。其实，李老师对朵朵的午睡情况也很头疼。朵朵的精力很旺盛，中午从不乖乖睡觉。

　　今天中午午睡时，朵朵蹦蹦跳跳地进了寝室。在床上，她的小手忙个不停，身子总翻来覆去，使床发出"咯吱咯吱"的响声，沉浸在自己的小世界中。别的幼儿自己都把衣服脱下、叠好，很快安静地睡着了。李老师忽然听到轻轻的嘀咕声，是朵朵。李老师走到她床旁边，只见朵朵上衣的纽扣解开了一半，嘴里时不时还发出吹气声。李老师轻声问："朵朵，你可以自己解开纽扣，把上衣叠好放起来吗？"她看着李老师没有说话。"朵朵，如果你今天可以脱好衣服，好好睡觉，我就第一个喊你起床，还送你小礼物，好不好？"她笑眯眯地点点头，两只小手配合着一拉一转一拽，把纽扣全部解开了。李老师帮她叠好衣服放在旁边，摸了摸她的头帮她把被子盖好，"朵朵真能干，赶紧睡觉吧"。不一会儿，李老师听到朵朵轻声在喊："李老师，李老师……"李老师走过去，朵朵对她说："老师，我想小便。"李老师带她如厕后回到小床躺下，可是没多久，一阵轻微的歌声传到了李老师的耳朵里，是朵朵在唱歌。李老师有些生气，这是她第三次来到朵朵床边，还没等李老师说话，朵朵就笑嘻嘻地跟李老师说："李老师，我们来拉钩，拉了钩我就睡觉。"说完还主动地伸出了小手。看着那期待的眼神，李老师伸出手跟她拉起钩来，最后还刻意用大拇指盖了一个"印章"说："盖了章100年都不能变，快睡吧。""好，我一定睡。"说完朵朵立即转身躲进被子闭上了眼睛。这次朵朵一会儿就睡着了。

　　到了起床时间，朵朵还在睡。李老师走到她身边，轻轻拍了拍她的肩膀，"朵朵，该起床啦。"朵朵揉了揉眼睛说："李老师，我不起，我还要睡。""朵朵，你忘记老师说的第一个喊你起床，还有小礼物要送给你吗？"朵朵这时忽地睁开眼睛翻身坐了起来，"老师，你能帮我穿衣服吗？这个纽扣我扣不上。"眼看其他小朋友都已经穿好衣服走出了寝室，李老师只好帮她把衣服穿上，朵朵自己穿好了裤子，李老师一看，裤子的前后还是反的，又赶忙帮朵朵换过来。最后，朵朵穿上鞋袜，就像小鸟一样飞出了寝室。

　　● 注意事项：观察前——① 明确观察目的；② 选择适宜的观察记录方法；③ 明确幼儿午睡行为的观测点，确保午睡行为可观察、可测量，观察环境尽可能是自然的。观察中——① 详细、具体地记录幼儿午睡的整个过程，观察描述保持客观，尽可能准确地反映实际情况，避免主观判断和臆测；② 观察6W要素完整。观察后——① 及时整理观察记录；② 根据整理结果提出教育指导建议。

流程三：记录

请您根据观察内容完成记录。

为更高效地观察幼儿的午睡行为，教师可以在观察之前使用等级评定法制作观察记录表，以快速记录幼儿的午睡行为，表1-15是供参考的幼儿午睡行为等级评定观察记录表。

表1-15　幼儿午睡行为等级评定观察记录表

幼儿姓名：　　　　　班级：　　　　　观察者：

方面	要点	水平	判断依据（行为实录）
A. 生活习惯	A1. 积极、主动地做好午睡准备	□水平一：不能保持安定的情绪，不能做好如厕等睡前准备	
		□水平二	
		□水平三：在他人提示或帮助下，做好情绪、如厕等睡前准备，安静、有序地进入寝室	
		□水平四	
		□水平五：能主动在睡前调适情绪，做好如厕整理，能自主、安静、有序地进入寝室	
	A2. 坚持完成任务（完成脱穿衣/鞋/袜）	□水平一：不能自己脱穿衣裤、鞋袜	
		□水平二	
		□水平三：在他人的帮助下，幼儿尝试自己穿脱衣裤、鞋袜	
		□水平四	
		□水平五：能够克服困难，坚持独立地脱下衣裤、鞋袜，起床后自己穿好衣服	
	A3. 问题解决	□水平一：在遇到困难或问题时，没有自信心，主动放弃，不愿意尝试	
		□水平二	
		□水平三：在他人的帮助下，愿意尝试自己解决问题	
		□水平四	
		□水平五：在面对困难和问题时，主动寻找解决的方法，独立解决问题	

方面	要点	水平	判断依据（行为实录）
B. 生活能力	B1. 能正确并熟练地穿脱衣服和鞋袜	□水平一：不能自己正确穿脱衣裤、鞋袜，脱不下来、穿不上或穿不对	
		□水平二	
		□水平三：在他人的帮助和提醒下可以辨别正反、左右，穿脱衣裤、鞋袜	
		□水平四	
		□水平五：掌握正确地穿脱衣裤、鞋袜的方法和步骤，能够正确识别正反、左右，能够主动、独立地穿脱衣裤、鞋袜	
	B2. 能熟练地扣扣子、拉拉链（手指的灵活、协调）	□水平一：不能自己扣好扣子、拉拉链	
		□水平二	
		□水平三：在他人的提示或帮助下，扣好衣服的纽扣或拉好拉链	
		□水平四	
		□水平五：独立熟练地一一对应地扣好衣扣或拉好拉链	
	B3. 能自觉遵守入睡或起床规则、秩序	□水平一：有打闹、讲话或玩耍行为，不能独立入睡、入睡较晚或拖拉不起床	
		□水平二	
		□水平三：在他人提示或帮助下，能够较快进入睡眠状态及按时起床	
		□水平四	
		□水平五：能够独立按时入睡、保持安静的睡眠并在听到起床指令后按时起床	
	B4. 能整理自己的床铺、衣裤、鞋袜	□水平一：不能整理床铺，睡醒后穿好衣服也没有检查就直接离开	
		□水平二	
		□水平三：在他人的鼓励或帮助下，能够整理好衣裤、鞋袜，尝试叠被子，整理床铺	
		□水平四	
		□水平五：能够自觉整理衣裤，折叠被子，掌握整理床铺的方法	

除了等级评定法，教师还可以使用行为检核法进行观察记录，表1-16是供参考的幼儿午睡行为检核观察记录表。

表1-16　幼儿午睡行为检核观察记录表

幼儿姓名：		班级：	观察者：	备注
午睡前	能否自主完成如厕等午睡准备	□能　　□否		
	能否自主脱衣裤、鞋袜	□能　　□否		
午睡中	专注度	□专注于午睡		
		□分心（游戏、嬉闹、聊天）		
	独立性	□需要帮助　　□独立入睡		
	入睡速度	□较快　　□一般　　□较慢		
	睡眠姿势	□正确　　□不正确		
	问题解决	□在需要如厕时能自主解决		
		□在感觉不适时能告诉老师或求助他人		
	午睡情绪	□安静愉悦　　□适中　　□焦虑抗拒		
午睡后	能否自主穿衣裤、鞋袜	□能　　□否		
	能否自主整理床铺	□能　　□否		

流程四：分析

请根据记录表格内容对观察情况进行分析。

表1-17是李老师采用等级评定法对午睡环节某一幼儿的午睡行为进行的观察分析。

表1-17　幼儿午睡行为观察分析表

幼儿姓名：朵朵　　　班级：大班　　　环节：午睡　　　观察者：李老师

方面	要点	观察行为实录与水平选择
A.生活习惯	A1.积极、主动地做好午睡准备	通过将幼儿行为实录与记录标准中的不同水平比较，可知幼儿现在处于水平一 •行为实录：今天中午午睡时，朵朵蹦蹦跳跳地进了寝室。在床上，她的小手忙个不停，身子总翻来覆去，使床发出"咯吱咯吱"的响声。不一会儿，李老师听到朵朵轻声在喊："李老师，李老师……"李老师走过去，朵朵对她说："老师，我想小便。"李老师带她如厕后回到小床躺下，可是没多久，一阵轻微的歌声传到了李老师的耳朵里，是朵朵在唱歌

方面	要点	观察行为实录与水平选择
A. 生活习惯	A2. 坚持完成任务（完成脱穿衣/鞋/袜）	通过将幼儿行为实录与记录标准中的不同水平比较，可知幼儿现在处于水平三 ●行为实录：眼看其他小朋友都已经穿好衣服走出了寝室，李老师只好帮她把衣服穿上，朵朵自己穿好了裤子，李老师一看，裤子的前后还是反的，又赶忙帮朵朵换过来。最后，朵朵穿上鞋袜，就像小鸟一样飞出了寝室
	A3. 问题解决	通过将幼儿行为实录与记录标准中的不同水平比较，可知幼儿现在处于水平三 ●行为实录：她看着李老师没有说话。"朵朵，如果你今天可以脱好衣服，好好睡觉，我就第一个喊你起床，还送你小礼物，好不好？"她笑眯眯地点点头，两只小手配合着一拉一转一拽，把纽扣全部解开了
B. 生活能力	B1. 能正确并熟练地穿脱衣服和鞋袜	通过将幼儿行为实录与记录标准中的不同水平比较，可知幼儿现在处于水平三 ●行为实录：朵朵自己穿好了裤子，李老师一看，裤子的前后还是反的，又赶忙帮朵朵换过来
	B2. 能熟练地扣扣子、拉拉链（手指的灵活、协调）	通过将幼儿行为实录与记录标准中的不同水平比较，可知幼儿现在处于水平一 ●行为实录："老师，你能帮我穿衣服吗？这个纽扣我扣不上。"
	B3. 能自觉遵守入睡或起床规则、秩序	通过将幼儿行为实录与记录标准中的不同水平比较，可知幼儿现在处于水平三 ●行为实录：朵朵就笑嘻嘻地跟李老师说："李老师，我们来拉钩，拉了钩我就睡觉。"完还主动地伸出了小手。看着那期待的眼神，李老师伸出手跟她拉起钩来，最后还刻意用大拇指盖了一个"印章"说："盖了章100年都不能变，快睡吧。""好，我一定睡。"说完朵朵立即转身躲进被子闭上了眼睛。这次朵朵一会儿就睡着了
	B4. 能整理自己的床铺、衣裤、鞋袜	通过将幼儿行为实录与记录标准中的不同水平比较，可知幼儿现在处于水平一 ●行为实录：最后，朵朵穿上鞋袜，就像小鸟一样飞出了寝室

表1-18是李老师采用行为检核法对午睡环节某一幼儿的午睡行为进行的第六周为期5天的观察行为分析。

表1-18　幼儿午睡行为系统观察分析表

幼儿姓名：佳佳　　　　年龄：3岁11个月　　　☑午睡　　　记录人：李老师

观察次数	观察时间	自觉性		穿脱方法		遵守秩序		整理物品	
		指引	独立	正确	错误	是	否	能	否
1	周一	√			√	√			√
2	周二	√			√		√		√
3	周三	√			√				√
4	周四	√					√	√	
5	周五	√				√			√

　　表1-18显示佳佳入园第六周的系统观察记录。从记录中教师可以看出佳佳的午睡行为习惯还没有养成，午睡行为能力还没有掌握，他虽然能够基本做到遵守午睡秩序，但是在整理午睡物品方面仍然需要帮助。

流程五：指导

请根据幼儿行为表现分析情况提出改进意见或指导策略。

1. 基于幼儿生活习惯行为表现分析结果的指导

（1）基于"积极、主动地做好午睡准备"行为表现分析结果的指导。

　　面对朵朵的行为表现，教师可以通过榜样示范、情境讨论的策略来支持幼儿在"积极、主动地做好午睡准备"方面上升到高一级的水平。具体指导策略如下：

　　★ 让能够积极、主动地做好午睡准备的幼儿和朵朵一起，有利于朵朵保持情绪安定，做到提前如厕，安静、有序地进入寝室。

　　★ 拍摄在午睡前能够积极、主动地做好午睡准备的幼儿的行为表现，同时也拍摄不能积极、主动地做好午睡准备的幼儿的行为表现，如在寝室里讲话、追逐、推挤等不恰当的行为。让幼儿一起来讨论这些行为的对错，以及应该如何做。

　　（2）基于"问题解决"行为表现分析结果的指导。

　　面对朵朵的行为表现，教师可以通过情境讨论、角色扮演的策略来支持幼儿在午睡时"问题解决"能力方面上升到高一级的水平。具体指导策略如下：

> **知识链接**
>
> **角色扮演**
>
> 　　角色扮演游戏是游戏理论的一种。由伯勒基于弗洛伊德的理论提出。伯勒认为，儿童的许多游戏背后隐藏着深刻的情绪原因，儿童对角色的选择往往基于他们对某个人或角色原型的爱、尊敬、嫉妒或愤怒的感情。模仿自己爱戴、尊敬的人，可使自己像成人一样的愿望得到满足，也更能有效帮助幼儿解决相关行为问题。

★ 拍摄在午睡时能够快速午睡、睡姿正确、起床整理的幼儿的行为表现，同时也拍摄不能快速午睡、睡姿不正确、不会起床整理的幼儿的行为表现。让幼儿一起来讨论这些行为的对错，以及应该如何做。

★ 让幼儿扮演午睡时的不同角色，如在床上翻来覆去睡不着的幼儿、在床上玩耍的幼儿、不盖好被子的幼儿等，让幼儿体会自己的行为表现的对错及对其他幼儿的影响。

2. 基于幼儿生活能力行为表现分析结果的指导

（1）基于幼儿"正确并熟练地穿脱衣服和鞋袜"行为表现分析结果的指导。

面对朵朵的行为表现，教师可以通过创设技能练习情境、家园共育的策略来支持幼儿在"正确并熟练地穿脱衣服和鞋袜"方面上升到高一级的水平。具体指导策略如下：

★ 创设技能练习的情境，如利用儿歌创设技能练习的情境，帮助幼儿熟悉穿脱衣服和鞋袜的操作，帮助幼儿把儿歌与动作联系对应起来。

★ 与朵朵家长沟通，请家长不要过分代劳，给朵朵自己穿脱衣服和鞋袜的机会，同时，帮助朵朵练习、掌握穿脱衣服和鞋袜的技能。

（2）基于幼儿"熟练地系扣子、拉拉链"行为表现分析结果的指导。

面对朵朵的行为表现，教师可以通过创设技能练习情境、家园共育的策略来支持幼儿在"熟练地系扣子、拉拉链"方面上升到高一级的水平。具体指导策略如下：

★ 创设技能练习的情境，如创设为布娃娃系扣子、拉拉链技能练习的情境，帮助幼儿熟悉系扣子、拉拉链的操作，掌握系扣子、拉拉链的穿衣技能。

★ 与朵朵家长沟通，请家长不要过分代劳，给朵朵自己系扣子、拉拉链的机会，同时，帮助朵朵掌握练习系扣子、拉拉链的技能。

反思总结

请根据所学内容完成反思总结。

1. 在学习了午睡环节幼儿行为观察的观测点与具体行为标准、记录方法、分析指导等内容之后，请对所学内容进行回顾总结。

（1）我知道午睡环节幼儿行为观察的观测点与具体行为标准：

_____

_____

_____

（2）我知道观察记录的方法包括：

_____

_____

_____

（3）我知道观察与指导幼儿午睡行为的任务流程：

_____

_____

_____

2. 请根据情境灵活应用所学内容设计并开展调查。

睡不着的朵朵

　　睡眠对幼儿身心发育有着至关重要的作用，而在幼儿园的集体生活中，幼儿的睡眠习惯不同，教师要帮助幼儿养成良好的午睡习惯，不仅需要耐心和细心，更需要专业、有效的方法。这一天，朵朵一会儿不想睡觉，一会儿要如厕，一会儿又哼起了歌……

　　究竟怎么回事呢？你需要了解哪些内容？你会如何运用本任务所学来促进幼儿在午睡环节的学习与发展？请你从调查目标、调查方法、调查过程、调查结果等方面设计调查方案了解现状，并运用所学设计解决问题的步骤。

_____

_____

_____

赛证
真题

请熟悉本部分内容链接的赛证真题。

赛场直击

[2021年全国职业院校技能大赛·学前教育技能赛项试题] 幼儿认为"下午是午睡起来以后",这说明幼儿对时间的知觉依靠的是 (   )。

A. 日历的变化   B. 季节的变化

C. 钟表的行走   D. 生活作息制度

国考聚焦

1. [2016年下半年中小学和幼儿园教师资格考试 综合素质试题（幼儿园）] 豆豆在幼儿园经常尿床，教师恰当的做法是 (   )。

A. 了解豆豆尿床的原因，和家长共同商量办法

B. 提醒其他小朋友，不要像豆豆一样尿床

C. 适当的批评豆豆，以帮助豆豆养成良好的习惯

D. 要求家长把豆豆带去治疗，治好后再回幼儿园

2. [2018年上半年中小学和幼儿园教师资格考试 综合素质试题（幼儿园）] 幼儿萌萌午休时不睡觉还发出吵闹的声音，何老师把她关在厕所里，以免影响其他幼儿休息，何老师的做法 (   )。

A. 不正确，侵犯了幼儿的人身权利和人格权利

B. 不正确，侵犯了幼儿的思想自由和受教育权利

C. 正确，有利于保障其他幼儿午间休息的权利

D. 正确，有利于引导萌萌养成良好的生活习惯

3. [2019年下半年中小学和幼儿园教师资格考试 综合素质试题（幼儿园）] 小班幼儿典典初入园时，不愿午睡，连自己小床都不愿靠近。对此，王老师的正确做法是 (   )。

A. 通知家长领回训练

B. 统一要求，不搞特殊

C. 批评典典，坚持常规

D. 降低要求，个别对待

4. [2015年下半年中小学和幼儿园教师资格考试 综合素质试题（幼儿园）] 性格文静的馨馨午睡时总是睡不着，为解决这个问题，黄老师耐心地告诉她天天午睡的好处，黄老师还联系家长，请家长配合，让馨馨在家里早睡早起，以帮助她养成良好的午睡习惯，可总是收获不大。

经过观察，黄老师还发现，馨馨不爱运动，到午睡时精神饱满，不觉疲倦，于是

黄老师调整策略，让她和运动量较大的小朋友一起游戏玩耍，而且舒缓馨馨的情绪，午睡时不催她，还在她耳边轻轻地说："没关系，如果睡不着就闭上眼睛躺一会儿吧。"待她睡着后，在她枕头下藏一朵小红花，等她醒来给她一个惊喜……慢慢地，馨馨每天都能睡得着了。

问题：请从教师职业道德行为角度，评析黄老师的教育行为。

答案解析

任务四 幼儿的如厕时刻
——如厕环节中的幼儿行为观察与指导

如厕环节观察指导诀窍歌

如厕环节有效率，文明如厕要牢记；

主动谦让不拥挤，轮流如厕排队齐；

提脱裤子善整理，专心如厕不嬉戏；

姿势正确不着急，大小便后把手洗；

厕所记得要冲洗，手纸丢进纸篓里；

基于目标指导细，卫生如厕好身体。

任务情境

请了解如厕环节任务情境的内容梗概。

我会自己拉粑粑啦

户外活动时间，多多跑到徐老师跟前说："徐老师，我要拉粑粑。"徐老师赶紧带着多多来到厕所。多多微微弯腰，把裤子拉到小腿处，双脚跨在蹲坑两侧，用两只手抓住鞋子，蹲了下来。见状，徐老师离开了厕所。大概十分钟过去了，多多没有出来。

徐老师走进厕所，看到多多还蹲在那里。只见他左挪挪右挪挪，用手指抠着鞋子上的"小狗"，自言自语道："小狗拉粑粑。"徐老师对他说："多多，你就像在家里一样，专心拉粑粑，其他什么也不要想。"多多把目光转向徐老师，说："我拉不出来。"徐老师温柔地说："没事，那多多再蹲一会儿，集中注意力，用点劲，一会就能拉出来的。"又过了一会儿，多多终于拉完了粑粑，喊徐老师："老师，我拉完了。"徐老师把手纸递给多多，多多擦完屁股并把手纸扔到纸篓。多多站起来，自己提起裤子，但没有拉整齐。正准备离开的时候，徐老师提醒多多要冲厕所，于是多多按了一下冲水按钮，之后走到洗手台前洗了手。

基础理论

请关注如厕环节的基础理论。

一、观察幼儿如厕行为的意义

如厕行为是幼儿基本生活自理能力的表现。在幼儿园，如厕行为包括小便、大便。一方面，如厕行为对幼儿生理健康具有重要影响，有助于发展幼儿的生活自理能力和性保护能力。弗洛伊德认为，幼儿1—3岁处于肛门期[1]，自发排便是满足性本能的主要方法，如厕时成人创造的情绪氛围对幼儿行为产生持续影响。另一方面，教师对幼儿如厕行为的培养尤为重要。例如，可以使用明显的标志帮助幼儿区分男女厕所，培养幼儿的性别意识；可以通过多种形式帮助幼儿了解如何自主如厕、如厕时要遵守的秩序、如厕后要洗手等，促进幼儿在情绪情感、良好个性品质和行为习惯方面的发展。因此，幼儿的如厕行为，是教师经常观察的内容之一。教师可以充分发挥观察记录的作用，了解幼儿的普遍如厕行为表现，并在分析的基础上提出有针对性的指导策略，引导幼儿养成良好的如厕习惯和如厕能力。

---

[1] 弗洛伊德认为随着性本能的成熟，性驱力的聚集区域从身体的一个部分流到另一个部分，每一次转变都意味着进入了性心理发展的又一个阶段。例如，1—3岁属于肛门期，自发排便是满足幼儿性本能的主要方法。大小便训练可能引起父母与儿童之间巨大的冲突。

二、幼儿如厕行为存在的问题

《幼儿园教育指导纲要（试行）》中指出：要"根据幼儿的需要建立科学的生活常规。培养幼儿良好的饮食、睡眠、盥洗、排泄等生活习惯和生活自理能力"。

如厕，简单来说，就是大小便。幼儿如厕能力是基本的生活自理能力，且在一日生活中，如厕是次数较多的生活环节之一。然而，已有研究发现当前幼儿如厕环节中存在着这些现象：有的幼儿想如厕但因不会向教师表述而尿裤子；有的幼儿只会用哭泣来表达自己的意愿；有的幼儿不会穿脱裤子；有的幼儿害怕便池，心里紧张；有的幼儿如厕过程中不专心、逗留、讲话、玩耍、嬉闹；有的幼儿没有掌握大小便的正确姿势，会把大小便排到便器外，会弄脏自己或同伴的衣裤；有的幼儿便后不会提裤子，光着屁股等待教师的帮助[1]；有的幼儿如厕完在便池内外乱扔异物或手纸等。这些问题我们可以从以下几个方面进行阐述。

（一）动手能力弱

由于自理能力比较弱，有些幼儿在如厕的时候缺乏动手能力，如不能独立脱裤子、排泄、擦屁股、提裤子、冲厕所、整理衣服等，因而影响到幼儿如厕习惯的培养和操作技能的掌握。

（二）缺乏安全意识

由于年龄过小，很多幼儿不具备基本的安全知识和自我保护能力，因而导致幼儿在如厕过程中出现一些危险的现象，如有些幼儿在盥洗室里玩水、嬉闹、逗留、讲话、玩耍等，度过属于自己的"快乐"时光，但是却不知道盥洗室空间狭小且地面有水比较湿滑，容易摔倒甚至受伤。

（三）姿势不正确

正确的如厕姿势是幼儿养成良好如厕习惯的前提。有些幼儿没有养成正确的如厕姿势就会出现一些问题，不仅容易把大小便排到便器外，而且会弄脏自己或同伴的衣裤。如厕时，幼儿必须先登上台阶，跨过便池，然后拉裤子，蹲下来开始如厕。

（四）如厕时间长、频繁如厕

幼儿园经常会存在这样的现象：在午睡的时候，有些幼儿不想睡觉就会一直吵着要去上厕所，其实他们根本就不想小便，就是要去厕所玩。因此就出现了幼儿如

---

[1] 彭红媛. 孩子如厕三位一体保教配合初探［C］//2019年教育信息化与教育技术创新学术论坛年会论文集，2019，193-195.

厕时间长、频繁如厕的假象。但是厕所的空气流通性相对较差，在这种环境下，细菌极易滋生。因此，幼儿在如厕时应该快进快出，及时洗手，这样才能最大限度地保障安全和卫生[①]。

（五）尿裤子、尿床、拉裤子

由于遗传、膀胱功能障碍、环境、心理等因素的影响，幼儿园里有一部分幼儿还存在着尿裤子、尿床、拉裤子的情况。这其实也是一种正常现象，教师和父母要有耐心地面对幼儿上述现象，同时，做好相应的引导，齐心协力帮助幼儿养成良好的如厕习惯和能力。

幼儿如厕环节中除了以上常见的问题外，还存在着诸如憋尿、不习惯蹲便、忘记如厕、如厕时不排队、如厕后不会冲厕所、不及时洗手、在便池内外乱扔异物或手纸等个别现象，也要引起教师和家庭的重视。教师要善于抓住时机，要对幼儿进行细心的观察和了解，用恰当的方法帮助幼儿养成良好的如厕习惯、如厕态度。

三、幼儿如厕问题行为成因

针对幼儿如厕环节中的各类问题行为，可以从幼儿自身、幼儿园教师、家庭、幼儿园环境等方面进行成因分析。

（一）幼儿自身

如厕对成人而言简单，但对幼儿来说有时极具挑战。尤其对于刚进入小班的幼儿来说更困难一些，他们不仅要学会控制自己的排泄系统，还要掌握反应速度，更需要一定的自控力与忍耐力，如厕习惯的培养需要一个学习的过程[②]。当幼儿注意力集中于某件事情或某样感兴趣的东西时，常常会忘记自身的生理需要，就会产生大小便失禁的现象。因此，幼儿如厕问题的出现跟幼儿自身的情况紧密相关。

（二）幼儿园教师

首先，如厕教学活动不够。生活活动，特别是如厕教学活动应该有明确的目标和具体计划和内容，这样能提高幼儿如厕能力的培养。其次，缺乏对幼儿如厕技能的指导。幼儿的如厕技能是在一次又一次的学习和实践当中获得的，教师应该对幼儿进行可操作性的如厕技能指导，防止如厕安全事故的发生[③]；最后，训练方法不当，

---

① 陈海玲. 家园共育推进幼儿文明如厕习惯养成探讨［J］. 成才之路，2021（6）：108-109.

② 倪燕明. 半日托班孩子如厕习惯培养的实践研究［J］. 新课程（小学），2016（10）：193.

③ 郭小莉. 幼儿如厕问题多［J］. 今日教育（幼教金刊），2014（5）：15.

对幼儿缺乏耐心[①]。有效的方法有助于提升如厕能力，同时教师要对幼儿有耐心，不能挫伤幼儿的自尊心和积极主动性。

（三）家庭

首先，家长在对孩子的教育中存在重智力开发、学习能力的培养，而忽视独立能力培养的问题，许多孩子本该自己做的事情都由家长包办了。尤其是多数小班幼儿由家长帮其穿脱衣服，失去了锻炼的机会。幼儿园五天教师指导督促下初步形成的自我服务的习惯被两天双休日家长的不配合所抵消，幼儿又恢复到了原样[②]。其次，家庭对孩子的习惯培养有很大影响，很多家长在孩子还小的时候就养成给孩子使用尿不湿的习惯，方便又省事，他们认为孩子大了自然会养成正确的如厕习惯和能力，殊不知这是一种错误的观念，导致幼儿控制大小便的能力很差，如厕能力很难提高[③]。

（四）幼儿园环境

刚入园的小班幼儿，来到一个"全新"的环境，接触到陌生的教师和朋友，难免会产生恐惧和焦虑心理。这时他们也最容易出现退缩行为，遇到事情时不敢大胆去做，如明明自己很想如厕，但是却不敢跟教师讲，时间一长就会把大小便解在身上了。这也是造成幼儿如厕问题出现的一个重要原因。

任务流程

流程一：准备

请熟悉如厕环节幼儿行为观察的观测点和具体行为标准。

准备内容呈现方式一：幼儿在生活中学习和成长，如厕环节为教育幼儿提供了良好的契机，教师可以借此契机培养幼儿的生活习惯和生活能力。因此，幼儿如厕行为观察的观测点可以分为生活习惯和生活能力两个方面。生活习惯方面主要观察幼儿是否主动并及时如厕，是否专心如厕，如厕遇到困难时是否不怕困难；生活能

---

① 李霞. 幼儿如厕教学研究：现状、原因及策略探析［J］. 读书文摘，2015（14）：99.

② 郭小莉. 幼儿如厕问题多［J］. 今日教育（幼教金刊），2014（5）：15.

③ 倪燕明. 半日托班孩子如厕习惯培养的实践研究［J］. 新课程（小学），2016（10）：193.

力方面主要观察幼儿能否表达自己的如厕需求，能否做到轮流如厕，能否自己脱、提裤子，整理衣服，能否按正确姿势大小便、不弄脏自己或同伴的衣裤，大便后能否正确擦屁股，是否能不往便池内扔异物，便后能否将手纸丢入纸篓，便后能否自觉冲厕所、洗手（见表1-19）。

表1-19　如厕环节幼儿行为观察的观测点与具体行为标准（方式一）

观测点	具体行为标准
A. 生活习惯	A1. 主动并及时如厕
	A2. 专心如厕
	A3. 遇到如厕困难时不怕困难
B. 生活能力	B1. 能表达自己的如厕需求
	B2. 会轮流如厕
	B3. 能自己脱、提裤子，整理衣服
	B4. 能按正确姿势大小便、不弄脏自己或同伴的衣裤
	B5. 大便后会正确擦屁股
	B6. 不往便池内扔异物，便后将手纸丢入纸篓
	B7. 便后能自觉冲厕所、洗手

准备内容呈现方式二：幼儿园的如厕活动包括如厕前排队、脱裤子；如厕中用正确姿势大小便、会擦屁股等；如厕后的整理衣裤、自觉冲厕所和洗手等。因此，幼儿如厕行为观察的观测点也可以分为如厕前、如厕中、如厕后三方面。如厕前主要观察幼儿是否主动并及时如厕，能否表达自己的如厕需求，能否排队轮流如厕；如厕中主要观察幼儿能否自己脱裤子，能否专心如厕，能否按正确姿势大小便、不弄脏自己或同伴的衣裤，大便后能否正确擦屁股，大小便后是否会冲水；如厕后主要观察幼儿能否穿好裤子、整理好衣裤，如厕后是否会洗手等（见表1-20）。

表1-20　如厕环节幼儿行为观察的观测点与具体行为标准（方式二）

观测点	具体行为标准
A. 如厕前	A1. 主动并及时如厕
	A2. 能表达自己的如厕需求
	A3. 排队轮流如厕
B. 如厕中	B1. 能自己脱裤子
	B2. 专心如厕
	B3. 能按正确姿势大小便、不弄脏自己或同伴的衣裤

续表

观测点	具体行为标准
B. 如厕中	B4. 大便后会正确擦屁股
	B5. 大小便后会冲水
C. 如厕后	C1. 能够穿好裤子、整理好衣裤
	C2. 如厕后会洗手

流程二：观察

请根据任务情境完成对观察内容的描述。

我会自己拉粑粑啦

新学年，小班新入园的幼儿多多总是哭，从来不在幼儿园大便。妈妈反映多多在家里也有两三天没有大便了。放学后，徐老师和班上几位教师针对多多的问题进行了深入商讨，认为多多不大便有几个原因：首先，多多处在入园焦虑期，情绪的波动打乱了多多的如厕规律；其次，家里妈妈准备的是小马桶，学校的是蹲坑，导致了如厕方法上的不适应。针对以上原因，教师和家长共同制定了相应策略帮助多多逐渐适应幼儿园的如厕环境和方法，与此同时，妈妈尽量让多多先在家里大便。

一周后的某个户外活动时间，多多跑到徐老师跟前说："徐老师，我要拉粑粑。"徐老师赶紧带着多多来到厕所。多多微微弯腰，把裤子拉到小腿处，双脚跨在蹲坑两侧，用两只手抓住鞋子，蹲了下来。"拉好了告诉老师啊。"徐老师说完离开了厕所。大概十分钟过去了，多多没有出来。徐老师走进厕所，看到多多还蹲在那里，但没有拉大便。只见他左挪挪右挪挪，用手指抠着鞋子上的"小狗"，自言自语道："小狗拉粑粑。"徐老师对他说："多多，你就像在家里一样，专心拉粑粑，其他什么也不要想。"多多把目光转向徐老师，说："我拉不出来。"徐老师温柔地说："没事，那多多再蹲一会儿，集中注意力，用点劲，一会儿就能拉出来的。"又过了一会儿，多多终于拉完了大便，喊徐老师："老师，我拉完了。"徐老师把手纸递给多多，多多对折了一下，轻轻擦完屁股并把手纸扔到纸篓。多多站起来，自己提起裤子，但没有拉整齐。正准备离开的时候，徐老师提醒多多要冲厕所，于是多多按了一下冲水按钮，之后走到洗手台前洗了手。

● 注意事项：观察前——① 明确观察目的；② 选择适宜的观察记录方法；③ 明确幼儿如厕行为的观测点，确保如厕行为可观察、可测量，观察环境尽可能是自然的。观察中——① 详细、具体地记录幼儿如厕的整个过程，观察描述保持客观，尽可能准确地反映实际情况，避免主观判断和臆测；② 观察6W要素完整。观察后——① 及时整理观察记录；② 根据整理结果提出教育指导建议。

流程三：记录

请您根据观察内容完成记录。

为更高效地观察幼儿的如厕行为，教师可以在观察之前使用等级评定法制作观察记录表，以快速记录幼儿如厕行为，表1-21是供参考的幼儿如厕行为等级评定观察记录表。

表1-21 幼儿如厕行为等级评定观察记录表

幼儿姓名：		班级：	小便/大便：	观察者：
方面	**要点**	**水平**		**判断依据（行为实录）**
A. 生活习惯	A1. 主动并及时如厕	□水平一：不能主动并及时如厕，有憋屎憋尿、随地大小便或者尿裤子、拉裤子的现象		
		□水平二		
		□水平三：在他人提醒下，能主动并及时如厕，偶尔会尿裤子、拉裤子		
		□水平四		
		□水平五：能主动并及时如厕		
	A2. 专心如厕	□水平一：不专心，在厕所聊天、逗留、嬉闹		
		□水平二		
		□水平三：在他人提醒下，能专心如厕，不在厕所聊天、逗留、嬉闹		
		□水平四		
		□水平五：能专心如厕，不在厕所聊天、逗留、嬉闹		
	A3. 遇到如厕困难时不怕困难	□水平一：如厕时遇到困难，不会寻求帮助，也不解决		
		□水平二		
		□水平三：如厕时遇到困难，会依赖他人的帮助		

方面	要点	水平	判断依据（行为实录）
A. 生活习惯	A3. 遇到如厕困难时不怕困难	□水平四	
		□水平五：如厕时遇到困难，会独立克服困难	
B. 生活能力	B1. 能表达自己的如厕需求	□水平一：不能表达自己的如厕需求	
		□水平二	
		□水平三：在他人提醒下，能表达自己的如厕需求	
		□水平四	
		□水平五：能清楚地表达自己的如厕需求	
	B2. 会轮流如厕	□水平一：如厕时不排队	
		□水平二	
		□水平三：在他人提醒下，会排队、轮流如厕	
		□水平四	
		□水平五：能谦让，会排队、轮流如厕	
	B3. 能自己脱、提裤子，整理衣服	□水平一：不会自己脱、提裤子，不会整理衣服	
		□水平二	
		□水平三：能在他人指导下脱、提裤子，整理好衣服	
		□水平四	
		□水平五：能自己独立脱、提裤子，整理好衣服	
	B4. 能按正确姿势大小便、不弄脏自己或同伴的衣裤	□水平一：不会大小便的正确姿势，会把大小便排到便器外，会弄脏自己或同伴的衣裤	
		□水平二	
		□水平三：在他人指导下，能用正确的姿势大小便，不弄脏自己或同伴的衣裤	
		□水平四	
		□水平五：掌握大小便的正确姿势，不弄脏自己或同伴的衣裤	

续表

方面	要点	水平	判断依据（行为实录）
B. 生活能力	B5. 大便后会正确擦屁股	□水平一：大便后不会擦屁股	
		□水平二	
		□水平三：在他人指导下，能正确地擦屁股	
		□水平四	
		□水平五：大便后会用手纸从前到后正确擦屁股，并擦干净	
	B6. 不往便池内扔异物，便后将手纸丢入纸篓	□水平一：在便池内外乱扔异物或手纸	
		□水平二	
		□水平三：在他人指导下，不往便池内扔异物，便后将手纸丢入纸篓	
		□水平四	
		□水平五：不往便池内扔异物，便后将手纸丢入纸篓	
	B7. 便后能自觉冲厕所、洗手	□水平一：便后不会冲厕所、洗手	
		□水平二	
		□水平三：在他人提醒下，便后能冲厕所、洗手	
		□水平四	
		□水平五：便后能自觉冲厕所、洗手	

除了等级评定法，教师还可以使用行为检核法进行观察记录，表1-22是供参考的幼儿如厕行为检核观察记录表。

表1-22　幼儿如厕行为检核观察记录表

幼儿姓名：　　　　班级：		小便/大便：　　　　观察者：		备注
如厕前	能否在需要时主动如厕	□能	□否	
	能否在需要时及时如厕	□能	□否	
	能否根据性别及大（小）便需要选择正确的如厕工具	□能	□否	
	能否自己脱裤子	□能	□否	

如厕中	专注度	□专注于如厕	
		□分心（游戏、嬉闹、聊天）	
	独立性	□需要帮助　　□独立完成	
	如厕速度	□过快＜10秒	
		□过慢＞10分钟	
		□正常10秒＜盥洗时间＜10分钟	
	遵守秩序	□能　　　□否	
	如厕情绪	□积极愉悦　　□适中　　□焦虑抗拒	
如厕后	能否自主进行便后清理	□能　　　□否	
	能否自主整理衣裤	□能　　　□否	
	能否主动冲水并不浪费水	□能　　　□否	

流程四：分析

请根据记录表格内容对观察情况进行分析。

表1-23是徐老师采用等级评定法对如厕环节某一幼儿的如厕行为进行的观察行为分析。

表1-23　幼儿如厕行为观察分析表

幼儿姓名：多多　　　　班级：小班　　　　小便/大便：小便　　　　观察者：徐老师

方面	要点	观察行为实录与水平选择
A. 生活习惯	A1. 主动并及时如厕	通过将幼儿行为实录与记录标准中的不同水平比较，可知幼儿现在处于水平五 • 行为实录：多多跑到徐老师跟前说："徐老师，我要拉粑粑。"
	A2. 专心如厕	通过将幼儿行为实录与记录标准中的不同水平比较，可知幼儿现在处于水平三 • 行为实录：只见他左挪挪右挪挪，用手指抠着鞋子上的"小狗"，自言自语道："小狗拉粑粑。"徐老师对他说："多多，你就像在家里一样，专心拉粑粑，其他什么也不要想。"多多把目光转向徐老师，说："我拉不出来。"徐老师温柔地说："没事，那多多再蹲一会儿，集中注意力，用点劲，一会儿就能拉出来的。"又过了一会儿，多多终于拉完了大便

续表

方面	要点	观察行为实录与水平选择
A. 生活习惯	A3. 遇到如厕困难时不怕困难	通过将幼儿行为实录与记录标准中的不同水平比较，可知幼儿现在处于水平三 • 行为实录：多多终于拉完了大便，喊徐老师："老师，我拉完了。"徐老师把手纸递给多多
B. 生活能力	B1. 能表达自己的如厕需求	通过将幼儿行为实录与记录标准中的不同水平比较，可知幼儿现在处于水平五 • 行为实录：多多跑到徐老师跟前说："徐老师，我要拉粑粑。"
	B2. 会轮流如厕	案例中没有相关记录，不做分析
	B3. 能自己脱、提裤子，整理衣服	通过将幼儿行为实录与记录标准中的不同水平比较，可知幼儿现在处于水平四，略低于水平五 • 行为实录：多多站起来，自己提起裤子，但没有拉整齐
	B4. 能按正确姿势大小便、不弄脏自己或同伴的衣裤	通过将幼儿行为实录与记录标准中的不同水平比较，可知幼儿现在处于水平五 • 行为实录：多多微微弯腰，把裤子拉到小腿处，双脚跨在蹲坑两侧，用两只手抓住鞋子，蹲了下来
	B5. 大便后会正确擦屁股	通过将幼儿行为实录与记录标准中的不同水平比较，可知幼儿现在处于水平五 • 行为实录：多多对折了一下，轻轻擦完屁股
	B6. 不往便池内扔异物，便后将手纸丢入纸篓	通过将幼儿行为实录与记录标准中的不同水平比较，可知幼儿现在处于水平五 • 行为实录：（多多）轻轻擦完屁股并把手纸扔到纸篓
	B7. 便后能自觉冲厕所、洗手	通过将幼儿行为实录与记录标准中的不同水平比较，可知幼儿现在处于水平三 • 行为实录：正准备离开的时候，徐老师提醒多多要冲厕所，于是多多按了一下冲水按钮，之后走到洗手台前洗了手

　　表1-24是徐老师采用行为检核法对如厕环节某一幼儿的如厕行为进行的第三周为期5天的观察行为分析。

表1-24　幼儿如厕行为系统观察分析表

幼儿姓名：珞珞　　　　　年龄：4岁10个月　　　　　☑大便　□小便　　　　　记录人：徐老师

观察次数	观察时间	主动性		如厕姿势		擦屁股		穿脱整理	
		指引	独立	正确	错误	是	否	能	否
1	周一		√	√		√			√

续表

观察次数	观察时间	主动性		如厕姿势		擦屁股		穿脱整理	
		指引	独立	正确	错误	是	否	能	否
2	周二		√	√		√			√
3	周三		√	√		√			√
4	周四		√	√		√		√	
5	周五		√	√		√			√

表1-24显示珞珞入园第三周的系统观察记录。从记录中可以看出珞珞基本养成了如厕习惯，具备了如厕能力，但是，在穿脱整理衣物方面的能力还需加强。

流程五：指导

请根据幼儿行为表现分析情况提出改进意见或指导策略。

1. 基于幼儿生活习惯行为表现分析结果的指导

基于"专心如厕"行为表现分析结果的指导。

面对多多的行为表现，教师可以通过情境讨论、营造轻松如厕环境、家园共育的策略来支持幼儿在"专心如厕"方面上升到高一级的水平。具体指导策略如下：

★ 围绕幼儿如厕时常见行为表现，如在如厕过程中讲话、玩耍、嬉闹等，让幼儿一起来讨论这些行为的对错，以及应该如何做。

★ 创设整洁、轻松、温馨的如厕环境，如舒适的马桶、体现童趣的墙面装饰、清香的空气环境等。

★ 与多多家长沟通，在家庭中也要求如厕时不聊天、不逗留、不玩耍。

2. 基于幼儿生活能力行为表现分析结果的指导

（1）基于幼儿"正确擦屁股"行为表现分析结果的指导。

面对多多的行为表现，教师可以通过创设技能练习情境、家园共育的策略来支持幼儿在"正确擦屁股"能力方面上升到高一级的水平。具体指导策略如下：

★ 创设技能练习的情境，如为布娃娃擦屁股技能练习的情境，帮助幼儿熟悉擦屁股的操作，掌握擦屁股的技能。

★ 与多多家长沟通，请家长不要过分代劳，给多多自己擦屁股的机会，同时帮助多多掌握擦屁股的技能。

（2）基于幼儿"便后自觉冲厕所、洗手"行为表现分析结果的指导。

面对多多的行为表现，可以通过与环境互动、家园共育的策略来支持幼儿在"便后自觉冲厕所、洗手"行为方面上升到高一级的水平。具体指导策略如下：

★ 在厕所中设计、张贴提醒幼儿便后自觉冲厕所和洗手的符号、图画等，让环境会说话。

★ 与多多家长沟通，在家里排便后，提醒多多自己冲厕所、洗手，逐渐养成自觉冲厕所、洗手的良好习惯。

反思 总结

请根据所学内容完成反思总结。

1. 在学习了如厕环节幼儿行为观察的观测点与具体行为标准、记录方法、分析指导等内容之后，请对所学内容进行回顾总结。

（1）我知道如厕环节幼儿行为观察的观测点与具体行为标准：

_____

_____

_____

（2）我知道观察记录的方法包括：

_____

_____

_____

（3）我知道观察与指导幼儿如厕行为的任务流程：

_____

_____

_____

2. 请根据情境灵活应用所学内容设计并开展调查。

不会拉粑粑

不良的如厕行为影响着幼儿的身体健康，幼儿不愿意在幼儿园如厕的因素有很多。教师要通过适宜的策略帮助幼儿养成良好的如厕习惯，掌握正确、健康、卫生的如厕方法。多多之前不愿意在幼儿园拉粑粑，这一天，多多突然告诉教师想拉粑粑了……

你会怎么办呢？你需要了解哪些内容？你会如何运用本任务所学来促进幼儿在如厕环节的学习与发展？请你从调查目标、调查方法、调查过程、调查结果等方面设计调查方案，了解现状，并运用所学设计解决问题的步骤。

_____

_____

_____

赛证真题

请熟悉本部分内容链接的赛证真题。

国考聚焦

1. ［2015 年下半年中小学和幼儿园教师资格考试 保教知识与能力试题（幼儿园）］材料：小班入园第二周，王老师发现小雅在餐点与运动后，仍会哭着要妈妈。王老师抱起她，感觉她身体绷得紧，问她要不要去小便，她摇头。王老师又问："要不要去大便？"她点头。王老师牵她到卫生间，她只拉了一点就离开了。过了一会儿，她又哭了。王老师给她新玩具，和她玩游戏，但是她情绪还是不好。离园时，王老师与她妈妈约谈，让小雅妈妈知道小雅在幼儿园拉不出大便。第二天早操后，小雅又哭了，老师蹲下轻声问："小雅是想上厕所了吗？"她点头。老师带她上厕所，她又拉了一点就站起来。"老师陪你多蹲一会儿，把大便都拉出来，好吗？"小雅又蹲下，但频频回头。这时，自动冲厕水箱的水"哗"地一声冲出，小雅"哇哇"大哭，扑到王老师身上，王老师紧紧地抱住她，轻柔地说："老师抱着你拉，好吗？"王老师将水龙头关小，把小雅抱到离冲水口远一点的位置蹲下，小雅顺利地拉完大便。连续一段时间，老师们轮流陪小雅上厕所，并且观察小雅的如厕情况并给予指导，让小雅学会如何使用厕所的冲水装置。小雅开始适应幼儿园的厕所，发出久违的笑声。

问题：请分析上述材料中教师的适宜行为。

2. ［2017 年下半年中小学和幼儿园教师资格考试 保教知识与能力试题（幼儿园）对幼儿如厕，教师最合理的做法是（　　）。

A. 允许幼儿按需自由如厕　　　　　　B. 要求排队如厕

C. 控制幼儿如厕次数　　　　　　　　D. 控制幼儿如厕的间隔时间

3. ［2019 下半年中小学和幼儿园教师资格考试 综合素质试题（幼儿园）］小班的

答案解析

豆豆在厕所不慎弄得裤子、鞋子上都是粪便，张老师一遍遍地给他清洗，最后洗得干干净净。第二天，豆豆家长把一张100元购物卡放在张老师的口袋里，张老师婉拒。下列说法与对张老师的做法评价不符的是（　　　）。

A．"祸患常积于忽微，而智勇多困于所溺"

B．"不要人夸颜色好，只留清气满乾坤"

C．"明者因时而变，知者随世而制"

D．"善禁者，先禁其身而后人"

总 结 拓 展

【项目总结】

● 生活活动是幼儿园中最常见、最普遍的活动，但又是最基础、最重要的活动。良好的生活习惯与生活能力奠定幼儿一生发展的重要基础。

● 幼儿园一日生活活动中充满着教育的契机，幼儿园一日生活的观察与指导主要从盥洗环节、进餐环节、午睡环节和如厕环节展开。

● 盥洗环节、进餐环节、午睡环节和如厕环节的观察，可以从生活习惯、生活能力两方面进行，也可以根据活动顺序的前、中、后进行。

【记忆口诀】

一日生活活动观察指导诀窍歌

生活活动要做好，观察指导有诀窍；

一是准备要做到，习惯能力都思考；

二是观察要具体，一日流程要记牢；

三是记录要得当，典型行为描述到；

四是分析要专业，发展水平别乱套；

五是指导要有效，意识培养是首要；

做好以上五步骤，观察指导效率高。

【拓展链接】

图书推荐

［1］陶行知. 生活即教育［M］. 武汉：长江文艺出版社，2021.

［2］宋彩虹，邹梦雨，龚敏. 幼儿生活活动保育［M］. 上海：华东师范大学出版社，2020.

［3］深圳市深投幼教运营有限公司. 幼儿园一日生活组织与实施［M］. 北京：北京师范大学出版社，2016.

［4］仓桥物三. 保育的灵魂［M］. 李季湄，译. 上海：华东师范大学出版社，2014.

［5］万钫. 学前卫生学［M］. 3版. 北京：北京师范大学出版社，2012.

［6］中国营养学会. 中国居民膳食指南（2022）［M］. 北京：人民卫生出版社，2022.

［7］李杏桃，李晓春. 0—6岁儿童睡眠问题解析［M］. 上海：上海第二军医大学出版社，2012.

网络资源

［1］中华人民共和国中央人民政府. 卫生部关于印发《托儿所幼儿园卫生保健工作规范》的通知［EB/OL］.［2012-05-23］中华人民共和国中央人民政府门户网站.

［2］中国营养学会. 中国学龄儿童平衡膳食宝塔（2022）图示解析［EB/OL］.［2022-05-21］中国营养学会门户网站.

［3］中华人民共和国中央人民政府. 健康中国行动（2019—2030年）［EB/OL］.［2019-07-09］中华人民共和国中央人民政府门户网站.

2

主题游戏活动中的幼儿行为观察与指导

主题游戏活动是幼儿之自我向社会化道路发展的重要推动力,是幼儿身心健康发展的"必修课",与幼儿社会化进程及幼儿在此进程中的自我完善有直接关系。因此,在主题游戏活动中观察、记录幼儿的行为表现,及时作出相应的分析和引导,对幼儿的后继学习与终身发展具有重要意义。

岗 位 要 求

主题游戏活动中的幼儿行为观察与指导是幼儿园教师设计、实施、评价、完善主题游戏活动的基础。《幼儿园教师专业标准(试行)》指出:"在教育活动中观察幼儿,根据幼儿的表现和需要,调整活动,给予适宜的指导。"可见,开展主题游戏活动并在活动中观察指导幼儿是幼儿自身成长和教师专业发展所必需的,幼儿园教师应该做到:

(1)重视主题游戏活动对幼儿学习与发展的重要意义,有意图、有计划地观察幼儿在产生兴趣、主动体验、深度探究、分享合作时的行为表现。

(2)在观察、记录与分析幼儿行为表现的基础上反思并完善主题游戏活动的设计与实施。

(3)切实支架幼儿在主题游戏活动实践中学习品质的涵养和关键经验的获得。

学 习 目 标

知识目标

- 熟知幼儿园主题游戏活动的主要任务（教师支架幼儿产生兴趣、主动体验、深度探究、分享合作）。
- 掌握主要任务中幼儿行为的观测点与具体行为标准、记录方式、记录标准、指导策略。

能力目标

- 能针对幼儿园主题游戏活动主要环节的观测点与具体行为标准进行产生兴趣、主动体验、深度探究、分享合作时幼儿行为的观察与记录。
- 能根据记录内容分析幼儿行为并开展适宜的教育指导。

素养目标

- 尊重幼儿人格，富有爱心、责任心、耐心和细心。
- 将培育和践行社会主义核心价值观融入主题游戏活动全过程，为培养德智体美劳全面发展的社会主义建设者和接班人奠基。
- 为人师表，教书育人，自尊自律，做幼儿健康成长的启蒙者和引路人。

学习导图

主题游戏活动中的幼儿行为观察与指导

任务一
幼儿有十万个为什么
——产生兴趣中的幼儿行为观察与指导

任务情境 花木兰性别之谜、谁是超人妈妈

基础理论	产生兴趣的内涵
	观察幼儿产生兴趣行为的意义
	幼儿产生兴趣行为的成因

任务流程	流程一：准备
	流程二：观察
	流程三：记录
反思总结	流程四：分析
赛证真题	流程五：指导

任务二
幼儿就是要摸一摸和尝一尝
——主动体验中的幼儿行为观察与指导

任务情境 我是花木兰、十二生肖动物总动员

基础理论	主动体验的内涵
	观察幼儿主动体验行为的意义
	幼儿主动体验行为的成因

任务流程	流程一：准备
	流程二：观察
	流程三：记录
反思总结	流程四：分析
赛证真题	流程五：指导

任务三
幼儿认真专注的那些样子
——深度探究中的幼儿行为观察与指导

任务情境 做个花木兰吧、象形字的探索之旅

基础理论	观察幼儿深度探究行为的意义
	幼儿深度探究行为的影响因素
	促进幼儿深度探究行为的发展

任务流程	流程一：准备
	流程二：观察
	流程三：记录
反思总结	流程四：分析
赛证真题	流程五：指导

任务四
幼儿愿意与他人分享作品及其制作过程
——分享合作中的幼儿行为观察与指导

任务情境 你我他的花木兰、小戏服展览秀

基础理论	分享合作的内涵
	观察幼儿分享合作行为的意义
	幼儿分享合作行为的影响因素

任务流程	流程一：准备
	流程二：观察
	流程三：记录
反思总结	流程四：分析
赛证真题	流程五：指导

任务一　幼儿有十万个为什么
——产生兴趣中的幼儿行为观察与指导

产生兴趣观察指导诀窍歌

产生兴趣要做好，好奇求知很重要；

设置悬念方法多，猜图猜谜少不了；

成果物闪亮登场，吸引注意数它巧；

关键页面提问题，乐于探索培养好；

手偶头饰音视频，新异刺激快人脑；

语气表情忘不得，"趣问试探"齐得到。

（"趣问试探"：产生兴趣的四发展指标——兴趣、提问、尝试、探索）

**任务
情境**

请了解产生兴趣任务情境的内容梗概。

花木兰性别之谜

　　星期五的早晨，在幼儿园大班教室里，张老师给孩子们带来一次丰富有趣的活动。张老师准备了《我是花木兰》图画书和《木兰诗》视频。当《木兰诗》视频的声音响起时，静静立即转向屏幕，露出兴奋的表情，坐在椅子上看着屏幕。当视频出现花木兰身披战袍骑马时，俊俊转向旁边的同伴说："我也想用布做一件战袍。"视频播放完，张老师从身后拿出图画书《我是花木兰》，指着封面问道："孩子们，我们怎样才能知道花木兰是女生还是男生呢？"俊俊走到教师身边，指着图画书某一页上花木兰的头发对教师说："她是长头发。"接着静静举手，大声说道："花木兰是个女生，你们看，她穿着裙子，还有粉色的鞋子，等他们胜利回家的时候，花木兰就换上了女生的衣服。"

　　听完孩子们的回答后，张老师举起图画书，让孩子们从花木兰的故事中寻找答案。

当教师翻开图画书时，静静问："花木兰为什么要扮演男生参军？"得到教师的回答后，静静一脸不解地问道："我姐姐也去当兵了，为什么那时候只有男生才能当兵？"教师看了看班上的孩子问道："谁能回答静静的问题？花木兰为什么要扮演男生参军？"俊俊举手说："视频里说花木兰从小就喜欢骑马和射箭，还会武功，朝廷征兵的时候，需要家里有男生才可以参军，可是花木兰的父亲年纪大了，身体也不好，所以花木兰才要扮演男生参军。"

谁是超人妈妈

星期二的早晨，在幼儿园中班的教室里，发生了一个有趣的故事。这天，张老师负责带领小朋友们进行主题游戏活动。在活动伊始，张老师对小朋友们说："老师这里有一个神秘的胶卷。"并开始在投影仪上播放事先准备好的PPT。当屏幕上出现胶卷展开的画面时，超人妈妈给两个孩子做饭的场景映入大家眼帘。这时，之前低头做别的事的思思抬起头看向屏幕并发出"哇"的一声，她随即拍了拍旁边的婷婷的肩膀，边低下身子模拟炒菜的动作边对婷婷说："这是超人妈妈的故事，我也想制作一个和妈妈的相册。"张老师指着屏幕上的场景，面带疑惑地问小朋友们："猜猜她们是什么关系？"婷婷一边举手，一边站起来说："是两个小朋友和……"看来婷婷一时没想起来另一个人物是谁。正正听到教师的问题，边用手挠着头边站起来说："这是我们看过的《我的超人妈妈》，有超人妈妈还有咦咦和呦呦，他们俩是超人妈妈的孩子。"张老师又问道："妈妈为两个小朋友做了哪些事情呢？"这时，上一轮没有得到回答机会的思思举着小手大声说道："妈妈给咦咦和呦呦做了很多好吃的，还给她们穿漂亮的衣服，讲故事……做了好多好多的事情，我都感动得想哭了。"张老师问道："小朋友们想不想也为自己的妈妈制作一个好看的相框呢？"思思从椅子上站了起来，高举着小手说："想！想！我最喜欢妈妈了，我也要给我妈妈做一个好看的相框！"随后，教室里渐渐安静下来……

基础理论

请关注产生兴趣的基础理论。

一、产生兴趣的内涵

《说文解字》称：兴，从舁，共举，从同（同力），起，特指起身，举办。"兴"字的甲骨文，为众手将器物抬起之状，本义是起。趣，疾也，从走，取。古"趣"意与"趋"通，金文"趋"则指草食动物趋草而食之，为"趋向""奔赴"义，今"旨趣""趣味"为引申之义。"兴"与"趣"合用，本意为一同快步走向有吸引力之物。①

教育家赫尔巴特把发展广泛的兴趣视为教育的主要目标之一，并认为主要是兴趣引起对物体正确、全面的认识，它导向有意义学习，促进知识的长期保持，并激发进一步学习的动机。杜威也是兴趣问题极具影响的理论家之一，他提出以兴趣为基础的学习的结果与仅仅以努力为基础的学习的结果有质的不同。②美国教育家克伯屈认为，做一事时，全神贯注、专心致志、勇往直前，即产生兴趣。兴趣主要是在后天环境的安排与搭配下培养而成的。学生对某门课程的兴趣主要取决于他的经验与交往，而不是先天禀赋。③鄢超云提出学前儿童的好奇心和兴趣通常是指儿童在面对新的人、事、物时，有进一步学习、探究的兴趣。④皮亚杰认为好奇心与儿童探求世界的需要紧密联系在一起。并把好奇心看作由儿童试图将新知识纳入已有认知结构所引起的认知不平衡的产物。⑤

简而言之，产生兴趣是个体对新异或未知事物作出反应的内部动机⑥，是个体主动朝向、趋向、问询、探索或操纵新异事物的行为倾向性⑦⑧。

①　许慎. 说文解字注［M］. 2版. 上海：上海古籍出版社，1988.

②　杜威. 杜威全集：中期著作第七卷（1912—1914）［M］. 刘娟，译. 上海：华东师范大学出版社，2012.

③　何旭明. 学习兴趣的唤起：教师的教育教学对学生学习兴趣的影响研究［M］. 北京：教育科学出版社，2011.

④　鄢超云，魏婷.《3~6岁儿童学习与发展指南》中的学习品质解读［J］. 幼儿教育（教育科学），2013（6）：5.

⑤　胡克祖. 3~6岁幼儿好奇心结构、发展特点及影响因素的研究［D］. 大连：辽宁师范大学，2006.

⑥　Lewenstein G. The psychology of curiosity：A review and reinteprertation［J］. Psychological Bulletni，1994，116（1），75-98.

⑦　Maw W H，Magoon A J. The curiosity dimension of fifth-grade childern：A factorial discriminant analysis［J］. Child Development，1971，42，2023-2031.

⑧　Steven F B，Thomas J B. Racial factors in test performance［J］. Developmental Psychology，1972，6（1），7-13.

二、观察幼儿产生兴趣行为的意义

好奇心是个体遇到新奇事物或处在新的外界条件下所产生的注意、操作、提问等行为倾向。它作为一种优势心理过程，驱动个体主动接近当前刺激物，积极思考与探究；当个体的好奇心被诱发、唤醒、增强时，个体必然产生一种特有的期待与渴望，推动认知过程有效进行。[①]兴趣是指人对事物积极的认知倾向与情绪状态。产生兴趣行为可以激发好奇心强的幼儿对周围环境充满探求的渴望，积极、主动地发现和探索事物。幼儿产生兴趣行为在不断获取周围环境中的知识与信息的同时，他们的观察力、思维能力也获得发展。长此以往，会形成积极、主动的性格特点。

> **知识链接**
>
> ### 信息缺口理论
>
> 卡梅隆大学的心理学家及行为经济学家乔治·罗文斯坦提出了信息缺口理论。该理论认为：当个体当前的知识与想要获得的知识存在差距时，即个体意识到自己在知识或理解上存在信息缺口时，就会产生好奇，并去探索新信息，以弥补信息上的缺口。

顾明远提出：没有兴趣就没有学习。[②]兴趣在学生的学习中发挥着重要而奇妙的作用，很多时候学生不是缺乏学习的能力而是缺少学习的动力。[③]兴趣是幼儿学习的强大动力和内在力量，是学习的催化剂，"学习动机中最现实、最活跃的成分是兴趣"。[④]激发学习兴趣，使幼儿具有旺盛的求知欲，对于幼儿学习效果有着重要的价值与意义。学习兴趣浓厚的幼儿，其学习效果也很显著。当幼儿有兴趣时，幼儿自然会流露出愉快、兴奋、激动等情绪，学习不再是一种负担，而是一种满足和享受，如用"心驰神往""乐此不疲"等来形容幼儿感兴趣时候的状态。此时，幼儿的心理活动积极化，意向活动被激活，处于积极的学习状态，[⑤]这种状态促使幼儿不断地扩展知识的纵横面，最终深入、牢固地掌握知识。[⑥]

三、幼儿产生兴趣行为的成因

学者海蒂认为，儿童自身的一些因素（如能力等）与环境中有吸引力的某些方

---

① 刘云艳，张大均. 幼儿好奇心结构的探索性因素分析 [J]. 心理科学，2004，27（1）：127-129.

② 顾明远. 没有兴趣就没有学习 [J]. 教师之友，2000（1）：1.

③ Schiefele U. Interest，learning，and motivation [J]. Educational Psychologist，1991，26（3-4）：299-323.

④ 潘菽. 教育心理学 [M]. 3版. 北京：人民教育出版社，2001.

⑤ 郭戈. 教苑随想录 [M]. 开封：河南大学出版社，2005.

⑥ 郭戈. 略论兴趣及其在教育上的意义 [J]. 心理学探讨，1988（3）：52-57.

面发生交互作用时会激起情境兴趣，而情境兴趣转化为相对稳定且持久的个体兴趣则需要以儿童对情境兴趣的认同和内化为前提。[①]也就是说，幼儿学习兴趣的产生以情境兴趣的激发为出发点，在情境兴趣产生的基础上，教师的支持和引导，可以帮助幼儿获得积极的情感体验，进而促进幼儿对情境兴趣产生认同并加以内化，最终转化为个体兴趣。由此，幼儿产生兴趣行为的动因可以大体划分为两个方面，即个体方面的因素和情境方面的因素，前者具体包括归属感、情感、能力、目标相关度、先前知识背景及认知图式"盲区"；而后者则包括亲身参与、认知冲突、美食、新奇性、社会性、权威、榜样、游戏与猜谜、天生的偏好、想象力等。[②]也有研究指出，兴趣产生于心理自组织过程中心理目标对信息的需求及信息的获得，并主张兴趣的核心是激活的心理目标积极支配和组织个体的思维活动以努力获取相应的信息。[③]也就是说，个体获取信息的过程是一个主动建构的过程，是个体基于心理目标的激活与变化来促进心理目标得以实现的主动的过程。由此可知，幼儿作为一个独立的个体，其产生兴趣行为与个体情绪、认知、需要及外界环境、信息等均具有密切的联系。从这一角度来说，幼儿产生兴趣行为需要教师的引导与支持，即通过使用引发兴趣的相应策略激发幼儿对活动任务的好奇心，帮助幼儿更好地投入学习活动，享受有意义的学习过程，为达成有意义的学习成果奠定基础。

任务
流程

流程一：准备

请熟悉幼儿产生兴趣行为观察的观测点和具体行为标准。

幼儿园的产生兴趣的行为包括幼儿在产生兴趣过程中表现出的学习品质和建构的关键经验等。因此，幼儿产生兴趣行为的观测点可以分为学习品质和关键经验两个方面。学习品质主要观察幼儿是否对周围事物、新事物及未知事物感兴趣；关键经验主要观察幼儿的理解和表达能力，如表2-1所示。

① Hidi S. Interest and its contribution as a mental resource for learning [J]. Review of Educational Research, 1990（4）：549-571.

② Bergin D A. Influences on classroom interest [J]. Educational Psychologist, 1999（2）：87-98.

③ 章凯. 兴趣发生机制研究的进展与创新 [J]. 心理科学, 2003（2）：364-365.

表2-1　幼儿产生兴趣行为观察的观测点和具体行为标准

观测点	具体行为标准
A. 学习品质	A1. 对周围的人、事、物感兴趣
	A2. 喜欢提问
	A3. 喜欢尝试新事物
	A4. 对未知事物保持探索的欲望
B. 关键经验	B1. 能够理解图画书故事内容
	B2. 能够清晰地表述自己的想法
	B3. 能够体会图画书中的情绪情感

流程二：观察

请根据任务情境完成对观察内容的描述。

花木兰性别之谜

　　星期五的早晨，在幼儿园大班教室里，张老师给小朋友们讲了花木兰的故事后，小朋友们自行玩起了扮演花木兰的游戏，有骑马的花木兰、打仗的花木兰、梳洗装扮的花木兰……

　　今天，张老师准备了《我是花木兰》的图画书和《木兰诗》视频。当《木兰诗》视频的声音响起时，静静立即转向屏幕，露出兴奋的表情，上半身前倾，用手扶着前排的椅子，专注地看着屏幕。在视频播放到花木兰身披战袍骑马前行的场景时，俊俊将眼睛、头和身体都转向屏幕，看了一会儿，转向身边的同伴说道："我也想用布做一个战袍。"视频播放完，张老师从身后拿出《我是花木兰》的图画书，指着封面，微笑着环顾全班幼儿，带着好奇且充满期待的眼神问道："孩子们，我们怎样才能知道花木兰是女生还是男生呢？"离张老师最近的俊俊走到张老师身边，指着图画书某一页上花木兰的头发对张老师说："她有长头发。"然后回到自己的座位，但没有说出花木兰的性别。静静迅速举手，大声说道："花木兰是女生，你们看她穿裙子，还有粉色的鞋子，等他们胜利回家的时候，花木兰就换上了女生的衣服"。

　　听完孩子们的回答后，张老师举起图画书，让孩子们一起从花木兰的故事中寻找答案。当张老师翻开图画书时，静静向张老师提出了问题："花木兰为什么要扮演男生参军？"在得到张老师的回答后，静静一脸不解地问道："我姐姐现在也去当兵了，为什么那时候只有男生才能当兵？"张老师看了看班上的孩子问道："谁能回答静静的问题？花木兰为什么要扮演男生参军？"俊俊举起小手，眼睛看向张老师，张老师向俊俊点了点头，俊俊立刻说道："视频里说花木兰从小就喜欢骑马和射箭，还会武功，朝廷征兵的时候，需要家里有男生才可以参军，可是花木兰的父亲年纪大了，身体也不好，所以花木兰才要扮演男生参军。"

谁是超人妈妈

星期二的早晨，在幼儿园中班的教室里，张老师给小朋友们讲了《我的超人妈妈》的故事。张老师还带来一个神秘的胶卷，当张老师播放 PPT 中胶卷打开的画面时，婷婷将头转向张老师，用手指着 PPT 中胶卷的空白处。在张老师播放 PPT，胶卷逐渐展开，显现出超人妈妈给两个孩子做饭的图片时，之前低头做别的事的思思抬起头看向屏幕，发出"哇"的一声，她随即拍了拍旁边的婷婷的肩膀，边低下身子模拟炒菜的动作边对婷婷说："是超人妈妈的故事，我也想制作一个和妈妈的相册。"张老师指着屏幕上的场景，面带疑惑地问小朋友们："猜猜他们是什么关系？"婷婷一边举手，一边站起来说："是两个小朋友和……"看来婷婷一时没想起来另一个人物是谁。正正听到的老师的问题，边用手挠头，边站起来说："这是我们看过的《我的超人妈妈》，有超人妈妈还有咦咦和呦呦，他们俩是超人妈妈的孩子。"张老师又问道："妈妈为两个小朋友做了哪些事情呢？"这时，上一轮没有得到回答机会的思思举着小手大声说道："妈妈给咦咦和呦呦做了很多好吃的，还给她们穿漂亮的衣服，讲故事……"思思喘了口气，接着说："超人妈妈给咦咦和呦呦做了那么多事情，我都感动得想哭了。"

张老师问道："小朋友们想不想为自己的妈妈制作一个好看的相框呢？"思思睁大双眼，露出兴奋的表情，从椅子上站了起来，高举小手说："想！我最喜欢妈妈了，我也要给妈妈做一个好看的相框！"说着拿起张老师做好的相框，面带微笑地发出了"哇"的声音。张老师问："你们猜猜制作立体相框需要哪些材料？"婷婷皱着眉头思考了一会儿，突然抬起头并将头和身体转向身旁的幼儿笑了起来，说道："我们需要水彩笔和相框。"

● 注意事项：观察前——① 明确幼儿产生兴趣行为的观测点，即明确幼儿产生兴趣的哪些行为是客观的、可观察和可测量的；② 选择适宜的观察记录方法，对幼儿产生兴趣行为的记录应尽可能客观、真实、具体、详尽，准确反映实际情况；③ 明确掌握观察要点及流程。观察中——① 应尽可能详记客观事实，避免主观判断；② 明确观察 6W 要素。观察后——① 应及时整理观察记录；② 要根据整理结果提出教育指导建议。

流程三：记录

请根据观察内容完成记录。

　　为更高效地观察幼儿的产生兴趣行为，教师可以在观察之前使用等级评定法制作观察记录表，以快速记录幼儿产生兴趣行为，表2-2是供参考的幼儿产生兴趣行为等级评定观察记录表。

表2-2　主题游戏活动中幼儿产生兴趣行为等级评定观察记录表

幼儿姓名：　　　　　班级：　　　　　活动：　　　　　观察者：

方面	要点	水平	判断依据（行为实录）
A. 学习品质	A1. 对周围的人、事、物感兴趣	□水平一：对周围世界和人的变化几乎毫无反应	
		□水平二	
		□水平三：察觉到周围环境的变化，转向并接触到新鲜事物和人	
		□水平四	
		□水平五：迅速发现环境中的细微变化，对周围的事物和人表现出强烈的兴趣	
	A2. 喜欢提问	□水平一：不喜欢提问	
		□水平二	
		□水平三：会就周围的人、事、物提问，通过提问获取信息	
		□水平四	
		□水平五：对新事物和未知事物总是刨根问底，向他人询问时能聚焦关键信息，如人物、事件、原因、时间、地点、条件等	
	A3. 喜欢尝试新事物	□水平一：对新事物没有任何触摸或关注的意愿，不愿意参与新的活动	
		□水平二	
		□水平三：偶尔关注或简单触摸新事物，对有挑战性的材料和活动表现出尝试的意愿	
		□水平四	
		□水平五：总是聚焦或反复操作新事物，寻求活动和材料以满足好奇心，表现出强烈地尝试新挑战的意愿	

续表

方面	要点	水平	判断依据（行为实录）
A. 学习品质	A4. 对未知事物保持探索的欲望	□水平一：没有持续了解和讨论事件／想法的欲望	
		□水平二	
		□水平三：表现出持续一定时长的对未知事物的了解和讨论，能使用观察的学习方式探索未知事物	
		□水平四	
		□水平五：表现出持续地了解和讨论事件／想法的强烈欲望，能使用观察、模仿等多种学习方式持续地聚焦于未知事物	
B. 关键经验	B1. 能够理解图画书故事内容	□水平一：不能提出问题，无法根据图画进行推理并得出结论	
		□水平二	
		□水平三：能提出问题，回答与图画书关键情节相关的问题，能根据图画进行推理并得出结论	
		□水平四	
		□水平五：能提出与图画书和观察相关的问题，回答与图画书关键情节和画面相关的问题，能根据图画进行推理并得出正确的结论	
	B2. 能够清晰地表述自己的想法	□水平一：不能够清晰地表述自己的想法，也没有表述的意愿	
		□水平二	
		□水平三：有表述自己想法的意愿，基本能够清晰地表述和回应	
		□水平四	
		□水平五：积极地表述自己的想法，并且总是能够清晰地表述，能以复杂的方式回应和保持多轮对话	
	B3. 能够体会图画书中的情绪情感	□水平一：不能体会图画书故事中所表达的情绪情感	
		□水平二	

方面	要点	水平	判断依据（行为实录）
B. 关键经验	B3. 能够体会图画书中的情绪情感	□水平三：能随着图画书故事的展开产生喜悦、担忧等相应的情绪反应，体会作品所表达的情绪情感	
		□水平四	
		□水平五：能准确地表达图画书故事所表达的情绪情感	

流程四：分析

请根据记录表格内容对观察情况进行分析。

表2-3和表2-4是刘老师采用等级评定法对"花木兰性别之谜"情境中某一幼儿的产生兴趣行为进行的观察行为分析。

表2-3　幼儿产生兴趣行为观察分析表（一）

幼儿姓名：静静　　　　班级：大班　　　　活动：我是花木兰　　　　观察者：刘老师

方面	要点	观察行为实录与水平选择
A. 学习品质	A1. 对周围的人、事、物感兴趣	通过将幼儿行为实录与记录标准中的不同水平比较，可知幼儿现在处于水平五 • 行为实录：当《木兰诗》视频的声音响起时，静静立即转向屏幕，露出兴奋的表情，上半身前倾，用手扶着前排的椅子，专注地看着屏幕
	A2. 喜欢提问	通过将幼儿行为实录与记录标准中的不同水平比较，可知幼儿现在处于水平五 • 行为实录：当张老师翻开图画书时，静静向张老师提出了问题："花木兰为什么要扮演男生参军？"在得到张老师的回答后，静静一脸不解地问道："我姐姐现在也去当兵了，为什么那时候只有男生才能当兵？"
	A3. 喜欢尝试新事物	观察记录中未提及此项，不做判断
	A4. 对未知事物保持探索的欲望	观察记录中未提及此项，不做判断
B. 关键经验	B1. 能够理解图画书故事内容	观察记录中未提及此项，不做判断

方面	要点	观察行为实录与水平选择
B. 关键经验	B2. 能够清晰地表述自己的想法	通过将幼儿行为实录与记录标准中的不同水平比较，可知幼儿现在处于水平五 • 行为实录：静静迅速举手，大声说道："花木兰是女生，你们看她穿裙子，还有粉色的鞋子，等他们胜利回家的时候，花木兰就换上了女生的衣服。"
	B3. 能够体会图画书中的情绪情感	观察记录中未提及此项，不做判断

表2-4　幼儿产生兴趣行为观察分析表（二）

幼儿姓名：俊俊　　　　班级：大班　　　　活动：我是花木兰　　　　观察者：刘老师

方面	要点	观察行为实录与水平选择
A. 学习品质	A1. 对周围的人、事、物感兴趣	观察记录中未提及此项，不做判断
	A2. 喜欢提问	观察记录中未提及此项，不做判断
	A3. 喜欢尝试新事物	通过将幼儿行为实录与记录标准中的不同水平比较，可知幼儿现在处于水平三 • 行为实录：离张老师最近的俊俊走到张老师身边，指着图画书某一页上花木兰的头发对张老师说："她有长头发。"然后回到自己的座位，但没有说出花木兰的性别
	A4. 对未知事物保持探索的欲望	通过将幼儿行为实录与记录标准中的不同水平比较，可知幼儿现在处于水平三 • 行为实录：在视频播放到花木兰身披战袍骑马前行的场景时，俊俊将眼睛、头和身体都转向屏幕，看了一会儿，转向身边的同伴说道："我也想用布做一个战袍。"
B. 关键经验	B1. 能够理解图画书故事内容	通过将幼儿行为实录与记录标准中的不同水平比较，可知幼儿现在处于水平五 • 行为实录：俊俊举起小手，眼睛看向张老师，张老师向俊俊点了点头，俊俊立刻说道："视频里说花木兰从小就喜欢骑马和射箭，还会武功，朝廷征兵的时候，需要家里有男生才可以参军，可是花木兰的父亲年纪大了，身体也不好，所以花木兰才要扮演男生参军。"
	B2. 能够清晰地表述自己的想法	观察记录中未提及此项，不做判断
	B3. 能够体会图画书中的情绪情感	观察记录中未提及此项，不做判断

请根据记录表格内容对观察情况进行分析。

表2-5和表2-6是方老师采用等级评定法对"谁是超人妈妈"情境中某一幼儿的产生兴趣行为进行的观察行为分析。

表2-5　幼儿产生兴趣行为观察分析表（三）

幼儿姓名：婷婷　　　班级：大班　　　活动：谁是超人妈妈　　　观察者：方老师

方面	要点	观察行为实录与水平选择
A. 学习品质	A1. 对周围的人、事、物感兴趣	通过将幼儿行为实录与记录标准中的不同水平比较，可知幼儿现在处于水平三 •行为实录：当张老师播放PPT中胶卷打开的画面时，婷婷将头转向张老师，用手指着PPT中胶卷的空白处
	A2. 喜欢提问	通过将幼儿行为实录与记录标准中的不同水平比较，可知幼儿现在处于水平三 •行为实录：张老师指着屏幕上的场景，面带疑惑地问小朋友们："猜猜他们是什么关系？"婷婷一边举手，一边站起来说："是两个小朋友和……"看来婷婷一时没想起来另一个人物是谁
	A3. 喜欢尝试新事物	观察记录中未提及此项，不做判断
	A4. 对未知事物保持探索的欲望	通过将幼儿行为实录与记录标准中的不同水平比较，可知幼儿现在处于水平三 •行为实录：张老师问："你们猜猜制作立体相框需要哪些材料？"婷婷皱着眉头思考了一会儿，突然抬起头并将头和身体转向身旁的幼儿笑了起来，说道："我们需要水彩笔和相框。"
B. 关键经验	B1. 能够理解图画书故事内容	观察记录中未提及此项，不做判断
	B2. 能够清晰地表述自己的想法	观察记录中未提及此项，不做判断
	B3. 能够体会图画书中的情绪情感	观察记录中未提及此项，不做判断

表2-6　幼儿产生兴趣行为观察分析表（四）

幼儿姓名：思思　　　班级：大班　　　活动：谁是超人妈妈　　　观察者：方老师

方面	要点	观察行为实录与水平选择
A. 学习品质	A1. 对周围的人、事、物感兴趣	观察记录中未提及此项，不做判断
	A2. 喜欢提问	观察记录中未提及此项，不做判断

方面	要点	观察行为实录与水平选择
A. 学习品质	A3. 喜欢尝试新事物	通过将幼儿行为实录与记录标准中的不同水平比较，可知幼儿现在处于水平五 • 行为实录：张老师问道："小朋友们想不想为自己的妈妈制作一个好看的相框呢？"思思睁大双眼，露出兴奋的表情，从椅子上站了起来，高举小手说："想！我最喜欢妈妈了，我也要给妈妈做一个好看的相框！"说着拿起张老师做好的相框，面带微笑地发出了"哇"的声音
	A4. 对未知事物保持探索的欲望	通过将幼儿行为实录与记录标准中的不同水平比较，可知幼儿现在处于水平三 • 行为实录：在张老师播放PPT，胶卷逐渐展开，显现出超人妈妈给两个孩子做饭的图片时，之前低头做别的事的思思抬起头看向屏幕，发出"哇"的一声，她随即拍了拍旁边的婷婷的肩膀，边低下身子模拟炒菜的动作，边对婷婷说："是超人妈妈的故事，我也想制作一个和妈妈的相册。"
B. 关键经验	B1. 能够理解图画书故事内容	观察记录中未提及此项，不做判断
	B2. 能够清晰地表述自己的想法	通过将幼儿行为实录与记录标准中的不同水平比较，可知幼儿现在处于水平三 • 行为实录：张老师又问道："妈妈为两个小朋友做了哪些事情呢？"这时，上一轮没有得到回答机会的思思举着小手大声说道："妈妈给姨姨和呦呦做了很多好吃的，还给她们穿漂亮的衣服，讲故事……"
	B3. 能够体会图画书中的情绪情感	通过将幼儿行为实录与记录标准中的不同水平比较，可知幼儿现在处于水平三 • 行为实录：思思喘了口气，接着说："超人妈妈给姨姨和呦呦做了那么多事情，我都感动得想哭了。"

流程五：指导

请根据幼儿行为表现分析情况提出改进意见或指导策略。

（一）对静静的行为表现分析情况提出改进意见或指导策略

1. 基于幼儿学习品质行为表现分析结果的指导

（1）基于幼儿"对周围的人、事、物感兴趣"行为表现分析结果的指导。

特别肯定教师在"花木兰性别之谜"情境中对静静的指导，教师得当地使用了以下具体指导策略。

★ 教师提供音视频，通过画面和声音刺激，引起幼儿对花木兰的兴趣。

★ 教师通过有效的支架态①、支架势②和支架物为幼儿提供学习的心理环境，带动幼儿对图画书产生进一步的兴趣，比如，张老师从身后拿出《我是花木兰》的图画书，指着封面，微笑着环顾全班幼儿，带着好奇且充满期待的眼神……

（2）基于幼儿"喜欢提问"行为表现分析结果的指导。

特别肯定教师在"我是花木兰"情境中对静静的指导，教师得当地使用了以下具体指导策略。

★ 在谈话中自然抛出问题，激发幼儿的好奇心，并引导静静发现问题、回答问题，引导幼儿养成敢于提问、乐于提问、善于提问的习惯。

2. 基于幼儿关键经验行为表现分析结果的指导

基于幼儿"能够清晰地表述自己的想法"行为表现分析结果的指导。

特别肯定教师在"我是花木兰"情境中对静静的指导，教师得当地使用了以下具体指导策略。

★ 提供可供幼儿参考的实物（如图画书的关键页面）以帮助幼儿回忆故事情节，请幼儿根据画面中的细节表述自己的想法，借助实物的情况下，幼儿能够更加清晰地表述自己的观点和理由。

（二）对俊俊的行为表现分析情况提出改进意见或指导策略

1. 基于幼儿学习品质行为表现分析结果的指导

（1）基于幼儿"喜欢尝试新事物"行为表现分析结果的指导。

面对俊俊的行为表现，教师可以使用具体物品引发兴趣的策略来支持幼儿在喜欢尝试新事物方面上升到高一级的水平。具体指导策略如下：

★ 教师可以打开图画书的关键页面，请幼儿仔细翻阅图画书，找到其中的关键信息，请幼儿依据关键信息来思考问题。

★ 教师也可以进一步指导，比如，先呈现花木兰替父从军前的服饰特点，再呈现花木兰打了胜仗回家后的服饰特点，适时向幼儿提出问题。

（2）基于幼儿"对未知事物保持探索的欲望"行为表现分析结果的指导。

面对俊俊的行为表现，教师可以使用具体物品引发兴趣的策略来支持幼儿在对未知事物保持探索的欲望方面上升到高一级的水平。具体指导策略如下：

---

① 支架态是指能够促进幼儿思考或产生下一步行动的教师的表情、形态，表现为教师引导幼儿时呈现的表情、神态等。

② 支架势是指能够促进幼儿思考或产生下一步行动的教师的动作、形势，表现为教师引导幼儿时展示的手势、动作等。

★ 教师可以事先将战袍等材料摆放在桌子上供幼儿观察、触摸，为幼儿提供可探索的对象物，幼儿具体形象思维的特点决定了探索的过程需要借助外物展开。

2. 基于幼儿关键经验行为表现分析结果的指导

基于幼儿"能够理解图画书故事内容"行为表现分析结果的指导。

特别肯定教师在"我是花木兰"情境中对俊俊的指导，教师得当使用了以下具体指导策略。

★ 教师为幼儿提供了充分的思考时间，面对幼儿对图画书细节及背景信息等提出的疑惑，教师首先为幼儿提供了思考的空间和实践，并未直接告知答案。

★ 教师给幼儿尝试回答问题的机会，幼儿互相学习，从而在更有能力的幼儿的支架下，其他幼儿也会获得关于图画书故事内容新的认知。

（三）对婷婷的行为表现分析情况提出改进意见或指导策略

这里仅分析基于幼儿学习品质行为表现分析结果的指导。

（1）基于幼儿"对周围的人、事、物感兴趣"行为表现分析结果的指导。

面对婷婷的行为表现，教师可以使用语言引导、实物展示的策略来支持幼儿在"对周围的人、事、物感兴趣"方面上升到高一级的水平。具体指导策略如下：

★ 教师在播放胶卷打开的PPT时，可以伴随一些表示疑惑的语气词，如"咦，这是什么？"通过夸张的语气吸引幼儿对事物的兴趣。

★ 教师可以提供真实的胶卷或相册等，在播放PPT时，拿出藏在手里的胶卷或相册，请幼儿看一看、摸一摸，能够瞬间吸引他们的兴趣。

（2）基于幼儿"喜欢提问"行为表现分析结果的指导。

面对婷婷的行为表现，教师可以使用图片引发、谈话激发的策略来支持幼儿在"喜欢提问"方面上升到高一级的水平。具体指导策略如下：

★ 教师可以借助图画书的关键页面或视频等直观的材料帮助幼儿进行与主题内容相关的联想和建构。比如，可以使用图画书中超人妈妈和两个小朋友在不同场景里的照片，也可以提供超人妈妈默默辛苦付出的照片，图片可以进行较长时间的画面留存，有利于激发幼儿进一步探索的欲望。

★ 教师可以面带疑问的表情，同时连续播放超人妈妈和两个小朋友在各种场景下交流互动的图片，并低下身子带着疑惑的表情向幼儿提问："猜猜他们是什么关系？"

（3）基于幼儿"对未知事物保持探索的欲望"行为表现分析结果的指导。

面对婷婷的行为表现，教师可以使用成果物展示的策略来支持幼儿在"对未知事物保持探索的欲望"方面上升到高一级的水平。具体指导策略如下：

★ 教师提问时可以及时地为幼儿提供一个已经制作好的相框成品，即"成果物"，幼儿通过直接感知和亲身体验，能够引发更多关于材料制作的思考，维持对相框探索的欲望。

（四）对思思的行为表现分析情况提出改进意见或指导策略

1. 基于幼儿学习品质行为表现分析结果的指导

（1）基于幼儿"喜欢尝试新事物"行为表现分析结果的指导。

特别肯定教师在"我的超人妈妈"情境中对思思的指导，教师得当地使用了以下具体指导策略。

★ 教师使用了实物展示策略，在本情境的最后阶段拿出了自己做好的相框，为幼儿提供了可以模仿的参照物。

（2）基于幼儿"对未知事物保持探索的欲望"行为表现分析结果的指导。

特别肯定教师在"我的超人妈妈"情境中对思思的指导，教师得当地使用了以下具体指导策略。

★ 教师使用了实物展示策略，首先，利用教学课件展示了超人妈妈和两个孩子在一起的温馨场景，有利于激发幼儿联想到实际生活；其次，教师在本情境的最后阶段拿出了自己制好的相框，为幼儿提供了可以模仿的参照物，能够有效维持幼儿对相框的探索欲望。

2. 基于幼儿关键经验行为表现分析结果的指导

（1）基于幼儿"理解图画书故事内容"行为表现分析结果的指导。

特别肯定教师在"我的超人妈妈"情境中对思思的指导，教师得当地使用了以下具体指导策略。

★ 在观察情境中教师得当地使用了倾听幼儿表达与鼓励相互交谈的策略，耐心地做一个听众，并让幼儿彼此间交流想法。例如，张老师问道："小朋友们想不想为自己的妈妈制作一个好看的相框呢？""你们猜猜制作立体相框需要哪些材料？"

（2）基于幼儿"能够清晰地表述自己的想法"行为表现分析结果的指导。

面对思思的行为表现，教师可以使用来回交谈的策略来支持幼儿"能够清晰地表述自己的想法"这一关键经验从三级水平上升到四级水平。具体指导策略如下：

★ 教师与幼儿进行对话，比如，"一个大人拉着两个小朋友，你觉得他们可能是谁呀？"再如，"我们读过的图画书《我的超人妈妈》里，超人妈妈给咦咦和呦呦买了什么？他们去了哪里？"

（3）基于幼儿"体会图画书中的情绪情感"行为表现分析结果的指导。

面对思思的行为表现，教师可以使用联系已有经验、谈话的策略来支持幼儿在"体会图画书中的情绪情感"方面上升到高一级的水平。具体指导策略如下：

★ 教师可以帮助幼儿练习已有经验，比如，请小朋友们回忆自己和妈妈相处的场景。

　　★　教师可以通过与幼儿谈话来帮助幼儿体会图画书的情绪情感，请幼儿思考自己能为妈妈做什么。

反思
总结

　　请根据所学内容完成反思总结。

　　1. 在学习了幼儿产生兴趣行为观察的观测点与具体行为标准、记录方法、分析指导等内容之后，请对所学内容进行回顾总结。

　　（1）我知道幼儿产生兴趣行为观察的观测点与具体行为标准：

_____

_____

_____

　　（2）我知道观察记录的方法包括：

_____

_____

_____

　　（3）我知道观察与指导幼儿产生兴趣行为的任务流程：

_____

_____

_____

　　2. 请根据情境灵活应用所学内容设计并开展调查。

小朋友产生兴趣了吗？

　　教师在主题游戏活动开始的第一个环节，会在短时间内调动幼儿的已有经验，引发幼儿对活动的好奇心和愿意持续参与活动的兴趣。阳阳小朋友在教师的引导下可以表现出对周围环境变化及人、事、物的兴趣，积极与教师进行互动，愿意通过提问、尝试操作材料等方式满足自己的好奇心和学习兴趣，并能够在参与活动的过程中保持对未知事物的探索的欲望及持续的求知欲……

　　你将如何判断阳阳是否产生兴趣了呢？比如，你将重点观察阳阳产生兴趣的哪些典型行为表现呢？你将怎样对阳阳产生兴趣的行为表现予以记录，使用什么方法呢？你会对阳阳产生兴趣的行为表现作出什么分析？你会如何进一步引发阳阳对活动的兴趣？请你从调查目标、调查方法、调查过程、调查结果等方面设计调查方案了解现状，并运用所学知识设计解决问题的步骤。

_____

_____

_____

赛证真题

请熟悉本部分内容链接的赛证真题。

赛场直击

［2020年全国职业院校技能大赛·学前教育技能赛项试题］开学初，我和孩子们共同为建筑区增添了许多"设备"：有用废旧盒子做的楼房，有果奶瓶做的小花，有用碎皱纹纸粘贴成的草地，还有孩子们从家带来的小汽车……我想，如此丰富的辅助材料一定能使孩子们在建筑区的游戏又上一个新的台阶，一定会对孩子们的游戏有很大的促进作用。然而事实与我想的却有很大的不同。

孩子们确实玩得比以前更加热火朝天了，但游戏的内容却有了很大的改变：孩子们忙着把汽车开到东开到西，忙着把小花小草摆满一地，忙着把现成的楼房摆在高低不同的积木上……但孩子们对搭建本身的兴趣却似乎减少了。

我走过去引导孩子们："我们能不能给汽车搭建停车场，修建宽阔的马路，让汽车跑得更快呢？"看到孩子们对我的提议并没有多大的兴趣，我亲自带领他们搭建马路、街心公园，孩子们在我的指挥和带动下高兴地玩着，一会儿工夫，我们的成果就初具规模了！然而10分钟后当我再次来到建筑区时，已经搭好的建筑群被"一拆而光"！孩子们依然在快乐地玩着汽车，有的孩子干脆骑在大一点的积木上过着开车瘾。

面对眼前的景象，我不知该怎么办。到底是什么原因使得促进孩子们建构能力发展这一目标没有实现，出现事与愿违的情况呢？

请帮助案例中的教师答疑解惑。

国考聚焦

[2018年上半年中小学和幼儿园教师资格考试 综合素质试题（幼儿园）]主题活动中，中班幼儿对画汽车产生了兴趣。为了提升幼儿的绘画能力，郭老师提供了面包车绘画步骤图，鼓励每个幼儿根据步骤图画出汽车（图2-1）。

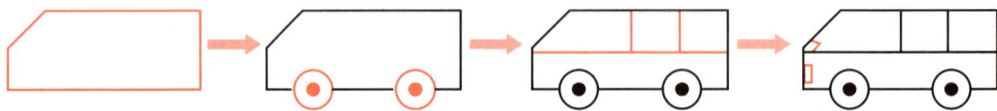

图2-1　面包车绘画步骤图

（1）郭老师是否应该投放绘画步骤图？为什么？

（2）如果你是郭老师，你会怎么做？

答案解析

任务二　幼儿就是要摸一摸和尝一尝
——主动体验中的幼儿行为观察与指导

主动体验观察指导诀窍歌

主动体验是关键，探索表达少不了；

内在意愿来驱动，热情投入很重要；

看听摸闻尝一起，多重感官都来到；

猜想材料多功能，尝试动手来做好；

多在人前去讲话，有序清楚均看到；

指导策略用得巧，主动学习步步高。

任务情境

请了解主动体验任务情境的内容梗概。

我是花木兰

教师先是兴致勃勃地拿着图画书让幼儿讲讲自己知道的花木兰的故事，云云、小熊在教师的引导下进行讲述。然后教师打开手中的图画书，一页一页地带幼儿阅读和回顾图画书中花木兰的故事内容，其中有花木兰在不同场景的图片。在教师的带领下，幼儿参与其中并积极回应教师的问题。当阅读完图画书所有的内容后，教师询问幼儿喜欢什么时候的花木兰，昊昊、菲菲、欣欣主动举手并清楚地表述了自己喜欢在哪里的花木兰及原因，欣欣还积极模仿了自己喜欢的看书时候的花木兰的样子，其他的小朋友也纷纷模仿了自己喜欢的花木兰。接着，教师将幼儿分为几个小组，每个小组都配备了桌子和卷轴、彩绘棒、贴纸等材料，让幼儿选择其中的材料并创作自己喜欢的花木兰的样子。静静依次摸了摸教师准备好的卷轴、彩绘棒、贴纸等，一手拿着贴纸，一手拿着卷轴，开心地向旁边的云云说着这些材料的用处。

十二生肖动物总动员

教师手里拿着《十二生肖动物总动员》的图画书，期待地询问幼儿生肖动物的顺序，幼儿纷纷高高举起小手想要回答。小芬第一个回答了教师的问题，说道："老鼠排在最前面，猪排在最后面。"教师继续满怀期待地向幼儿提问其他生肖动物的排序，鑫鑫在得到教师的允许后，更是迫不及待地站起来回答了教师的问题，清晰地说出了十一个生肖动物的顺序，在教师的引导下，鑫鑫仔细地查看了教师图画书中的生肖动物，很快发现自己漏掉了蛇，并指出蛇所在的位置。接着，教师听见幼儿聊起了不同动物尾巴的特点。教师见幼儿都非常积极，拿来了准备好的彩泥、油画棒、剪刀、麻绳、彩纸、双面胶、透明胶等。幼儿看到教师准备的丰富的材料，脸上露出惊喜的表情，都跑过来看看这个材料，摸摸那个材料。辽辽一会儿拿起剪刀做要剪东西的姿势，一会儿拿起麻绳在那里绕了起来；微微拿起粉色的彩纸和粉色的彩泥，用手摸了摸彩纸，捏了捏彩泥，玩了一会儿，微微站起来对教师说想用彩泥和彩纸这两种材料做小猪的尾巴。

基础理论

请关注主动体验的基础理论。

一、主动体验的内涵

"主动体验"由"主动"和"体验"两个关键词构成。

"主动"亦可称为"主动性"。主动性是学习品质所包含的维度之一，是指幼儿愿意以积极向上的态度参与到学习活动中去，并且可以大胆进行尝试，[①]它是个体采取积极和自发的方式，通过克服障碍和困难，完成工作任务并实现目标的一种行为方式。[②]因此，主动性意味着个人会改变某些事物，通过经历困难，增加或修改某些程序。[③]从上述主动性的概念来看，主动性反映的是个体面对任务时表现出的积极程度。具体而言，主动性包括肯接受任务、愿意参与学习活动、学习新事物时可以进行合理冒险、幼儿自我组织的能力（设定目标、形成计划、实施计划）等。[④]

"体验"是指个体经由自身的视觉、嗅觉、听觉、触觉、味觉等来感知周围外部环境的过程。心理学家大卫·库伯于1984年提出了体验式学习理论（Experiential Learning Theory）[⑤]，在体验式学习理论中，经验跟个体的特征和经历息息相关，因为有了经验的介入，所以没有哪两个人的思想、观念会是完全相同的。体验式学习的过程中，学习者的主动参与最为重要。

"主动体验"即学习者自发地、积极主动地参与到与周围外部环境的互动过程中，并能为自己的下一步学习设定目标、形成计划等。在这个过程中，学习者主动参与学习环境，自发探索学习材料，尝试参与冒险任务。

观察幼儿主动体验行为即观察幼儿两大方面的内容，首先是学习品质方面，包括观察幼儿在学习主题情境下对新的学习任务的积极主动情况及幼儿的目标意识，包括制定目标、形成计划、执行计划的能力；其次是关键经验方面，包括幼儿在学习主题情境下积极认真聆听教师给出的学习任务，并能大胆地用自己的语言表达自己的目标、计划及积极尝试选择材料、探索材料功能来实现自己的目标和计划的能力。

二、观察幼儿主动体验行为的意义

1. 为支持幼儿主动学习和终身发展奠基

当前，世界各国政府已充分认识到学习品质，特别是主动性在儿童终身学习与

---

①④　鄢超云. 学习品质：美国儿童入学准备的一个新领域［J］. 学前教育研究，2009（4）：9-12.

②③　蒋琳锋，袁登华. 个人主动性的研究现状与展望［J］. 心理科学进展，2009，17（1）：165-166.

⑤　石雷山，王灿明. 大卫·库伯的体验学习［J］. 教育理论与实践，2009（10）：49-50.

发展中的重要性，都将主动性看成学前儿童入学准备的一个重要维度，被认为是学前儿童学习和发展的核心内容。

美国全国科学教育标准与评价委员会（National Committee Science Education Standards and Assessment）于1996年初推出了美国历史上第一部国家科学教育标准，其中特别强调了学生主动积极参与学习的能动过程。日本基础教育阶段的课程改革方向同样也指向了主动学习，明确指出"培养儿童自主学习的积极性和独立适应社会变化的能力"。日本在1996年颁布的《21世纪日本教育发展方向》咨询报告中提出"今后孩子们必须做到的是，无论社会如何变化，能够自己发现问题，自我思考，主动判断和行动，具有较好的问题解决素质和能力，并且善于自律，为他人着想，与他人协调，感情丰富和充满人性"。[①]

我国《3—6岁儿童学习与发展指南》特别强调"重视幼儿的学习品质"，提出"幼儿在活动过程中表现出的积极态度和良好行为倾向是终身学习与发展所必需的宝贵品质。要充分尊重和保护幼儿的好奇心和学习兴趣，帮助幼儿逐步养成积极主动、认真专注、不怕困难、敢于探究和尝试、乐于想象和创造等良好学习品质。忽视幼儿学习品质培养，单纯追求知识技能学习的做法是短视而有害的"。

古人云："活到老学到老"。同样，在当今社会，个体要想持续健康发展并适应社会的节奏就必须秉承终身学习的理念。因为，唯有终身学习才能不断地更新知识、提升素质；唯有终身学习才能跟上时代，与时俱进；唯有终身学习才能固本正源，历久弥新。其中，人的主动学习正是终身学习所强调的教育理念，所以未来的文盲不再是不识字的人，而是没有学会学习的人。主动体验行为的核心部分是幼儿的主动性，而主动性是幼儿学习品质的重要组成部分，也是幼儿开启学习的重要前端部分，对于引领幼儿后续深入投入学习具有重要的作用。

所以，观察幼儿主动体验行为是重视幼儿主动性学习品质的体现，也是理解幼儿学习的基础，能帮助教师在理解幼儿学习的基础上唤醒、支持幼儿积极主动参与到周围外部学习环境中，帮助幼儿自发制定完成基于学习主题情境下的学习任务的目的、计划并积极触摸、探索操作材料来实施计划。

2. 提升教师重视幼儿在学习中的主体地位的意识和支架幼儿主动学习的能力

瑞士心理学家皮亚杰认为，儿童的学习必须是一个主动的过程，教育必须致力于发展儿童的主动性，只有这样才能"造就智慧的主动探索者"。儿童本身就是一个主动的学习者，他们有着自己特定的思维方式和需求，不能将儿童视为明天的成人，或以准成人来对待儿童。然而，在现实中很多人仍旧把教育理解为教师对儿童、家

---

① 和学新. 促进学生主动发展：课程目标的转型——我国新一轮基础教育课程改革的课程目标解读［J］. 学科教育，2002（1）：7-8.

长对孩子的说教行为，并且把人的社会性功能完全归因于教育，把学习知识作为首要目标，整个教育的目的和过程都是为了达到这个首要目标，从而最终导致人们因追求眼前的、看得见的效率，而忽视了学习主体的生成过程、发现过程、体验过程等。部分教师为完成教学任务，努力把儿童的注意力转到教学目标上来，具体表现为教师通过示范、讲述引导儿童学习，但是每当儿童的需要与教师的教学目标发生矛盾时，教师往往就会通过逼供式提问、机械性指挥，而不是通过适宜儿童特点的途径来让儿童获得直接经验。

观察幼儿主动体验行为对于教师重视幼儿在学习中的主体地位，改变传统的教育教学方式，为幼儿提供符合其自身年龄特点的丰富的环境材料，激发幼儿积极参与学习活动中的兴趣和愿望，同时为幼儿设置情境中的学习任务目标，引导幼儿在轻松愉悦的环境中自发、主动地参与其中并完成学习任务，支架幼儿主动学习具有重要作用和价值，能够帮助教师进一步提升自身的幼儿研究与支持能力和教育教学能力。

三、幼儿主动体验行为的成因

高宽课程（HighScope Curriculum）是早期教育课程之一，高宽课程的核心理念是"支持儿童主动学习"，该理念是在儿童发展理论和研究的基础之上提炼出的。高宽课程起初广泛运用了以皮亚杰及其同事为先驱的认知发展研究[①]，以及杜威的进步主义教育哲学[②]。随后，根据持续出现的认知发展研究结果[③]，高宽课程对其课程的主动学习理论及内容进行了更新，最终确认了如下关于主动学习的五要素。

（1）材料。课程提供充足的多样化、适宜性的操作材料。材料应是开放性的，能够吸引幼儿的各种感官，运用多种方式操作材料，可以扩展幼儿的经验，鼓励他们的想法。

（2）操作。幼儿操作、探究、组合、转化材料和观点。通过直接用手操作或者与其他资源互动，幼儿自主发现知识。

（3）选择。幼儿选择材料、玩伴，改变、建立他们自己的游戏想法，并根据他们的兴趣和需要计划活动。

（4）儿童语言和思维。幼儿描述他们所做和所理解的。当他们思考自己的活动

① Piaget J, Inhelder B. The psychology of the child［M］. New York：Basic Books，1969.

② Dewey J. Experience and education［M］. New York：Free Press，1997.

③ Clements D H，Sarama J. Engaging young children in mathematics：Standards for early childhood mathematics education［M］. Florida：Taylor & Francis Inc，2004：7-72.

并修正想法打算进行新的学习时，用语言或非语言的形式进行交流。

（5）成人支架。"支架"意味着成人支持幼儿当前的思维水平，并挑战它们，使其进入新的发展阶段。新近大脑科学的研究也支持了这些成果。[①]

在高宽课程中，主动学习正是用来描述学习者和环境之间的这一互动过程的。如果儿童仅仅被告知某事，反映思维真正改变的学习就不会发生。儿童要在成人当场的鼓励及对他们思维的挑战中，亲眼去看，亲自去尝试，这正是儿童主动性发挥的过程。高宽课程的理念与主动体验有高度的理念一致性，启示我们在分析幼儿主动体验行为成因时关注教师层面的操作材料的提供、支架策略等，以及儿童层面操作材料时的方式方法、选择与计划，以及语言表达中呈现出的幼儿的思维等。

任务流程

流程一：准备

请熟悉幼儿主动体验行为观察的观测点和具体行为标准。

幼儿园的主动体验行为包括幼儿在主动体验过程中表现出的学习品质和建构的关键经验等。因此，幼儿主动体验行为的观测点可以分为学习品质和关键经验两个方面。学习品质方面主要观察幼儿是否以积极、主动的情感态度参与活动，是否主动探索、积极主动地与教师提供的材料互动；关键经验方面主要观察幼儿能否认真倾听并听懂同伴对作品的介绍，是否愿意讲话并清楚表达对同伴作品介绍的感受与看法等，如表2-7所示。

表2-7　幼儿主动体验行为观察的观测点和具体行为标准

观测点	具体行为标准
A. 学习品质	A1. 能够以积极、主动的情感态度参与活动
	A2. 主动探索，能积极、主动地与教师提供的材料互动

---

① Shore R. Rethinking the brain：New insights into early development. New York：Families and Work Institute，1997.

观测点	具体行为标准
B. 关键经验	B1. 认真听并能听懂教师的问题
	B2. 愿意在众人面前主动讲话和表达自己的想法，能有序、连贯、清楚地讲述自己的想法
	B3. 能运用多种感官感知教师提供的操作材料，发现操作材料和自己要做的成果物之间的关系

流程二：观察

请根据任务情境完成对观察内容的描述。

我是花木兰

教师手里拿着图画书，面带微笑地问小朋友："谁能跟我说说花木兰身上有什么样的故事呢？"小朋友们纷纷高高地举起小手。教师对一个穿着粉色衣服的女孩说："云云，你来说一说。"云云回答的声音很小，近乎听不到。教师身体前倾，说："请你大点声。"云云提高了音量，说："扎伤了。"教师点了点头，说："哦，花木兰扎伤了。"接着教师继续追问："她是做什么的时候扎伤的呀？"小熊高高地举起手，教师示意他来回答，小熊回答道："去战场。"教师问："去战场的时候怎么了？"小熊昂起头说："花木兰替他的爸爸去战场受伤了。"

教师打开手中的图画书，脸上带着愉悦的表情说："今天我们再来复习一下花木兰的故事，请你们把看到的花木兰的故事说出来。"教师接着说："这一页的内容是有个小朋友做了一个梦，梦见了花木兰。这是花木兰在哪里呀？"小朋友们一起回答："家里。"教师看着图画书说："花木兰在家里呀，骑马、射箭、舞刀、使枪、放羊、打猎。"小朋友们身体前倾，嘴巴微微张开，眼睛看着教师手里的图画书，认真听教师讲故事。

教师又翻开了一页图画书，问："花木兰的手里拿着什么呀？"小朋友们异口同声地说："长矛。"教师看着小朋友问："这个时候的花木兰，头发是什么样子的？"小朋友们回答："长的。"教师翻开下一页图画书，看着图画书说："这时候呀，北方来了游牧民族，他们来掠夺财富，战争开始了。父亲要去上战场，花木兰心疼她的父亲，于是就要跟她的父亲比一比，她赢了还是输了？"小朋友们回答道："赢了。""赢了父亲，所以她就替父亲上战场了。"教师继续给小朋友们讲述花木兰的故事。

故事讲完了，教师合上了图画书，问道："请小朋友们来说一说，你最喜欢什么时候的花木兰？"昊昊站起来，声音响亮地说："战场上的！"教师问："你为什么喜欢战场上的花木兰？她是什么样子的呢？"昊昊回答道："很帅！"教师接着请菲菲回答问题，菲菲说："我喜欢在家的花木兰。"教师提示道："请你大声点说，你喜欢在家干什么的花木兰呢？"菲菲说："我喜欢在家里给牡丹花浇水的花木兰。"教师一边听着小朋友的回答，一边打开图画书的相应页面，问："还有哪位小朋友来说一说自己喜欢什么样的花木兰？"欣欣举手说："我喜欢在家里看书的花木兰。"教师问："为什么呢？"欣欣回答道："因为花木兰看书的时候特别漂亮。"教师把图画书递给欣欣，问："你能把图画书翻开，把你喜欢的花木兰指给大家看吗？"欣欣接过图画书，给大家指了指看书的花木兰。教师说："那你能学一下看书时候的花木兰是什么样子的吗？"欣欣迟疑了一会儿，默默地低下了头，不知道该如何模仿。教师提示道："看书的时候有什么呢？你们都是怎么看书的？"教师通过提问，引导幼儿说出"书卷"。欣欣听完，把双手平摊举到胸前，低下头看着自己的手，仿佛在全神贯注地看书。教师点了点头，赞扬道："你模仿得很准确，小朋友们还可以用怎样的姿势模仿看书呢？"小朋友们纷纷尝试着模仿花木兰看书的姿势，有的小朋友将双手手掌合上又打开，模仿打开书本的过程；有的举起一只手掌放至眼前，另一只手则作托腮样，仿佛在思考……

教师接着说道："每一个小朋友心中都有自己喜欢的花木兰。老师在后面给你们准备了画花木兰的材料，请大家分组进行创作吧！"静静走到后面，站在桌前，依次摸了摸教师准备好的卷轴、彩绘棒、贴纸等。她左手拿着贴纸，右手摸着卷轴，扭头高兴地对旁边的云云说："我知道了，这个贴纸是用胶棒粘在卷轴上的！"

十二生肖动物总动员

教师手里拿着《十二生肖动物总动员》的图画书，期待地问小朋友："请大家仔细观察这幅图，说一说生肖动物们的顺序是怎么排列的。"小朋友们争先恐后地高高举起小手。教师对着小芬说："小芬，你来说一说。"小芬扬起脖子，声音很洪亮地说："老鼠排在最前面，猪排在最后面。"教师竖起大拇指，微微点头，脸上带着微笑说："小芬观察得很仔细，这一点特别棒！"

教师举起图画书的封面，脸上带着疑惑的表情说："除了最前面的老鼠和最后面的猪，小朋友们可不可以详细说说动物们是怎么依次排列的？"鑫鑫高高举起小手，嘴里说着："我知道！我知道！"生怕教师看不见自己。教师伸出右手，说："请鑫鑫来回答一下。"鑫鑫迅速从座位上站起来，右手还拽着衣角，盯着教师手里的图画书回答道："老师，我看到图画书上有老鼠、牛、老虎、兔子、龙、马、山羊、猴子、公鸡、狗，还有猪。"

教师微笑着点了点头，说："鑫鑫回答得很棒，但是你漏了一个动物，请你再看看老师手里的图画书，找找漏了哪个动物。找一找，然后用你的小手指一指。"鑫鑫紧皱着眉头，身体前倾，仔细地看教师手里的图画书，看了一会儿，他从座位上跳起来，说："老师，我知道了！我少说了蛇，它在龙的后面。"说完伸出小手，指了指教师图画书中蛇的位置。教师一边点头一边笑着说："鑫鑫回答得真好！"听完教师的表扬，鑫鑫长舒了一口气。

教师脸上带着愉悦的表情说："小朋友们回答得都很积极，今天我们要一起做生肖动物，拯救猪安安。老师给大家准备了好多用来做生肖动物尾巴的材料。请小朋友们看一看，摸一摸，再想一想，这些材料可以用来做哪种动物的尾巴。"说完，老师拿出准备好的彩泥、油画棒、剪刀、麻绳、彩纸、双面胶、透明胶等。小朋友们看到这些材料，脸上露出惊喜的表情，迫不及待地玩了起来。辽辽"哇"了一声，脸上带着喜悦的表情，小手摸摸这里，摸摸那里，一会儿拿起剪刀作要剪东西的样子，一会儿又拿起麻绳在那里绕了起来。微微拿起粉色的彩纸和粉色的彩泥，用手摸了摸彩纸，捏了捏彩泥。玩了一会儿，微微朝着老师站立的方向说："老师，这些材料可以做猪安安的尾巴，我一会儿要用彩泥和彩纸做猪安安的尾巴！"

● 注意事项：观察前——① 明确幼儿主动体验行为的观测点，即明确幼儿哪些主动体验行为是客观的、可观察和可测量的；② 选择适宜的观察记录方法，对幼儿主动体验行为的记录应尽可能客观、真实、具体、详尽，准确反映实际情况。观察中——① 尽可能详记客观事实，避免主观判断；② 观察6W要素。观察后——① 及时整理观察记录；② 根据整理结果提出教育指导建议。

流程三：记录

请根据观察内容完成记录。

为更高效地观察幼儿的主动体验行为，教师可以在观察之前使用等级评定法制作观察记录表，以快速记录幼儿的主动体验行为，表2-8是供参考的幼儿主动体验行为等级评定观察记录表。

表2-8　幼儿主动体验行为等级评定观察记录表

幼儿姓名：　　　　　班级：　　　　　活动：　　　　　观察者：

方面	要点	水平	判断依据（行为实录）
A. 学习品质	A1. 能够以积极、主动的情感态度参与活动	□水平一：愿意参加感兴趣的活动，能通过简单的动作或词语表达自己的计划	
		□水平二	
		□水平三：积极参与活动，能用短句表达自己的计划	

方面	要点	水平	判断依据（行为实录）
A. 学习品质	A1. 能够以积极、主动的情感态度参与活动	□水平四	
		□水平五：在参与活动中表现出积极的兴趣和热情，能用细节具体说明自己的计划	
	A2. 主动探索，能积极、主动地与教师提供的材料互动	□水平一：接受有把握的任务，能通过指认、触摸等动作选择材料	
		□水平二	
		□水平三：在成人的鼓励和引导下接受有挑战性的任务，能积极选择一些材料	
		□水平四	
		□水平五：主动选择有挑战性的任务，自主选择多种材料和活动方式	
B. 关键经验	B1. 认真听并能听懂教师的问题	□水平一：他人说话时能注意听并作出回应，能理解较为简单的句子	
		□水平二	
		□水平三：在群体中能有意识地听与自己有关的信息，能部分理解较复杂的句子	
		□水平四	
		□水平五：在集体中能注意听教师和其他人的谈话，能结合情境理解一些表示因果、假设等相对复杂的句子	
	B2. 愿意在众人面前主动讲话和表达自己的想法，能有序、连贯、清楚地讲述自己的想法	□水平一：愿意在熟悉的人面前说话，能口齿清楚地复述一个简短的故事	
		□水平二	
		□水平三：喜欢谈论自己感兴趣的话题，能基本完整地讲述一件事情	
		□水平四	
		□水平五：敢在众人面前讨论问题，能有序、连贯、清楚、生动地讲述一件事情	

方面	要点	水平	判断依据（行为实录）
B. 关键经验	B3. 能运用多种感官感知教师提供的操作材料，发现操作材料和自己要做的成果物之间的关系	□水平一：初步感知周围的操作材料，能发现操作材料的特性	
		□水平二	
		□水平三：能感知周围的操作材料，能发现操作材料的特性和用途	
		□水平四	
		□水平五：能综合运用多种感官感知周围的操作材料，能发现操作材料的特性、用途及材料之间的关系	

流程四：分析

请根据记录表格的内容对观察情况进行分析。

表2-9和表2-10是王老师采用等级评定法对"我是花木兰""十二生肖总动员"情境中某一幼儿的主动体验行为进行的观察行为分析。

表2-9　幼儿主动体验行为观察分析表（一）

幼儿姓名：云云	班级：大班	活动：我是花木兰	观察者：王老师

方面	要点	水平
A. 学习品质	A1. 能够以积极、主动的情感态度参与活动	通过将幼儿行为实录与记录标准中的不同水平比较，可知幼儿现在处于水平一 • 行为实录：教师手里拿着图画书，面带微笑地问小朋友："谁能跟我说说花木兰身上有什么样的故事呢？"小朋友们纷纷高高地举起小手。教师对一个穿着粉色衣服的女孩说："云云，你来说一说。"云云回答的声音很小，近乎听不到
	A2. 主动探索，能积极、主动地与教师提供的材料互动	观察记录中未提及此项，不做判断
B. 关键经验	B1. 认真听并能听懂教师的问题	通过将幼儿行为实录与记录标准中的不同水平比较，可知幼儿现在处于水平一 • 行为实录：教师身体前倾，说："请你大点声。"云云提高了音量，说："扎伤了。"教师点了点头，说："哦，花木兰扎伤了。"

方面	要点	水平
B. 关键经验	B2. 愿意在众人面前主动讲话和表达自己的想法，能有序、连贯、清楚地讲述自己的想法	观察记录中未提及此项，不做判断
	B3. 能运用多种感官感知教师提供的操作材料，发现操作材料和自己要做的成果物之间的关系	观察记录中未提及此项，不做判断

表2-10　幼儿主动体验行为观察分析表（二）

幼儿姓名：鑫鑫　　　　班级：大班　　　　活动：十二生肖总动员　　　　观察者：王老师

方面	要点	水平
A. 学习品质	A1. 能够以积极、主动的情感态度参与活动	通过将幼儿行为实录与记录标准中的不同水平比较，可知幼儿现在处于水平三 • 行为实录：鑫鑫高高举起小手，嘴里说着："我知道！我知道！"生怕教师看不见自己
	A2. 主动探索，能积极、主动地与教师提供的材料互动	观察记录中未提及此项，不做判断
B. 关键经验	B1. 认真听并能听懂教师的问题	通过将幼儿行为实录与记录标准中的不同水平比较，可知幼儿现在处于水平三 • 行为实录：教师伸出右手，说："请鑫鑫来回答一下。"鑫鑫迅速从座位上站起来，右手还拽着衣角，盯着教师手里的图画书回答道："老师，我看到图画书上有老鼠、牛、老虎、兔子、龙、马、山羊、猴子、公鸡、狗，还有猪。"
	B2. 愿意在众人面前主动讲话和表达自己的想法，能有序、连贯、清楚地讲述自己的想法	通过将幼儿行为实录与记录标准中的不同水平比较，可知幼儿现在处于水平三 • 行为实录：教师微笑着点了点头，说："鑫鑫回答得很棒，但是你漏了一个动物，请你再看看老师手里的图画书，找找漏了哪个动物。找一找，然后用你的小手指一指。"鑫鑫紧皱着眉头，身体前倾，仔细地看教师手里的图画书，看了一会儿，他从座位上跳起来，说："老师，我知道了！我少说了蛇，它在龙的后面。"
	B3. 能运用多种感官感知教师提供的操作材料，发现操作材料和自己要做的成果物之间的关系	观察记录中未提及此项，不做判断

流程五：指导

请根据幼儿行为表现分析情况提出改进意见或指导策略。

（一）对云云的行为表现分析情况提出改进意见或指导策略

1. 基于幼儿学习品质行为表现分析结果的指导

基于幼儿"能够以积极、主动的情感态度参与活动"行为表现分析结果的指导。

面对云云的行为表现，教师可以使用案例唤醒策略，带领幼儿进入指向问题解决的实际场景和案例，在"能够以积极、主动的情感态度参与活动"方面上升到高一级的水平。具体指导策略如下：

★ 要充分把握幼儿的已有经验，不断唤醒幼儿自身的知识储备、生活能力等。教师可以在感知体验部分带领幼儿回顾上一次活动当中花木兰的故事和精神，让幼儿充分展示、描述自己的经验，这样也会极大地提高幼儿的参与度，让教学效果事半功倍。

2. 基于幼儿关键经验行为表现分析结果的指导

基于幼儿"认真听并能听懂教师的问题"行为表现分析结果的指导。

面对云云的行为表现，教师可以使用听故事策略，带领幼儿进入指向问题解决的实际场景和案例，在"认真听并能听懂教师的问题"方面上升到高一级的水平。具体指导策略如下：

★ 借用故事情景和情节帮助幼儿理解抽象的道理，形成直观的感受。爱听故事是幼儿的天性，听故事策略能围绕教师希望幼儿了解的核心经验，用故事情节来激发幼儿对事物的感受。除此之外，讲故事的主体也可以是幼儿。活动中教师还能通过请幼儿分享"我是花木兰"的故事，增强师幼互动。

（二）对鑫鑫的行为表现分析情况提出改进意见或指导策略

1. 基于幼儿学习品质行为表现分析结果的指导

基于幼儿"能够以积极、主动的情感态度参与活动"行为表现分析结果的指导。

面对鑫鑫的行为表现，教师可以使用案例唤醒的策略来支持幼儿在"能够以积极、主动的情感态度参与活动"方面上升到高一级的水平。具体指导策略如下：

★ 借助引人入胜的故事情境帮助幼儿理解抽象的知识或问题。教师要在把握幼儿已有经验的基础上，帮助幼儿形成对抽象道理的直观感受。除此之外，还可以让幼儿复述故事，帮助幼儿回忆故事内容。

2. 基于幼儿关键经验行为表现分析结果的指导

（1）基于幼儿"认真听并能听懂教师的问题"行为表现分析结果的指导。

面对鑫鑫的行为表现，教师可以使用问题发掘策略来支持幼儿在"认真听并能听懂教师的问题"方面上升到高一级的水平。具体指导策略如下：

★ 教师通过提问及追问引导幼儿思考，帮助幼儿梳理思路，并加深幼儿的理解。

（2）基于幼儿"愿意在众人面前主动讲话和表达自己的想法，能有序、连贯、清楚地讲述自己的想法"行为表现分析结果的指导。

面对鑫鑫的行为表现，教师可以使用玩教具策略来支持幼儿在"愿意在众人面前主动讲话和表达自己的想法，能有序、连贯、清楚地讲述自己的想法"方面上升到高一级的水平。具体指导策略如下：

★ 教师通过展示玩教具等材料激发幼儿的兴趣，通过呈现实物引导幼儿多感官感知材料。

反思总结

请根据所学内容完成反思总结。

1. 在学习了幼儿主动体验行为的观测点与具体行为标准、记录方法、分析指导等内容之后，请对所学内容进行回顾总结。

（1）我知道幼儿主动体验行为的观测点与具体行为标准：

_____

_____

_____

（2）我知道观察记录的方法包括：

_____

_____

_____

（3）我知道观察与指导幼儿主动体验行为的任务流程：

_____

_____

_____

2. 请根据情境灵活应用所学内容设计并开展调查。

小朋友主动体验的发展水平是什么

教师在幼儿对活动产生参与的兴趣之后，将活动所需要的材料按顺序一一呈现在每组幼儿的面前。丽丽认真听教师的指导语，在教师的引导下积极、主动地伸手想要触摸这些材料，并思考如何使用这些材料可以做出成果物，并与同伴或教师谈论起自己如何运用这些操作材料的想法……

你将如何判断丽丽主动体验的发展水平？比如，你将重点观察丽丽主动体验行为的哪些要点？你将怎样对丽丽主动体验行为予以记录？你会对丽丽的主动体验行为作出什么分析？你会如何进一步帮助丽丽提升主动体验行为？请你从调查目标、调查方法、调查过程、调查结果等方面设计调查方案了解现状，并运用所学设计解决问题的步骤。

_____

_____

_____

赛证真题

请熟悉本部分内容链接的赛证真题。

赛场直击

［2021年全国职业院校技能大赛·学前教育技能赛项试题］教师要引导幼儿养成良好的饮食习惯，其中良好的饮食习惯不包括（　　　）。

A. 定时定量进餐　　　　　　　　B. 细嚼慢咽

C. 不干不净吃了没病　　　　　　D. 吃饭时不要说笑打闹

国考聚焦

1.［2014年下半年中小学和幼儿园教师资格考试 保教知识与能力试题（幼儿园）］评估幼儿发展的最佳方式是（　　　）。

A. 平时观察　　　　　　　　　　B. 期末检验

C. 问卷调查　　　　　　　　　　D. 家长访谈

2．［2017年上半年中小学和幼儿园教师资格考试　保教知识与能力试题（幼儿园）］莉莉和小娟玩游戏，她们想让5个娃娃睡觉。但是没有小床，她们找到了3个盒子做"小床"。莉莉说"床不够"，小娟挑出两个留着长发的娃娃说："她们长大了，不需要睡午觉了。"莉莉说："好的。"她们将3个需要睡觉的娃娃中最大的一个放在最大的盒子里。小娟试图把中等大小的娃娃放在最小的盒子里，但放不进去。于是莉莉说："换一换。"小娟将最小的娃娃放在最小的盒子里，中等大的娃娃放在中等大的盒子里。放完娃娃后，小娟说："娃娃们，好好睡觉吧。"

问题：这次游戏后，教师应当如何支持莉莉和小娟的学习与发展？

答案解析

任务三　幼儿认真专注的那些样子
——深度探究中的幼儿行为观察与指导

深度探究观察指导诀窍歌

深度探究不得了，认真专注外事抛；

不怕困难想办法，成果完成最自豪；

边想边做边调整，紧跟台阶步步高；

敢于想象与尝试，意料之外惊喜到；

仔细倾听找区别，积极创新思绪冒；

指导策略使得好，深度学习没烦恼。

任务
情境

请了解深度探究任务情境的内容梗概。

做个花木兰吧

在"我是花木兰"活动中，教师带领幼儿来到美工区并向他们展示了两组卷轴。教师引导幼儿就卷轴内容进行了讨论，并将幼儿分成了两组，分别对"在家的花木兰"和"打仗的花木兰"进行装饰。在探究环节，程程一边轻轻地翻阅图画书，一边看着卷轴，身体前倾、眉头紧皱，眼睛在图画书和卷轴之间来回打量着。当豆豆给他看自己画的宝剑时，他也只是"嗯"了一声没被打扰。随后，他把所有颜色的超轻黏土都倒了出来，用不同颜色的黏土制作成花木兰的各个部位，粗粗的长条变成身体、胳膊和腿，圆圆的球变成头，扁扁的"面片"变成披风，最后进行各部分的拼贴。在拼贴环节，黏土总是往下掉。程程若有所思地朝着四周看了看，最后跑向盥洗室用手指沾了水往黏土上涂了涂，"耶，都粘住啦！"他用湿漉漉的手比着胜利的姿势，开心地笑着，继续他的创作。

象形字的探索之旅

在"有趣的象形字"活动中，教师为各组幼儿准备了不同材质的材料，并邀请幼儿将喜欢的生肖画在拿到的材料上。乐乐拿起毛笔，蘸上墨水，在宣纸上画上了一笔，他说："哎呀，怎么这么粗啊，我想画得细一些。"他看向旁边的格格。格格说："宣纸上墨会晕开，不能画得这么用力，你要用毛笔尖尖。"于是，乐乐用手把毛笔头捏尖，小心翼翼地在宣纸上画了起来。"龙"的象形字比较复杂，乐乐低着头，聚精会神地画了好久才画完。在后续的探究中，教师让幼儿为生肖编故事，乐乐拿到了团扇，他说："这个扇子下还有穗穗，好漂亮啊，我要在上面画龙！"他在团扇上画上了龙，接着在龙的上方画上了云，下面画上了雨滴，最后在龙的头上点了眼睛。画完了团扇，乐乐又选择了花瓶，他把花瓶立起来，正准备在花瓶表面画画，这时花瓶往旁边滚了一下。乐乐眉头紧皱，看向周围，跑到书架旁拿起一本书，放在花瓶的一侧，然后按着另一侧，在花瓶上画了牛，旁边是花和草，上面是雨滴。

基础理论

请关注深度探究的基础理论。

一、观察幼儿深度探究行为的意义

深度探究环节是主题游戏活动中非常重要的一个环节。在深度探究环节中，教师为幼儿提供多样化的材料和与活动主题有关的半成品，并设置两个不同难度的台阶，通过适合的支持策略不断支架幼儿进行探究，最终形成相应的成果物。一方面，深度探究为幼儿加深对活动的理解提供了良好的契机。另一方面，深度探究也为幼儿的可持续发展奠定了良好的基础。例如，帮助幼儿形成专注、自我调节、不怕困难等学习品质。因此，幼儿的深度探究行为是教师经常观察的内容之一。教师可以充分发挥观察记录的作用，了解每个幼儿的深度探究行为的表现，并在分析的基础上提出有针对性的指导策略，引导幼儿养成良好的深度探究习惯，培养幼儿的深度探究能力。

二、幼儿深度探究行为的影响因素

幼儿园教育活动是幼儿获得知识与技能的主要渠道，也是幼儿进行深度探究的重要形式。已有研究表明，幼儿的深度探究受如下多种因素的影响，这些因素阻碍了幼儿可持续的发展。

（一）教育活动形式的影响

教师在设计集体教学活动时，难以考虑每个幼儿的认知水平和已有经验，从而制定适合不同幼儿发展的教学目标[1]；在组织和指导主题游戏活动时，面对众多幼儿，难以考虑到每个幼儿的认知水平和学习能力。在这种情况下，幼儿也难以将新的学习内容与已有的知识框架建立联系，其所学所获不过是知识碎片而已，无法理解和应用，更容易走向浅层学习[2]。

（二）活动材料和时间的影响

在深度探究中，幼儿不仅需要深入探究的时间和保留前期建构作品，还需要不

> **知识链接**
>
> ### 心流理论
>
> 心流（flow）理论是指一种将个人精神力完全投注在某种活动上的感觉，心流产生时会有高度的兴奋及充实感。心流的概念最初源自心理学家米哈里·齐克森米哈里（Mihaly Csikszentmihalyi）于1960年代对艺术家、棋手、攀岩者及作曲家等的观察。他观察到当这些人在从事热爱的工作时非常投入，经常忘记时间及对周围环境的感知。这些人参与的活动都是出于乐趣，这些乐趣主要来自活动的过程，报酬只占极小的一部分。齐克森米哈里认为这种由全神贯注所产生的心流体验，是一种最佳的体验。

---

① 陈琼. 幼儿园大班集体教学活动质量的个案研究［D］. 杭州：浙江师范大学，2013：38.
② 徐慧芳. 深度学习对集体活动和区域活动中幼儿使用科学学习方式的影响［J］. 教育科学，2019，35（2）：72-77.

断地在与周围环境材料互动中建构新经验，迁移、运用、发展高阶思维并解决问题。受到游戏时间的限制和材料的限制，很多幼儿无法进行可持续性的深度探究，他们的深层次思考和高水平认知活动也不容易出现[①]。

三、促进幼儿深度探究行为的发展

已有研究者针对如何更好地促进幼儿的深度探究行为进行了如下梳理和归纳。

（一）培养幼儿的问题意识

培养幼儿的问题意识和发展幼儿的思维能力，不断提升幼儿的学习能力与学习品质。深度探究的发生有赖于幼儿良好的问题意识和思维能力的发展，教师要关注幼儿在体验活动中是否能够独立提出并积极解决相应的问题，要创设相应的问题情境并支持幼儿独立自主地对问题进行分析，不断提升幼儿的学习品质和综合素养[②]。

（二）改变学习环境

创设真实的学习情境，提升幼儿活动体验的水平与质量。真实的学习情境更能引发幼儿的学习积极性，教师可以从活动环境、活动材料、活动方式等方面的真实性、直观性和可操作性入手来引导幼儿对体验活动的参与，并通过亲身操作来降低其概念认知的难度，进而逐步实现幼儿的独立思考与自主学习[③]。

（三）给予幼儿及时的反馈

为更好地培养幼儿的深度探究行为，教师需要观察幼儿，并依据反馈信息对教学活动进行及时调整与改进。教学过程虽然是预设的，但依然是流动的、即时的，因而必须依据现场情形进行及时调整[④]。高质量的师幼互动是促进幼儿深度探究的关键，也是培养幼儿良好学习品质的关键。

---

① 张梅. 主题积木建构游戏下大班幼儿深度学习的教师指导策略［J］. 教育理论与实践，2021，41（29）：62-64.

②③ 黄静. 在体验活动中促进幼儿的深度学习［J］. 学前教育研究，2021（4）：93-96.

④ 郭华. 深度学习及其意义［J］. 课程·教材·教法，2016，36（11）：25-32.

任务
流程

流程一：准备

请熟悉幼儿深度探究行为的观测点和具体行为标准。

幼儿园的深度探究行为包括幼儿在深度探究过程中表现出的学习品质和建构的关键经验等。因此，幼儿深度探究行为的观测点可以分为学习品质和关键经验两个方面。学习品质方面主要观察幼儿能否专注于活动并且根据活动任务目标完成任务；能否在活动过程中自我调整行为，以解决问题，完成任务；能否在遇到问题的时候通过多种方法解决问题。关键经验方面主要观察幼儿能否认真倾听教师和其他幼儿讲话，并表达自己的想法；能否积极地与材料互动，根据任务要求操作材料；能否用艺术方式表达自己的感受和想象。具体如表2-11所示。

表2-11　幼儿深度探究行为的观测点和具体行为标准

观测点	具体行为标准
A. 学习品质	A1. 能专注于活动并且根据活动任务目标完成任务
	A2. 能在活动过程中自我调整行为，以解决问题，完成任务
	A3. 能够在遇到问题的时候通过多种方法解决问题
B. 关键经验	B1. 能认真倾听教师和其他幼儿讲话，并表达自己的想法
	B2. 能积极地与材料互动，并根据任务要求操作材料
	B3. 能用艺术方式表达自己的感受和想象

流程二：观察

请根据任务情境完成对观察内容的描述。

做个花木兰吧

教师带幼儿来到美工区。美工区桌上摆着两个相同的卷轴，卷轴中心是一条虚线，将卷轴分为两部分，一部分是木兰在家的场景，卷轴上有树、有花、有屋子；另一部分是木兰在外打仗的场景，卷轴上有山、有马、有帐篷。

教师带着疑惑的表情说："今天呀，老师给小朋友们准备了长长的卷轴，哪个小朋友能告诉老师，这个卷轴被分成了几部分呢？都是哪几部分呢？"幼儿争先恐后地回答："卷轴被分成了两部分，一半是花木兰的家，另一半是花木兰打仗的地方。""老师，卷轴上的花木兰好漂亮呀！""老师，我觉得卷轴上的花木兰很威风，是个超级英雄！"听了幼儿的回答，教师笑了笑，拿起卷轴说："大家说得都很棒，这个卷轴有两部分，有的小朋友喜欢漂亮的花木兰，有的小朋友喜欢威风的花木兰。等会儿我们分成两大组，每组6个人。一组可以画出或者捏出心中的花木兰；另一组可以把老师准备的花木兰贴画剪下来，贴在卷轴上。"幼儿根据自己的喜好分成了两个大组，教师走上前继续说："现在每个大组再分成两个小组，每组3个人。一组小朋友创作并完成在家的花木兰的卷轴部分，另一组小朋友创作并完成在外打仗的花木兰的卷轴部分。最后每组小朋友要选一个代表与大家分享，好不好？"幼儿连声答应，开始了创作。

程程、豆豆和飞飞结对来到了卷轴面前，他们准备制作在外打仗的花木兰。程程一边轻轻地翻阅图画书，一边看着卷轴，身体前倾、眉头紧皱，眼睛在图画书和卷轴之间来回打量着。豆豆凑近程程："程程快看，我画了宝剑。""嗯。"程程轻声回应。突然，程程停止翻阅图画书，开心地笑了。他双手举起装黏土的盒子，把所有颜色的超轻黏土都倒了出来，然后拿起一块棕色的、一块黑色和一块红色的黏土放在身前。程程把黑色黏土放在桌上，双手一起同方向地揉搓，搓出了粗粗的长条，当作花木兰的身体、胳膊和腿；接着把棕色黏土放入左手掌心，左右手打转，搓出了圆圆的球，当作花木兰的头；接着，用手掌将红色黏土压成扁扁的"面片"，当作花木兰的披风。所有"零件"都备好后，程程开始了拼贴工作。他拿着棕色的头在黑色的铠甲上试了几次总是粘不紧，于是把棕色的头放在一旁，拿起了红色的披风在黑色的铠甲上试，披风也总是往下掉。他若有所思地朝四周看了看，突然放下手中的黏土笑着向盥洗室的方向跑去，不一会儿，他高高竖起食指回到座位上。只见他用蘸有水的食指在红色的披风上涂了涂，在棕色的头上涂了涂，"耶，都粘住啦！"他咧开嘴笑着，用湿漉漉的手比着胜利的姿势，继续他的创作。

幼儿都专注地投入创作中，教师轻轻地走到各组面前，小声地询问幼儿的进度和是否选好要分享的幼儿。教师及时给幼儿提供帮助和适宜的鼓励，并在最后一分钟轻声提醒幼儿："大家心中的花木兰是多种多样的，但我们的探索时间是有限的，小朋友们还有一分钟时间，要分享的小朋友要准备一会儿的分享啦。"

象形字的探索之旅

教师站在教室中间，对各组的幼儿说："你们组拿到的生肖象形字是什么呢？你最喜欢哪一个呢？"幼儿纷纷举起卡片，"我喜欢牛！""我喜欢马！"……"那请各组的小朋友看看，你们现在桌面上的材料有什么？"教师走近各组，为幼儿介绍材料："1

组的小朋友拿到了圆柱形纸筒，2组的小朋友拿到了立方体纸柱，3组和4组的小朋友拿到了宣纸和笔刷、毛笔、墨汁、颜料、马克笔、彩笔等通用材料。现在请小朋友们把最喜欢的象形字画在你们组的材料上好不好？"幼儿连声答应，左瞧瞧右瞧瞧，选着自己喜欢的生肖。乐乐选择了"龙"的象形字，他把刚才领到的宣纸铺在桌上，拿起毛笔，蘸上墨水，在宣纸上画上了一笔。"哎呀，怎么这么粗啊，我想画得细一些。"他看向旁边的格格，格格伸着头瞥了一眼乐乐的宣纸："宣纸上墨会晕开，不能画得这么用力，你要用毛笔尖尖。""哦，我明白了。"于是，乐乐用手把毛笔头捏尖，小心翼翼地在宣纸上画了起来。"龙"的象形字比较复杂，他低着头聚精会神地画着，画了好久才画完。

　　这时，教师开口了："现在我们一起为自己选择的生肖编个故事吧，大家可以选择图画书中或者表格中的其他象形字，和刚才的生肖组合在一起，将发生的故事画在自己的材料上吧。"教师边说边给各组分发了新材料，1组是花瓶和水粉，2组是四角灯笼，3组是团扇，4组是画轴。幼儿兴奋地拿起材料说："哇！是花瓶！""是灯笼！"乐乐拿起了小组的材料——团扇，反复地摆弄着："这个扇子下还有穗穗，好漂亮啊，我要在上面画龙！"他抬起头，仔细地盯着教师提供的象形字表，然后低下头，在团扇上画上了龙，接着在龙的上方画上了云，下面画上了雨滴，最后在龙的头上点了眼睛。

　　教师在一旁观察着，待幼儿完成了第二个环节的任务后，开口问道："大家还对哪组的材料感兴趣呢？这次我们可以自由选择至少一个生肖，想想看，它和第一个生肖故事有什么关系。"乐乐这次选择了花瓶，他把花瓶立起来，在花瓶表面画画，接着他又把花瓶放倒，准备接着画的时候，花瓶往旁边滚了一下。乐乐眉头紧皱，停下了手中的笔，看向周围，跑到书架旁拿起一本书，放在花瓶的一侧，然后按着另一侧，在花瓶上画了牛，旁边是花和草，上面是雨滴。

　　● 注意事项：观察前——① 明确幼儿深度探究行为的观测点，即明确幼儿的哪些深度探究行为是客观的、可观察和可测量的；② 选择适宜的观察记录方法，对幼儿深度探究行为的记录应尽可能客观、真实、具体、详尽，准确反映实际情况。观察中——① 尽可能详记客观事实，避免主观判断；② 观察6W要素。观察后——① 及时整理观察记录；② 根据整理结果提出教育指导建议。

流程三：记录

　　请根据观察内容完成记录。

　　为更高效地观察幼儿的深度探究行为，教师可以在观察之前使用等级评定法制作观察记录表。表2-12是供参考的幼儿深度探究行为等级评定观察记录表。

表2-12　幼儿深度探究行为等级评定观察记录表

幼儿姓名：　　　　　班级：　　　　活动：　　　　　观察者：

方面	要点	水平	判断依据（行为实录）
A. 学习品质	A1. 能专注于活动并且根据活动任务目标完成任务	□水平一：不能专注于当前的活动，没有目标意识	
		□水平二	
		□水平三：能专注于感兴趣的活动，具有一定的目标意识	
		□水平四	
		□水平五：专注于活动，有清晰的目标任务意识	
	A2. 能在活动过程中自我调整行为，以解决问题，完成任务	□水平一：活动过程中难以发现自身的问题，不能就问题作出相应的调整	
		□水平二	
		□水平三：活动过程中依赖他人的帮助，能在一定程度上调整自己的行为	
		□水平四	
		□水平五：活动过程中能进行自我反思，并能很好地控制自己的行为	
	A3. 能够在遇到问题的时候通过多种方法解决问题	□水平一：面对困难和问题时无所谓，不关心问题是否得到解决	
		□水平二	
		□水平三：面对困难和问题时总是向同伴或教师寻求帮助，希望解决问题	
		□水平四	
		□水平五：面对困难和问题时会思考多种方法和协调资源，直至问题解决	
B. 关键经验	B1. 能认真倾听教师和其他幼儿讲话，并表达自己的想法	□水平一：不关心他人的讲话／提问，表达的内容与他人的讲话／提问无关	
		□水平二	
		□水平三：关注他人的讲话／提问，用简单的词语或语句进行回应	
		□水平四	
		□水平五：能复述他人的讲话／提问，能基于已有经验进行回应和解释	

方面	要点	水平	判断依据（行为实录）
B. 关键经验	B2. 能积极地与材料互动，并根据任务要求操作材料	□水平一：不与材料进行互动，对材料漠不关心	
		□水平二	
		□水平三：能与材料进行一定程度的互动，但无法表达自己的感受	
		□水平四	
		□水平五：能在与材料的互动中发现美，并表达自己对美的感受	
	B3. 能用艺术方式表达自己的感受和想象	□水平一：不能运用绘画、手工制作等方式表现自己观察或想象的事物	
		□水平二	
		□水平三：能运用绘画、手工制作等方式表现自己观察或想象到的事物	
		□水平四	
		□水平五：能用各种方式表现自己观察和想象到的事物，并用自己的美术作品进行环境装饰和美化	

流程四：分析

请根据记录表格内容对观察情况进行分析。

表2-13是王老师采用等级评定法对"做个花木兰吧"情境中某一幼儿的深度探究行为进行的观察分析。

表2-13　幼儿深度探究行为观察分析表（一）

幼儿姓名：程程　　　班级：大班　　　活动：做个花木兰吧　　　观察者：王老师

方面	要点	观察行为实录与水平选择
A. 学习品质	A1. 能专注于活动并且根据活动目标完成任务	通过将幼儿行为实录与记录标准中的不同水平比较，可知幼儿现在处于水平五 • 行为实录：程程一边轻轻地翻阅图画书，一边看着卷轴，身体前倾、眉头紧皱，眼睛在图画书和卷轴之间来回打量着。豆豆凑近程程："程程快看，我画了宝剑。""嗯。"程程轻声回应，并没有理会

续表

方面	要点	观察行为实录与水平选择
A. 学习品质	A2. 能在活动过程中自我调整行为，以解决问题，完成任务	通过将幼儿行为实录与记录标准中的不同水平比较，可知幼儿现在处于水平五 •行为实录：他若有所思地朝四周看了看，突然放下手中的黏土笑着向盥洗室的方向跑去，不一会儿，他高高竖起食指回到座位上
	A3. 能够在遇到问题的时候通过多种方法解决问题	通过将幼儿行为实录与记录标准中的不同水平比较，可知幼儿现在处于水平五 •行为实录：只见他用蘸有水的食指在红色的披风上涂了涂，在棕色的头上涂了涂，"耶，都粘住啦！"
B. 关键经验	B1. 能认真倾听教师和其他幼儿讲话，并表达自己的想法	观察记录中未提及此项，不做判断
	B2. 能积极地与材料互动，并根据任务要求操作材料	通过将幼儿行为实录与记录标准中的不同水平比较，可知幼儿现在处于水平五 •行为实录：程程把黑色黏土放在桌上，双手一起同方向地揉搓，搓出了粗粗的长条，当作花木兰的身体、胳膊和腿；接着把棕色黏土放入左手掌心，左右手打转，搓出了圆圆的球，当作花木兰的头；接着，用手掌将红色黏土压成扁扁的"面片"，当作花木兰的披风
	B3. 能用艺术方式表达自己的感受和想象	通过将幼儿行为实录与记录标准中的不同水平比较，可知幼儿现在处于水平三 •行为实录：（程程）双手举起装黏土的盒子，把所有颜色的超轻黏土都倒了出来。他用不同颜色的黏土分别做了花木兰的身体、头、披风等。所有"零件"都备好后，开始了拼贴工作

表2-14是王老师采用等级评定法对"象形字的探索之旅"情境中乐乐的深度探究行为进行的观察分析。

表2-14　幼儿深度探究行为观察分析表（二）

幼儿姓名：乐乐　　　班级：大班　　　活动：象形字的探索之旅　　　观察者：王老师

方面	要点	观察行为实录与水平选择
A. 学习品质	A1. 能专注于活动并且根据活动目标完成任务	通过将幼儿行为实录与记录标准中的不同水平比较，可知幼儿现在处于水平三 •行为实录：他低着头聚精会神地画着，画了好久才画完

方面	要点	观察行为实录与水平选择
A. 学习品质	A2. 能在活动过程中自我调整行为，以解决问题，完成任务	通过将幼儿行为实录与记录标准中的不同水平比较，可知幼儿现在处于水平三 • 行为实录："哎呀，怎么这么粗啊，我想画得细一些。"他看向旁边的格格，格格伸着头瞥了一眼乐乐的宣纸："宣纸上墨会晕开，不能画得这么用力，你要用毛笔尖尖。""哦，我明白了。"于是，乐乐用手把毛笔头捏尖，小心翼翼地在宣纸上画了起来
	A3. 能够在遇到问题的时候通过多种方法解决问题	通过将幼儿行为实录与记录标准中的不同水平比较，可知幼儿现在处于水平五 • 行为实录：（乐乐）准备接着画的时候，花瓶往旁边滚了一下。乐乐眉头紧皱，停下了手中的笔，看向周围，跑到书架旁拿起一本书，放在花瓶的一侧，然后按着另一侧，在花瓶上画了牛，旁边是花和草，上面是雨滴
B. 关键经验	B1. 能认真倾听教师和其他幼儿讲话，并表达自己的想法	通过将幼儿行为实录与记录标准中的不同水平比较，可知幼儿现在处于水平三 • 行为实录：他看向旁边的格格，格格伸着头瞥了一眼乐乐的宣纸："宣纸上墨会晕开，不能画得这么用力，你要用毛笔尖尖。""哦，我明白了。"
	B2. 能积极地与材料互动，并根据任务要求操作材料	通过将幼儿行为实录与记录标准中的不同水平比较，可知幼儿现在处于水平五 • 行为实录：乐乐拿起了小组的材料——团扇，反复地摆弄着："这个扇子下还有穗穗，好漂亮啊，我要在上面画龙！"
	B3. 能用艺术方式表达自己的感受和想象	通过将幼儿行为实录与记录标准中的不同水平比较，可知幼儿现在处于水平五 • 行为实录：他抬起头，仔细地盯着教师提供的象形字表，然后低下头，在团扇上画上了龙，接着在龙的上方画上了云，下面画上了雨滴，最后在龙的头上点了眼睛

流程五：指导

请根据幼儿行为表现分析情况提出改进意见或指导策略。

（一）对程程的行为表现分析情况提出改进意见或指导策略

基于幼儿关键经验行为表现分析结果的指导

基于幼儿"能用艺术方式表达自己的感受和想象"行为表现分析结果的指导。

　　面对程程的行为表现，教师可以使用情境联想、设立自由创作时间的策略来支持幼儿在"能用艺术方式表达自己的感受和想象"方面上升到高一级的水平。具体指导策略如下：

　　★　教师鼓励程程将成果物与其他小朋友分享，并结合图画书进行集体表演，让程程在活动中表达自己的感受。

　　★　教师给程程提供更多的自由创作时间，让程程在与材料的充分互动中表达自己的感受、发挥自己的想象。

（二）对乐乐的行为表现分析情况提出改进意见或指导策略

1. 基于幼儿学习品质行为表现分析结果的指导

　　（1）基于幼儿"能专注于活动并且根据活动任务目标完成任务"行为表现分析结果的指导。

　　面对乐乐的行为表现，教师可以使用制定计划表、引导幼儿讨论的策略来支持幼儿在"能专注于活动并且根据活动任务目标完成任务"方面上升到高一级的水平。具体指导策略如下：

　　★　在活动开始前，教师可以引导乐乐制定计划表，将成果物的制作步骤和相应要求列出来，使乐乐更加明确活动的目标。

　　★　教师根据乐乐的表现进行提问，与乐乐进行讨论，在讨论中支架乐乐完成目标。

　　（2）基于幼儿"能在活动过程中自我调整行为，以解决问题，完成任务"行为表现分析结果的指导。

　　面对乐乐的行为表现，教师可以使用多样化的材料投放、综合支架的策略来支持幼儿在"能在活动过程中自我调整行为，以解决问题，完成任务"方面上升到高一级的水平。具体指导策略如下：

　　★　教师可以给乐乐提供多样化的材料，让乐乐能够更充分地操作材料，在互动过程中加深乐乐对材料的理解，促进其问题解决能力的提升。

　　★　教师通过对语言、材料、合作互助等方法的综合、灵活使用，以支持乐乐的深入探究，同时让乐乐更好地进行自我调节。

2. 基于幼儿关键经验行为表现分析结果的指导

　　基于幼儿"能认真倾听教师和其他幼儿讲话，并表达自己的想法"行为表现分析结果的指导。

　　面对乐乐的行为表现，教师可以使用引导幼儿讨论、邀请幼儿分享的策略来支持幼儿在"能认真倾听教师和其他幼儿讲话，并表达自己的想法"方面上升到高一级的水平。具体指导策略如下：

★　教师根据乐乐的成果物进行提问，与乐乐进行针对性的讨论，在讨论中引导乐乐表达自己的想法。

★　在活动中，教师鼓励乐乐将自己的成果物分享给大家，通过分享促进乐乐语言能力的提升，同时学会更好地表达自己的想法。

**反思
总结**

请根据所学内容完成反思总结。

1. 在学习了幼儿深度探究行为的观测点与具体行为标准、记录方法、分析指导等内容之后，请对所学内容进行回顾总结。

（1）我知道幼儿深度探究行为的观测点与具体行为标准：

_____

_____

_____

（2）我知道观察记录的方法包括：

_____

_____

_____

（3）我知道观察与指导幼儿深度探究行为的任务流程：

_____

_____

_____

2. 请根据情境灵活应用所学内容设计并开展调查。

小朋友难以认真专注的原因是什么

教师在幼儿对材料有了初步体验之后，会组织幼儿对材料进行进一步的感知、探索，并引导幼儿完成不同难度水平的任务，最后形成完整的作品。夕夕小朋友在作品的制作过程中能保持较长时间的专注，但缺乏一定的目标意识和计划性，无法高效地完成作品，但能通过求助同伴和教师努力尝试解决作品制作环节的困难。在创作环节，能与材料进行很好的互动，偶尔能运用绘画、手工制作等方式表现自己的创意和想法……

　　你将重点观察夕夕深度探究行为的哪些要点？你将怎样对夕夕的深度探究行为予以记录？你会对夕夕的深度探究行为作出什么分析？你会如何进一步帮助夕夕提升深度探究行为？请你从调查目标、调查方法、调查过程、调查结果等方面设计调查方案了解现状，并运用所学设计解决问题的步骤。

_____

_____

_____

赛证真题

请熟悉本部分内容链接的赛证真题。

赛场直击

［2021年全国职业院校技能大赛·学前教育技能赛项试题］老师在讲故事时，经常会用不同的语气、语速来表现故事中的不同角色，这样做是为了引起幼儿的（　　　）。

　　A. 无意注意　　　　　　　　　B. 有意注意

　　C. 有意后注意　　　　　　　　D. 注意转移

国考聚焦

［2021年上半年中小学和幼儿园教师资格考试　保教知识与能力试题（幼儿园）］在科学活动"奇妙的气味"中，教师准备了分别装有水、食醋、酱油等液体的瓶子，请幼儿看一看、闻一闻。幼儿在活动中使用了（　　　）方法。

　　A. 实验　　　　　　　　　　　B. 参观

　　C. 观察　　　　　　　　　　　D. 讲述

答案解析

任务四　幼儿愿意与他人分享作品及其制作过程
——分享合作中的幼儿行为观察与指导

分享合作观察指导诀窍歌

分享合作很重要，有样学样真是好；

展示作品赶大集，看你看他水平高；

拿着作品讲故事，经验分享真自豪；

不能忘记选榜样，提升自我记妙招；

以上口诀记得牢，观察指导准上道；

指导策略用得妙，品质经验齐得到。

任务情境

知识链接

波波玩偶实验1

波波玩偶实验是美国心理学家阿尔伯特·班杜拉于1961年进行的关于攻击性暴力行为研究的一个重要实验。实验是将儿童置于两组不同的成人模特当中，实验组是具有攻击性的模特，控制组是不具有攻击性的模特。在观察了成人对波波玩偶的行为之后，让他们进入一个没有成人模特的房间，观察他们是否会模仿先前所见到的模特的行为。结果正如人们所预料的：实验组的儿童比控制组的儿童表现出了更多的侵犯行为。

请了解分享合作任务情境的内容梗概。

你我他的花木兰

幼儿在花木兰卷轴上完成了自己的作品，教师询问哪个幼儿愿意向大家介绍本组作品。1组丽丽指着作品介绍说他们组做的是打仗时的花木兰，并简单讲述了制作花木兰的先后顺序。芳芳看看丽丽，又看看画卷，接着紧盯着画卷上的马，若有所思地点点头，但在教师和她对视想请她发言时，芳芳马上低下了头。

接着2组轩轩兴奋地说他们组做的是在家的花木兰，还给花木兰画了桌子、床、花、小猫等。教师追问轩轩能否介绍制作花木兰的步骤。轩轩自信、流畅地说出了三步流程。教师予以肯定并请轩轩回忆制作过程中遇到的困难，轩轩表示记不起来，模糊地说出了画笔没水，大家互相借笔的情况。教师请轩轩落座，提问其他幼儿听丽丽和轩轩分享之后的感受，月月表示了对2组作品的喜爱，并说出了理由，教师追问月月2组的作品能否对月月改进自身作品有所启发，月月结合着喜欢2组作品的理由，说出了改进自己作品的想法。

小戏服展览秀

幼儿们分别制作完成了自己的小戏服，教师邀请幼儿上台来向大家介绍自己完成的作品。诚诚走上台举起自己的作品开心地介绍自己做的是一个京剧玩偶，并详细介绍了自己玩偶所穿的服饰、服饰上的纹案、玩偶的名称及制作玩偶的过程。杨杨听了诚诚的介绍，忍不住举起自己的京剧戏服玩偶，表示自己和诚诚的制作方法是一样的。

铃铃接着走上台来，拿起挎在身上的京剧戏服小包向大家展示。她详细介绍了自己作品的名字、名字的来源及包上彩色背带、扣子等细节的制作过程。在教师的提问下，铃铃想起自己的小包上还有一个特别的设计——小铃铛。坐在下面的杨杨和雯雯听到铃铃的介绍，都伸长了脖子要凑近看看铃铃的小包。在教师的追问下，铃铃还介绍了在制作过程中遇到的困难及自己的解决办法。

听完两个小朋友的分享后，教师请其他幼儿发表自己对刚才小朋友分享内容的看法。雯雯举起手来表示自己很喜欢铃铃制作的小包，并说出了具体的理由，教师追问铃铃的作品是否对雯雯改进自己的作品有所启发，雯雯还表达了铃铃作品对自己的启发，说出了改进自己作品的想法。

基础理论

请关注分享合作的基础理论。

一、分享合作的内涵

分享合作主要是指幼儿在完善自身作品的共同目标的驱动下，经过教师支架，进而观察同伴作品，并交流、倾听、内化彼此将半成品材料做成成品的感受、经验及体会的有意义学习过程。

观察幼儿分享合作行为是指教师在科学理论的指导下，运用科学的方法，对主题游戏活动情境[①]中幼儿分享合作行为进行聚焦观测点的察觉、识别、记录等有目的、有计划的知觉活动。

---

① 高宏钰，霍力岩. 幼儿园教师观察能力的理论意蕴与提升路径：基于"观察渗透理论"的思考［J］. 学前教育研究，2021（5）：75-84.

幼儿分享合作行为的观测点包括对幼儿分享合作过程中学习品质和关键经验的观察。分享合作过程中的学习品质具体指向"乐于分享"和"善于合作"。乐于分享是指愿意把自己拥有的想法与他人相互使用、相互作用或者相互拥有[1]，简言之，就是愿意和同伴交流彼此的想法。就个体而言，分享意味着幼儿能够考虑到他人的需要和感受，有利于幼儿去自我中心，在分享活动中获得愉快的情感体验。就个体与他人的关系而言，幼儿分享行为是幼儿亲社会行为的一种重要体现，人与人之间的交往互动合作有利于促进幼儿社会性发展，形成健全人格[2]。善于合作是指善于参与和同伴为了实现共同的目标而自愿结合在一起，通过相互间的配合和协调（包括言语和行为）而实现共同的目标，最终使个人利益获得满足[3]，简言之，就是擅长借鉴同伴经验，达到提升彼此认知的共同目的。

分享合作过程中的关键经验具体指向《3—6岁儿童学习与发展指南》语言领域的重要学习经验，包括倾听与表达之下的目标1（认真听并能听懂常用语言）和目标2（愿意讲话并能清楚地表达）。

知识链接

社会观察学习理论

班杜拉认为行为习得有两种不同的过程：一种是通过直接经验获得行为反应模式的过程，班杜拉把这种行为习得过程称为"通过反应的结果所进行的学习"，即我们所说的直接经验的学习；另一种是通过观察示范者的行为而习得行为的过程，班杜拉将它称为"通过示范所进行的学习"，即我们所说的间接经验的学习。

班杜拉的社会学习理论强调的是这种观察学习或模仿学习。在观察学习的过程中，人们获得了示范活动的象征性表象，并引导适当的操作。观察学习的全过程由4个阶段（或4个子过程）构成，即：注意—保持—再现—动机。

二、观察幼儿分享合作行为的意义

观察能力被视为教师的基本素养，观察不仅仅具有科学研究的意义，还具有教育教学实践的意义。[4]观察是教师给幼儿提供适宜支持的前提，是满足幼儿发展需要、提高幼儿园保教工作质量的有效途径，也是促进教师专业发展的重要途径。在强调师幼互动、班级观察、过程性评估的课程的今天，提高教师观察幼儿分享合作行为的能力尤为重要，其意义主要体现在两个方面。

---

[1]　陈会昌，耿希峰，秦丽丽，等. 7～11岁儿童分享行为的发展［J］. 心理科学，2004，27（3）：571-574.

[2]　杨慧，王莹. 3～6岁幼儿分享行为现状与影响因素探究：以合肥市B幼儿园为例［J］. 早期教育（教科研版），2018（9）：47-50.

[3]　陈琴，庞丽娟. 论儿童合作的发展与影响因素［J］. 教育理论与实践，2011（3）：43-47.

[4]　林正范. 试论教师观察行为［J］. 教育研究，2007（9）：66-70.

第一，观察幼儿分享合作行为，可以有效培养幼儿在活动中表现出来的分享合作的学习品质。在幼儿园活动中，每个幼儿都可以是集体中的榜样和榜样的学习者，幼儿在榜样的示范行为及语言的影响下获得新的认知，实现幼儿之间不同思维的碰撞，最终实现观察学习与合作学习。教师在这个过程中，可以充分发挥观察记录的作用，了解每个幼儿在分享合作方面的行为表现，并在分析的基础上提出有针对性的指导策略，帮助幼儿涵养分享性和合作性，促进幼儿养成乐于分享、善于合作的积极学习品质。

第二，观察幼儿分享合作行为，可以设计出符合幼儿特点的分享合作环节的活动方案。在教育实践领域，幼儿行为观察并非一项单纯、独立的技术性工作，它需要基于观察去解读幼儿，并与幼儿园课程设计与决策相联结。[①]这就要求教师要在理解幼儿分享合作行为内涵与特点的基础上，观察幼儿分享合作行为的现有发展水平、行为特点及兴趣倾向，继而在运用观察所获得信息的基础上，设计分享合作活动方案，支持幼儿分享合作行为的发展。

三、幼儿分享合作行为的影响因素

幼儿分享合作行为的影响因素包括内部因素和外部因素。内部因素包括幼儿年龄特点、言语水平、社交技能的掌握三项子因素。外部因素包括家庭教育、学校教育、同伴关系三项子因素。

（1）年龄特点对幼儿分享合作行为的影响。众所周知，幼儿期正是自我意识的高涨时期，幼儿的物我意识很强，"自我中心"的年龄特点表现明显，往往以自己的愉快或满足为标准，缺乏分享合作意识[②]。4—5岁是幼儿心理发展的转折期，5—6岁以后幼儿心理更加成熟，开始理解自我与他人的愿望并能预测他人对自己分享合作行为与结果的反应。如感知当自己拥有某种物品而同伴没有时同伴可能会伤心难过，进而想到自己的分享合作行为会获得同伴的喜爱和好感[③]。

（2）言语水平对幼儿分享合作行为的影响。语言是分享合作的重要工具和媒介，研究发现，平时不善言语或语言能力发展迟缓的幼儿很难成功地向其他幼儿表达自己的愿望或兴趣，他们往往选择回避与同伴的分享合作。

（3）社交技能对幼儿分享合作行为的影响。社交技能也是影响幼儿分享合作行为的一个因素，幼儿如果缺乏分享合作技能和策略也会影响幼儿的分享合作行为。

① 刘昆. 幼儿园教师的儿童行为观察与支持素养的提升研究［D］. 上海：华东师范大学，2018.
② 明文. 浅谈幼儿分享行为的影响因素与培养［J］. 课程教育研究，2016（11）：8.
③ 杨慧，王莹. 3~6岁幼儿分享行为现状与影响因素探究：以合肥市B幼儿园为例［J］. 早期教育（教科研版），2018（9）：47-50.

如果幼儿不懂得尊重他人，用争抢、哭闹、暴力等方式强制获得所需物品，会引发同伴的反感，共享合作的请求也会被拒绝。

（4）家庭教育对幼儿分享合作行为的影响。父母如果注重培养幼儿分享意识，经常关心、信任、理解并尊重幼儿，将有助于更好地帮助幼儿形成良好的分享合作意识和分享合作行为。父母的迁就与忍让及不良的教养态度助长了幼儿的不分享行为[①]。

（5）学校教育对幼儿分享合作行为的影响。如果教师对分享合作概念有较深的理解，明白这一行为的重要性，能抓住教育契机及时指导，就能使这一过程顺利进行。反之教师培养幼儿合作的意识不强，使幼儿认为分享合作是一件坏事，导致幼儿不愿意与他人合作[②]。教师在组织幼儿进行合作时，应真正发挥自己在合作学习中的角色，不是活动的旁观者，而应是活动的参与者、指导者。当幼儿对分享合作学习的任务还不清楚时，教师要立即示范和说明；分享合作活动开展得顺利时，教师应及时予以表扬，提升幼儿的学习动机[③]。

（6）同伴关系对幼儿分享合作行为的影响。有关同伴熟悉度对幼儿分享合作行为影响的研究发现，在小班和中班，幼儿面对不同的分享合作对象（好朋友或陌生同伴）时分享合作水平没有显著差异，而大班幼儿在好朋友情境下可做出更多的分享合作行为。这说明大班幼儿的分享合作行为更多受到同伴间亲密度的影响，关系越亲密越有利于分享合作行为的发生。也就是说，大班幼儿会根据分享合作对象的不同而独立作出是否分享合作的判断[④]。

任务流程

流程一：准备

请熟悉幼儿分享合作行为的观测点和具体行为标准。

---

① 王文江. 3—5岁儿童分享行为发展现状及家庭培养［D］. 西安：陕西师范大学，2011.

② 陈琴，庞丽娟. 论儿童合作的发展与影响因素［J］. 教育理论与实践，2011（3）：43-47.

③ 江晖. 幼儿合作行为的影响因素及培养策略：以湖北省H市幼儿园为例［J］. 教育导刊（下半月），2016（9）：30-33.

④ 张金荣，高丹. 教师暗示和同伴熟悉度对幼儿分享行为影响的调查研究［J］. 早期教育（教师版），2011（1）：16-18.

幼儿园的分享合作行为包括幼儿在分享合作过程中表现出的学习品质和建构的关键经验等。因此，幼儿分享合作行为的观测点可以分为学习品质、关键经验两个方面。学习品质方面主要观察幼儿是否善于介绍自己的作品是什么、包括什么，是否善于介绍自己作品的制作方法，是否善于汲取同伴的作品制作经验；关键经验方面主要观察幼儿能否认真倾听并听懂同伴对作品的介绍，能否愿意讲话并清楚地表达对同伴作品介绍的感受与看法，如表2-15所示。

表2-15　幼儿分享合作行为的观测点和具体行为标准

观测点	具体行为标准
A. 学习品质	A1. 善于介绍自己的作品是什么、包括什么
	A2. 善于介绍自己作品的制作方法
	A3. 善于汲取同伴的作品制作经验
B. 关键经验	B1. 认真倾听并听懂同伴对作品的介绍
	B2. 愿意讲话并清楚地表达对同伴作品介绍的感受与看法

流程二：观察

请根据任务情境完成对观察内容的描述。

你我他的花木兰

幼儿在花木兰卷轴上完成了自己的作品，教师用期待、欣赏的表情一边拿着花木兰卷轴一边说："现在有哪个小朋友愿意向大家介绍一下你们组的作品？"

1组的丽丽走上台来，一边用手指着画卷上他们组完成的区域，一边开心地面向全体幼儿说道："大家好，这块是我们1组做的，这是在打仗的花木兰。我们用橡皮泥先给她做了头发，之后做了脸，最后做了衣服，还有她骑的大马。谢谢大家。"说完立刻回到了自己的座位上。芳芳看看丽丽，又看看画卷，接着紧盯着画卷上的马，若有所思地点点头，但在教师和她对视想请她发言时，芳芳马上低下了头。

这时2组的轩轩小跑到画卷旁边，兴奋地用食指指了一下画卷，说道："大家好，这块是我们2组做的，我们做的是在家的花木兰，我们用水彩笔画了正在梳头发的花木兰，还给她画了桌子、床、花、小猫。怎么样？是不是很不错呀！"

教师蹲在轩轩身边，用一只手轻轻搂着轩轩的肩膀："是的，轩轩，那你能跟我们说一说你们是分几个步骤做的吗？"轩轩昂首挺胸，自信满满地说："我们用了三步，我们先思考要画什么时候的花木兰，想的是画在家的花木兰，接着我们就开始画各种东西，比如说画花木兰、桌子，最后给它们上色，就画完啦！"教师向轩轩竖起了大拇指："思路真清晰！轩轩和他的小伙伴真棒！那你们在这个过程中遇到了什么困难吗？"轩轩挠挠头，嘟囔了一句："这个我真有点忘记了，好像是中间画笔没水了，大家互相借来着。"

教师请轩轩回到座位上，环顾教室，微笑着说："小朋友们，你们听了1组和2组的故事，有什么想对他们说的吗？"月月举起了手："老师，我很喜欢2组画的在家的花木兰，因为他们的花木兰正在梳长长的头发，很美。"说着，月月摸了摸自己的头发。教师继续追问月月："那你觉得画的在家的花木兰对你有没有什么启发呢？"月月右手伸出食指轻点下颌，眼睛左右转了两下："我做的是打仗的花木兰，这时候她的头发会藏在帽子里。不过，我或许也可以把她的帽子做得很漂亮。"

小戏服展览秀

教师一只手挥动着一个京剧戏服手偶，另一只手提着一只京剧戏服小包，微笑着对幼儿说："哪个小朋友愿意来和大家分享一下你的作品？"

诚诚走上台来，举起自己的作品，开心地对全体幼儿说道："我做的是一个京剧玩偶，因为它身上穿的是金黄色的衣服，衣服上还有龙的图案，所以我给它取了个名字，叫龙龙。我做这个玩偶的时候，是先选了我喜欢的这个龙的图案，然后贴到了这个布上。"教师微笑着点了点头，拿起诚诚做好的京剧戏服玩偶好奇地看了看，又捏了捏，接着问道："这个穿着戏服的京剧玩偶做得真棒，诚诚你是怎样让你的玩偶从扁扁平平的，变得这么软软鼓鼓的呀？"诚诚连忙说道："我先把两块布用胶水粘了起来，然后在里面塞了很多棉花，塞得鼓鼓的。"杨杨看着教师手上诚诚做的玩偶，忍不住举起自己手中的京剧戏服玩偶，说道："我也是这么做的！"

诚诚下台后，铃铃带着自己做的京剧戏服小包走上台来，她将小包斜挎在身上，拿起包面向其他幼儿展示，说道："这是我做的小包，上面是穿着粉色戏服的人，我给我的包取的名字叫作粉色仙子，你们看，这个彩色的背带是我用几根绳子连在一起做的，下面这里是装东西的。我还在上面安了一颗扣子，这样包就可以扣起来了。"教师面带好奇地摸了摸铃铃的小包，说："你的小包还有没有什么特别的地方呀？刚才你走上来的时候我好像听见你包在响啊！"铃铃一下反应过来，举起她的京剧戏服小包对着大家摇了摇，说道："我在我的小包上安了一个铃铛，这样背起来的时候走路就会发出很好听的声音。"坐在下面的杨杨和雯雯听到铃铃说的话，都伸长了脖子要凑近看看铃铃的小包。教师向铃铃伸出了大拇指："真有创意！那铃铃你在做的过程中遇到了什么困难吗？"铃铃看了看自己的小包，说道："我之前不知道怎么把铃铛安到包上，后来我发现用胶水可以把铃铛粘上来。"

教师请铃铃回到座位上，手中举起刚才诚诚和铃铃分享的作品，面带微笑地对幼儿说："听完刚才两个小朋友的分享，看完他们的作品，你有什么想对他们说的吗？"

雯雯举起手，站起来说道："我很喜欢铃铃做的京剧戏服包，特别是上面的小铃铛，走起来会响。"雯雯边说边伸手碰了碰铃铃手中的小包。老师继续追问道："那你觉得铃铃的作品对你有没有什么启发呢？"雯雯看了看自己做的京剧戏服玩偶，举起自己的玩偶，用手指着上面的小戏服说道："我给我的玩偶也取了个名字，叫花仙子，因为她的衣服上有很多好看的小花。我还可以在她脖子上安一个小铃铛。"

● 注意事项：观察前——① 明确幼儿分享合作行为的观测点，即明确幼儿哪些分享合作行为是客观的、可观察和可测量的；② 选择适宜的观察记录方法，对幼儿分享合作行为的记录应尽可能客观、真实、具体、详尽，准确反映实际情况。观察中——① 尽可能详记客观事实，避免主观判断；② 观察6W要素。观察后——① 及时整理观察记录；② 根据整理结果提出教育指导建议。

流程三：记录

请根据观察内容完成记录。

为更高效地观察幼儿的分享合作行为，教师可以在观察前使用等级评定法制作观察记录表，以快速记录幼儿分享合作行为，表2-16是供参考的幼儿分享合作行为等级评定观察记录表。

表2-16　幼儿分享合作行为等级评定观察记录表

幼儿姓名：　　　　　班级：　　　　活动：　　　　观察者：

方面	要点	水平	判断依据（行为实录）
A. 学习品质	A1. 善于介绍自己的作品是什么、包括什么	□水平一：与同伴分享所完成作品的名字	
		□水平二	
		□水平三：不仅与同伴分享所完成作品的名字，还分享了作品的构造	
		□水平四	
		□水平五：不仅与同伴分享所完成作品的名字，还分享了作品的构造，介绍了亮点	
	A2. 善于介绍自己作品的制作方法	□水平一：和同伴分享作品的制作过程	
		□水平二	
		□水平三：不仅和同伴分享作品的制作过程，还分享了遇到的困难	
		□水平四	
		□水平五：不仅和同伴分享作品的制作过程，还分享了遇到的困难及想出的解决办法	

续表

方面	要点	水平	判断依据（行为实录）
A. 学习品质	A3. 善于汲取同伴的作品制作经验	□水平一：具有从同伴的分享中学习、借鉴的意识	
		□水平二	
		□水平三：能结合自制作品的经验，从同伴的分享中筛选可借鉴的经验	
		□水平四	
		□水平五：不仅能结合自制作品的经验，从同伴的分享中筛选可借鉴的经验，还能萌生进一步改进自身作品的想法	
B. 关键经验	B1. 认真倾听并能听懂同伴对作品的介绍	□水平一：能在较短时间内安静地倾听同伴分享操作故事，会跟随同伴分享内容的变化而转移注意力	
		□水平二	
		□水平三：能够集中注意力倾听同伴分享操作故事，对同伴的分享作出目光、表情或口头语言上的回应	
		□水平四	
		□水平五：能够充分理解同伴分享的操作故事，关注同伴在操作故事中所提到的细节	
	B2. 愿意讲话并能清楚地表达对同伴作品介绍的感受与看法	□水平一：愿意表达自己对同伴操作故事的感受与看法，必要时会借助动作来辅助自己的表达	
		□水平二	
		□水平三：能较为完整连贯地表述自己对同伴操作故事的感受与看法，发言时有意识地运用动作、姿势、表情等方式进行辅助表达	
		□水平四	
		□水平五：能有序、连贯、清楚地表述自己对同伴操作故事的感受与看法，语言较为生动，会使用一些常用的形容词、同义词、逻辑关系词等	

流程四：分析

请根据记录表格内容对观察情况进行分析。

表2-17是王老师采用等级评定法对"你我他的花木兰"情境中两个幼儿的分享合作行为进行的观察行为分析。

表2-17 幼儿分享合作行为观察分析表（一）

幼儿姓名：丽丽、芳芳　　　班级：大班　　　活动：你我他的花木兰　　　观察者：王老师

方面	要点	观察行为实录与水平选择
A. 学习品质	A1. 善于介绍自己的作品是什么、包括什么	通过将丽丽行为实录与记录标准中的不同水平比较，可知丽丽现在处于水平二 • 行为实录：1组的丽丽走上台来，一边用手指着画卷上他们组完成的区域，一边开心地面向全体幼儿说道："大家好，这块是我们1组做的，这是在打仗的花木兰……"
	A2. 善于介绍自己作品的制作方法	通过将丽丽行为实录与记录标准中的不同水平比较，可知丽丽现在处于水平一 • 行为实录：（丽丽）"我们用橡皮泥先给她做了头发，之后做了脸，最后做了衣服，还有她骑的大马。谢谢大家。"说完立刻回到了自己的座位上
	A3. 善于汲取同伴的作品制作经验	观察记录中未提及此项，不做判断
B. 关键经验	B1. 认真倾听并能听懂同伴对作品的介绍	通过将芳芳行为实录与记录标准中的不同水平比较，可知芳芳现在处于水平三 • 行为实录：芳芳看看丽丽，又看看画卷，接着紧盯着画卷上的马，若有所思地点点头
	B2. 愿意讲话并能清楚地表达对同伴作品介绍的感受与看法	通过将芳芳行为实录与记录标准中的不同水平比较，可知芳芳现在还未能达到水平一 • 行为实录：在教师和她对视想请她发言时，芳芳马上低下了头

表2-18是王老师采用等级评定法对"小戏服展览秀"情境中某两个幼儿的分享合作行为进行的观察分析。

表2-18　幼儿分享合作行为观察分析表（二）

幼儿姓名：诚诚、雯雯　　　　班级：大班　　　　活动：我的小戏服　　　　观察者：王老师

方面	要点	观察行为实录与水平选择
A. 学习品质	A1. 善于介绍自己的作品是什么、包括什么	通过将诚诚行为实录与记录标准中的不同水平比较，可知诚诚现在处于水平三 • 行为实录：诚诚走上台来，举起自己的作品，开心地对全体幼儿说道："我做的是一个京剧玩偶，因为它身上穿的是金黄色的衣服，衣服上还有龙的图案，所以我给它取了个名字，叫龙龙……"
	A2. 善于介绍自己作品的制作方法	通过将诚诚行为实录与记录标准中的不同水平比较，可知诚诚现在处于水平一 • 行为实录："……我做这个玩偶的时候，是先选了我喜欢的这个龙的图案，然后贴到了这个布上。"
	A3. 善于汲取同伴的作品制作经验	通过将雯雯行为实录与记录标准中的不同水平比较，可知雯雯现在处于水平五 • 行为实录："我给我的玩偶也取了个名字，叫花仙子，因为她的衣服上有很多好看的小花。我还可以在她脖子上安一个小铃铛。"
B. 关键经验	B1. 认真倾听并能听懂同伴对作品的介绍	通过将雯雯行为实录与记录标准中的不同水平比较，可知雯雯现在处于水平五 • 行为实录：雯雯听到铃铃说的话，伸长了脖子要凑近看看铃铃的小包。"我很喜欢铃铃做的京剧戏服包，特别是上面的小铃铛，走起来会响。"
	B2. 愿意讲话并能清楚地表达对同伴作品介绍的感受与看法	通过将雯雯行为实录与记录标准中的不同水平比较，可知雯雯现在处于水平五 • 行为实录：雯雯举起手，站起来说道："我很喜欢铃铃做的京剧戏服包，特别是上面的小铃铛，走起来会响。"雯雯边说边伸手碰了碰铃铃手中的小包……雯雯看了看自己做的京剧戏服玩偶，举起自己的玩偶，用手指着上面的小戏服说道……

流程五：指导

请根据幼儿行为表现分析情况提出改进意见或指导策略。

（一）对丽丽、芳芳的行为表现分析情况提出改进意见或指导策略

1. 基于幼儿学习品质行为表现分析结果的指导

（1）基于幼儿"善于介绍自己的作品是什么、包括什么"行为表现分析结果的

指导。

面对丽丽的行为表现，教师可以使用成果拆分策略来支持幼儿在"善于介绍自己作品是什么、包括什么"方面上升到高一级的水平。具体指导策略如下：

★ 教师可以尝试蹲在丽丽身边，微笑着说："丽丽，你能向大家介绍一下你们组制作的外出打仗的花木兰由哪几部分组成吗？比如说有骑马的花木兰、有军营等。"

★ 注意：教师边说要边用手依次指向1组做的花木兰、军营等。

（2）基于幼儿"善于介绍自己作品的制作方法"行为表现分析结果的指导。

面对丽丽的行为表现，教师可以使用氛围营造策略和经验唤醒策略来支持幼儿在"善于介绍自己作品的制作方法"方面上升到高一级的水平。具体指导策略如下：

★ 教师可以尝试在丽丽主动分享完制作过程之后，带动全班幼儿为丽丽鼓掌。

★ 教师要期待地看向丽丽，并说道："丽丽，你记不记得你们组在完成外出打仗的花木兰的时候克服了哪些困难呀？"

2. 基于幼儿关键经验行为表现分析结果的指导

（1）基于幼儿"认真倾听并能听懂同伴对作品的介绍"行为表现分析结果的指导。

面对芳芳的行为表现，教师可以使用成果展示与材料引导策略来支持幼儿在"认真倾听并能听懂同伴对作品的介绍"方面上升到高一级的水平。具体指导策略如下：

★ 教师可以在台上幼儿分享操作故事的过程中，当幼儿提到自己的某一个操作过程时，便面带惊喜地向其他幼儿展示这一阶段幼儿使用到的材料："呀！这不就是丽丽他们组用来做打仗的花木兰时用到的橡皮泥嘛！"说着将手中的橡皮泥向台下的幼儿展示一圈。

（2）基于幼儿"愿意讲话并能清楚地表达对同伴作品介绍的感受与看法"行为表现分析结果的指导。

面对芳芳的行为表现，教师可以使用动机激发策略和渐进深入策略来支持幼儿在"愿意讲话并能清楚地表达对同伴作品介绍的感受与看法"方面上升到高一级的水平。具体指导策略如下：

★ 教师可以走到芳芳身边，向她竖起大拇指："老师刚才看到芳芳特别认真地在听丽丽发言，还一直在动小脑筋，真棒！"

★ 教师微笑地看向芳芳："芳芳，你喜欢丽丽他们组做的打仗时候的花木兰吗？"待芳芳有所回应后，接着问："那你最喜欢哪里呀？为什么呢？"

（二）对诚诚、雯雯的行为表现分析情况提出改进意见或指导策略

1. 基于幼儿学习品质行为表现分析结果的指导

（1）基于幼儿"善于介绍自己作品是什么、包括什么"行为表现分析结果的

指导。

面对诚诚的行为表现，教师可以使用成果拆分策略来支持幼儿在"善于介绍自己作品是什么、包括什么"方面上升到高一级的水平。具体指导策略如下：

★ 教师可以拿着诚诚的成果物，微笑着说："诚诚，你能和我们说一说你的'龙龙'由哪几部分构成吗？它怎么玩呢？"

★ 注意：教师边说要边用手依次指向诚诚作品的各个部分。

（2）基于幼儿"善于介绍自己作品的制作方法"行为表现分析结果的指导。

面对诚诚的行为表现，教师可以使用经验唤醒策略来支持幼儿在"善于介绍自己作品的制作方法"方面上升到高一级的水平。具体指导策略如下：

★ 首先，教师可以尝试在诚诚介绍完自己作品是什么等基本内容后，向诚诚竖起大拇指表示肯定。

★ 其次，教师可以尝试在诚诚分享完如何填充京剧玩偶之后，进一步追问其填充过程中有没有遇到困难，遇到什么样子的困难。比如，可以说"在将京剧玩偶从扁扁平平变成软软鼓鼓的过程中有遇到小困难吗？"

（3）基于幼儿"善于汲取同伴的作品制作经验"行为表现分析结果的指导。

面对雯雯的行为表现，教师为了帮助雯雯在"善于汲取同伴的作品制作经验"方面上升到高一级的水平，使用了经验联系策略，帮助雯雯在自身经验和同伴经验间建立有价值的联系，从而对自身作品的改进提供思路。具体指导策略如下：

★ 当雯雯发表了自己对铃铃作品的看法后，教师有目的地追问雯雯："那你觉得铃铃的作品对你有没有什么启发呢？"

2. 基于幼儿关键经验行为表现分析结果的指导

（1）基于幼儿"认真倾听并能听懂同伴对作品的介绍"行为表现分析结果的指导。

面对雯雯的行为表现，教师使用了渐进深入策略。具体指导策略如下：

★ 首先，教师观察到雯雯在倾听过程中表现出了较高的专注度，因此在邀请幼儿分享观点时优先选择了积极度较高的雯雯。

★ 其次，教师观察到雯雯对同伴作品中某些小细节感兴趣，于是引导雯雯就自己感兴趣的点做进一步延伸性发言。

（2）基于幼儿"愿意讲话并能清楚地表达对同伴作品介绍的感受与看法"行为表现分析结果的指导。

面对雯雯的行为表现，教师使用了实物联系策略。具体指导策略如下：

★ 教师在邀请幼儿进行发言时，手中举着刚才分享过的两个小朋友的作品。

★ 教师面带微笑地向幼儿提问："听完刚才两个小朋友的分享，看完他们的作品，你有什么想对他们说的吗？"

反思
总结

请根据所学内容完成反思总结。

1. 在学习了幼儿分享行为的观测点与具体行为标准、记录方法、分析指导等内容之后，请对所学内容进行回顾总结。

（1）我知道幼儿分享合作行为的观测点与具体行为标准：

_____

_____

_____

（2）我知道观察记录的方法包括：

_____

_____

_____

（3）我知道观察与指导幼儿分享合作行为的任务流程：

_____

_____

_____

2. 请根据情境灵活应用所学内容设计并开展调查。

如何进一步提升幼儿分享合作的水平

教师在幼儿完成自己的作品之后，会组织幼儿展开对作品的相互观察、相互介绍、相互学习。豆豆在教师的引导下可以顺利地说出作品的名称、构造，但对作品亮点和作品制作过程的介绍存在困难，无法完整、清晰地表述。在同伴分享时，豆豆能主动保持安静，仔细倾听，予以赞美，偶尔会表现出若有所思的样子……

你将重点观察豆豆分享合作行为的哪些要点？你将怎样记录豆豆的分享合作行为？你会对豆豆的分享合作行为作出什么分析？你会如何进一步帮助豆豆提升分享合作行为？请你从调查目标、调查方法、调查过程、调查结果等方面设计调查方案了解现状，并运用所学知识设计解决问题的步骤。

_____

_____

_____

赛证
真题

请熟悉本部分内容链接的赛证真题。

赛场直击

[2021年全国职业院校技能大赛·学前教育技能赛项试题] 一天，菲菲找到王老师说："老师，今天我想教小朋友折小兔子，好吗？"王老师欣然同意。菲菲马上在手工区兴奋地教了起来。但由于她在教的过程中示范动作太快，叙述时语言表达得也不具体，参与学习的小朋友们一脸茫然。王老师并没有打断她，而是想引导她根据他人的反应进行自我调整。果然，一会儿工夫，菲菲就被小朋友们围起来，问这问那，菲菲有些应接不暇了。急忙找王老师商量："老师，我再讲一遍吧！他们怎么都不会？"王老师笑着说："好吧！别着急，想想他们是没看清，还是没听明白。"菲菲想了想说："要不我讲慢些？"王老师说："好！那你就试试吧！"这次，菲菲放慢了速度，"你们看，折的时候要先这样再这样"地讲着，有时还高高举起范例让大家看，最后，当小朋友们都高兴地举着小兔子相互炫耀时，菲菲也感受到成功的喜悦。

问题：分析案例中教师与幼儿的行为，并结合案例谈谈你对师幼互动的看法。

国考聚焦

1. [2019年上半年中小学和幼儿园教师资格考试 保教知识与能力试题（幼儿园）] 幼儿园教师要能接住幼儿抛来的"球"，并用恰当的方式把"球"抛回给幼儿，让活动能持续下去，这里所体现的教师角色是（   ）。

A．幼儿学习活动的指导者　　　　B．幼儿学习活动的管理者

C．幼儿学习活动的设计者　　　　D．幼儿学习活动的合作者

2. [2017年下半年中小学和幼儿园教师资格考试 保教知识与能力试题（幼儿园）] 一般情况下，（   ）年龄段的幼儿能结合情境理解一些表示因果、假设等关系的相对复杂的句子。

A．托班　　　　　　　　　　　　B．小班

C．中班　　　　　　　　　　　　D．大班

3. [2012年下半年中小学和幼儿园教师资格考试 保教知识与能力试题（幼儿

园）]李老师发现大班"理发店"的顾客很少，"顾客"对理发店不感兴趣。于是李老师带幼儿到理发店参观，看理发店的设施，鼓励幼儿向理发师咨询问题，记录幼儿的问题，还拍下照片。幼儿在理发店看到顾客躺着洗头，梳理发型。回到幼儿园，李老师组织幼儿讨论"如何开好理发店"，并把照片给幼儿回顾，有的幼儿反映没有躺椅，有的反映没有发型梳，李老师则启发幼儿自己用积木做躺椅，自己画发型，之后，"理发店"的生意又红火起来。

答案解析

问题：请分析案例中教师采用了哪些策略来支持幼儿的游戏活动。

总 结 拓 展

【项目总结】

● 主题游戏活动是幼儿之自我向社会化道路发展的重要推力，是幼儿身心健康发展的"必修课"。

● 主题游戏活动包含四项关键任务，即产生兴趣、主动体验、深度探究、分享合作。

● 产生兴趣、主动体验、深度探究、分享合作的观测点均包括两大方面，一个是指向"如何学习"的学习品质，另一个是指向"学习什么"的关键经验。

● 产生兴趣、主动体验、深度探究、分享合作的观察评价方法包括等级评定法、轶事记录法等。

● 对幼儿产生兴趣、主动体验、深度探究、分享合作的评级并不是为了给幼儿"贴标签"，而是为了把握他们现有水平，从而给予精准支架，最终帮助幼儿实现最近发展区上的持续发展。

【记忆口诀】

主题游戏活动观察指导诀窍歌

主题游戏真是妙，观察指导很重要；

以下几点小诀窍，请君务必记记牢；

一是准备要充分，品质经验先想到；

二是观察真情境，四项任务离不了；

三是记录要到位，行为表现显功高；

四是分析要科学，五级水平勾选好；

五是指导要有效，进阶发展步步高；

以上五步走一遍，观察指导没烦恼。

【拓展链接】

图书推荐

［1］麦卡菲，梁，博德罗瓦. 怎样评价幼儿才有效：评价和指导幼儿发展与学习的策略［M］. 6版. 李冰伊，霍力岩，译. 北京：中国轻工业出版社，2020.

［2］爱泼斯坦. 学前教育中的主动学习精要：认识高瞻课程模式［M］. 2版. 霍力岩，郭珺，等译. 北京：教育科学出版社，2012.

［3］玛丽昂. 观察：读懂与回应儿童［M］. 刘昊，张娜，罗丽，译. 北京：中国轻工业出版社，2021.

项目三

3

区域游戏活动中的幼儿行为观察与指导

2012年教育部颁布的《3—6岁儿童学习与发展指南》里提到"幼儿的学习是以直接经验为基础,在游戏和日常生活中进行的。要珍视游戏和生活的独特价值"。由此,"以游戏为基本活动"是我国学前教育改革中的一个重要命题,也是我国幼儿园课程改革的重要指导思想。因此,在游戏中观察、记录幼儿的行为表现,并作出相应的分析和引导,对幼儿发展具有重要的意义。本项目聚焦幼儿园主要的区域游戏形式:探究学习类区域游戏、社会交往类区域游戏、创意想象类区域游戏和运动体能类区域游戏四大类型,在明晰幼儿行为观察要点的基础上,结合具体的案例和情境进一步阐述各类区域游戏中幼儿行为的分析与指导。

岗 位 要 求

游戏活动是幼儿园教师组织的一日生活中教育教学活动的重要组成部分。"以游戏为基本活动"是我国学前教育改革中的一个重要命题,也是我国幼儿园课程改革的重要指导思想。《儿童权利公约》规定幼儿享有"从事与其年龄相适宜的游戏和娱乐活动"的权利。游戏是幼儿获取学习经验的主要方式。在游戏中,幼儿能够积极主动地探索周围环境,积极主动地与人交往,形成和发展各方面的能力。因此,游戏是

知识链接

游戏与幼儿

德国的福禄贝尔(F.Frubel)是世界上第一个系统研究儿童游戏,并把游戏作为幼儿园教育基础的教育家。他详细论述了儿童游戏的整个体系,并且阐明了游戏在教育上的重要意义。他在《人的教育》一书中指出:"儿童早期的游戏,不是无关重要的。它是非常严肃的,而且是具有深刻意义的……儿童早期的各种游戏,是一切未来生活的胚芽,因为整个人就是在游戏中,在他最柔软的性情中,在他最内在的倾向中发展和表现的。"

适宜幼儿身心发展特点的活动，有益于幼儿身心各方面的发展。幼儿园教师应做到：

（1）初步了解幼儿区域游戏的基本类型，并充分认识和重视区域游戏对幼儿发展的重要意义和价值。

（2）有效投放材料和支持幼儿的区域游戏活动，能够在一日生活中胜任幼儿区域游戏活动的组织。

（3）在观察、记录与分析幼儿区域游戏行为表现的基础上反思与改进区域游戏活动的组织与实施。

学 习 目 标

知识目标

☐ 熟悉幼儿园区域游戏的几种类型（探究学习类、社会交往类、创意想象类和运动体能类）。

☐ 掌握几种类型区域游戏中幼儿行为的观测点与具体行为标准、记录方式、记录标准和指导策略。

能力目标

☐ 能针对幼儿园几种类型区域游戏主要环节的观测点与具体行为标准进行幼儿行为的观察与记录。

☐ 能根据记录内容分析幼儿游戏行为并开展适宜的教育指导。

☐ 能关注幼儿园区域游戏中幼儿行为观察与指导的最新理论知识，积累实践经验。

☐ 能不断提升自身对区域游戏中幼儿行为水平分析与指导的能力，做终身学习的典范。

素养目标

☐ 在日常教育教学中能尊重幼儿人格，耐心、富有爱心地对待幼儿，充分保证幼儿游戏的权利。

☐ 培养幼儿健全人格，在促进幼儿身心健康发展方面做好启蒙和引领。

☐ 在进行幼儿游戏行为观察、记录与指导过程中树立以幼儿为本的专业信念。

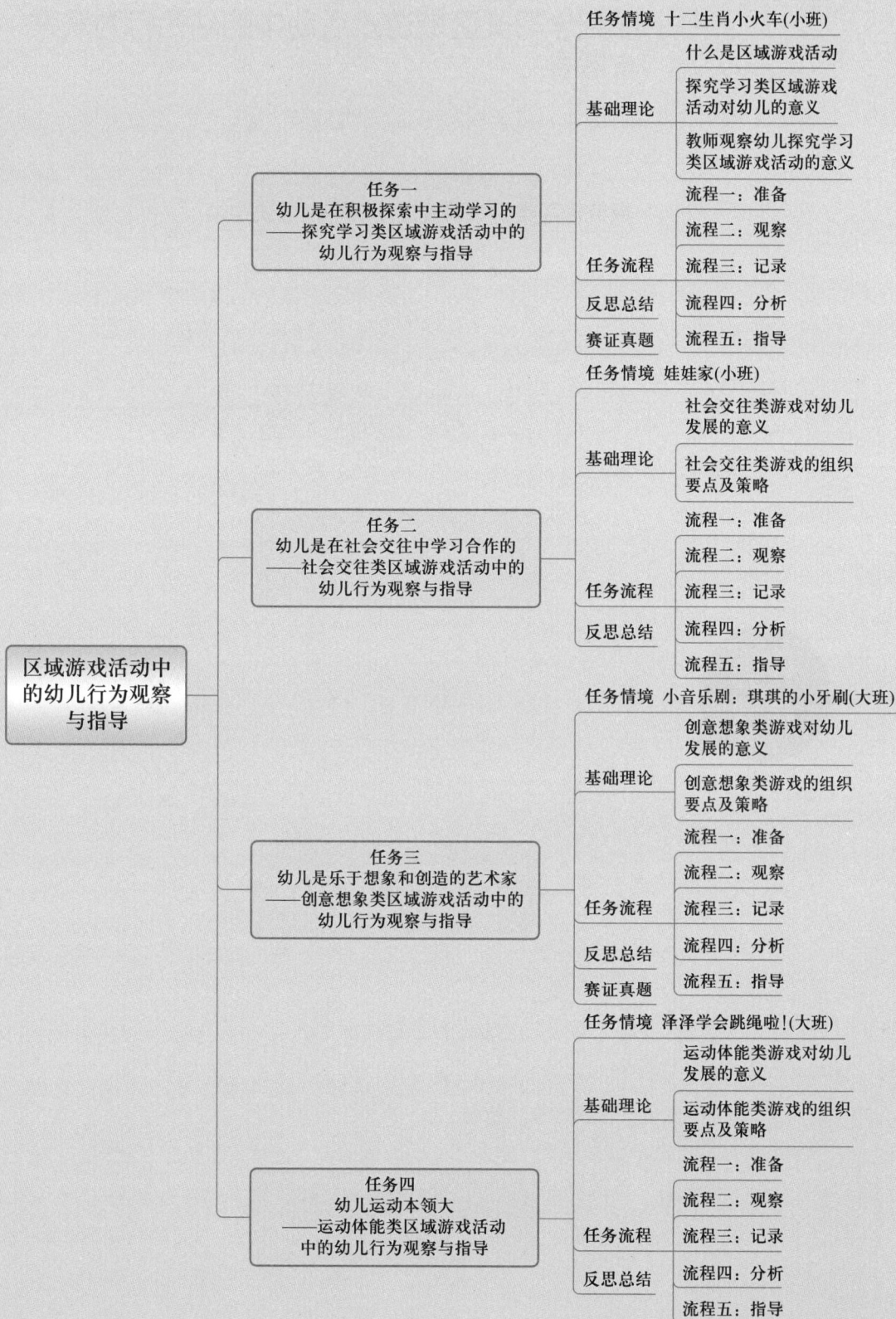

学习导图

区域游戏活动中的幼儿行为观察与指导

任务一
幼儿是在积极探索中主动学习的——探究学习类区域游戏活动中的幼儿行为观察与指导

任务情境 十二生肖小火车(小班)

基础理论
- 什么是区域游戏活动
- 探究学习类区域游戏活动对幼儿的意义
- 教师观察幼儿探究学习类区域游戏活动的意义

任务流程
- 流程一：准备
- 流程二：观察
- 流程三：记录

反思总结
- 流程四：分析

赛证真题
- 流程五：指导

任务二
幼儿是在社会交往中学习合作的——社会交往类区域游戏活动中的幼儿行为观察与指导

任务情境 娃娃家(小班)

基础理论
- 社会交往类游戏对幼儿发展的意义
- 社会交往类游戏的组织要点及策略

任务流程
- 流程一：准备
- 流程二：观察
- 流程三：记录

反思总结
- 流程四：分析
- 流程五：指导

任务三
幼儿是乐于想象和创造的艺术家——创意想象类区域游戏活动中的幼儿行为观察与指导

任务情境 小音乐剧：琪琪的小牙刷(大班)

基础理论
- 创意想象类游戏对幼儿发展的意义
- 创意想象类游戏的组织要点及策略

任务流程
- 流程一：准备
- 流程二：观察
- 流程三：记录

反思总结
- 流程四：分析

赛证真题
- 流程五：指导

任务四
幼儿运动本领大——运动体能类区域游戏活动中的幼儿行为观察与指导

任务情境 泽泽学会跳绳啦!(大班)

基础理论
- 运动体能类游戏对幼儿发展的意义
- 运动体能类游戏的组织要点及策略

任务流程
- 流程一：准备
- 流程二：观察
- 流程三：记录

反思总结
- 流程四：分析
- 流程五：指导

任务一　幼儿是在积极探索中主动学习的
——探究学习类区域游戏活动中的幼儿行为观察与指导

探究学习类区域游戏活动观察指导诀窍歌

探究活动真神奇，寓教于乐有学习；

快乐游戏真自在，沉浸学习愿努力；

产生兴趣排第一，幼儿主动且积极；

开始操作多感受，灵活眼嘴手耳鼻；

专心致志有深度，身心投入乐不疲；

完成活动显成果，信心提升愿沉迷；

探究环节记清楚，教师变成阿凡提。

任务情境

请了解探究学习类区域游戏活动任务情境的内容梗概。

十二生肖小火车（小班）

阳阳对探究学习类区角的十二生肖操作盘非常感兴趣，她拿起十二生肖操作盘和生肖卡片坐到小桌子旁进行探究。

阳阳的眼睛一直紧盯着火车上的生肖动物并进行一一比对，找到完全一致的生肖阴影时就将生肖卡片和阴影吸在一起，她将鸡、兔子、老虎、牛、龙、蛇、马等生肖动物的卡片都正确贴合在操作盘的位置上。

阳阳又再次观察着步骤图，发现了右侧后袋子里的记录单。她打开材料包，拿出十二生肖记录单和生肖卡片进行观察，然后她握着胶棒，拿着所有的生肖卡片，将生肖卡片与记录单上的动物阴影进行两次比对并最终将合适的蛇生肖卡片贴在记录单上，遇到生肖卡片跟记录单上的阴影不重合的情况后，她双手一直在记录单上摆弄并尝试重新贴，用手指使劲按生肖卡片，试图使卡片跟阴影能完全吻合并铺平整。阳阳来回看着记录单，依次检查记录单上的每个生肖，检查记录单是否完成。确认记录单完成后，阳阳将所有的操作材料收拾好并放在原来的位置上，并和教师同伴分享自己是如何进行探究活动的。

[北京实验学校（海淀）幼儿园　艾彦晴]

基础理论

请关注探究学习类区域游戏活动的基础理论。

一、什么是区域游戏活动

区域游戏又称区角游戏、区角活动，指教师根据幼儿的兴趣和需求及教育目标等多方面的要求，将活动空间划分为不同的区域，并且提供丰富适宜的材料，允许幼儿自由自主自愿地选择区域进行游戏，使其可以获得丰富经验、个性发展，是当前我国幼儿园中极普遍的游戏形式。区域游戏活动可分为探究学习类区域游戏活动、社会交往类区域游戏活动、创意想象类区域游戏活动与运动体能类区域游戏活动。其中探究学习类区域游戏活动指幼儿在"有准备"的环境中通过与环境和"有设计的"的游戏材料进行互动，以未知为导向去发现与探索，从而构建自己的经验。这类区域主要包括益智区、认知区、科学区等。

二、探究学习类区域游戏活动对幼儿的意义

《3—6岁儿童学习与发展指南》指出："幼儿科学学习的核心是激发探究兴趣，体验探究过程，发展初步的探究能力。"科学游戏活动是开展幼儿科学教育的重要形式，"做中学"的探究式科学游戏活动不仅符合幼儿的发展规律，而且可以让幼儿如同科学家般进行探究。在探究学习类区域游戏活动中，幼儿通过动手操作材料，观察各种现象，从而获得相关概念，激发探究兴趣，发展探究的天性，启发幼儿发展探究性思维，培养幼儿爱智求真的科学精神。

三、教师观察幼儿探究学习类区域游戏活动的意义

游戏是幼儿认识世界的最直接方式，幼儿在游戏中展露自我、发展认知并进行社会交往，区域游戏是幼儿园的基本环节之一。《幼儿园教师专业标准（试行）》《幼儿园教育指导纲要（试行）》《3—6岁儿童学习与发展指南》等文件都强调幼儿园要以游戏为基本活动，并对幼儿园教师的专业能力等提出高要求，例如，《幼儿园教师专业标准（试行）》中明确提出了幼儿园教师应具有"在教育活动中观察幼儿，根据幼儿的表现和需要，调整活动，给予适宜的指导"的能力。

实施教育，观察先行。我国现代幼儿教育的奠基人陈鹤琴基于儿童研究提出的重要教学原则之一就是"精密观察"，指出在教育教学中如果也能采用观察的方法，一方面通过实地观察来施行教学，另一方面通过实际研究来培养儿童善用观察的学习态度，则教学的效果必将因此而有所增进。杜威提出，"观察、洞察、反思"是克服教育中理论与实践分割的二元论倾向的关键。蒙台梭利指出，教育的前提是观察，教师最重要的职责不在于"教"，而在于像科学家一样地"观察"。[①]观察是教师有目的、有计划地对幼儿行为进行观察指导的过程，区别于一般的观察行为，专业观察强调"有目的、有计划和严格记录"。[②]观察对于教师与幼儿是一种双赢的活动。观察既可以提高教育指导的有效性和针对性，又可以推动幼儿园教师的专业成长[③]。所以教师科学规范地对幼儿探究学习类区域游戏活动进行观察、记录、分析与指导对于幼儿良好学习品质的养成与相关关键经验的发展具有非常重要的作用。

一些学者的研究显示，目前幼儿园教师存在确定观察目标的能力不足、科学运用观察方法的能力不足、捕捉教育契机的能力弱、分析与解读的能力不足、科学记录的能力弱等问题。[④]所以提升幼儿园教师的观察能力是教师实现自身专业发展的需要。学习如何对幼儿探究类区域游戏活动进行观察、记录、分析等可以让幼儿园教师及时发现教育契机，在幼儿真正需要帮助与引导的时候介入游戏。

---

①　蔡臻祯. 蒙台梭利儿童观察的智慧与启示［J］. 宿州教育学院学报，2018，21（5）：115-118.

②　施燕，韩春红. 学前儿童行为观察［M］. 上海：华东师范大学出版社，2010：4-5.

③　谈心. 观察幼儿：幼儿教师专业发展的关键［J］. 当代学前教育，2009（2）：22-26.

④　於金滟. 区域游戏中幼儿教师观察行为的研究［D］. 南京：南京师范大学，2019.

任务
流程

流程一：准备

请熟悉探究学习类区域游戏活动中幼儿行为观察的观测点和具体行为标准。

探究学习类区域游戏活动主要指幼儿获得的新知识不是由教师直接传递的，而是通过环境的创设及教师投放的"有准备""有设计"的游戏材料由幼儿自己去发现、去探索的。这种探索以未知为导向，在活动过程中，幼儿不断尝试、探索、动脑子、想办法，进而产生新的发现，直至最后"攻难关""过关卡"、完成活动。目的是使幼儿通过活动对未知世界有所发现，从而获得新知。探究学习类区域游戏活动中幼儿探索的一般过程为：产生兴趣、动手操作、专心致志、完成活动。教师可以对幼儿在探究学习类区域游戏活动的不同环节中表现出的学习品质与关键经验进行观察，如表3-1所示。

表3-1 探究学习类区域游戏活动中幼儿行为观察的观测点和具体行为标准

探究学习类区域游戏活动环节	观测点	具体行为标准
产生兴趣	A. 学习品质	A1. 对新环境和新的操作材料产生好奇
		A2. 喜欢提问
	B. 关键经验	能够清晰地表达自己的好奇与想法
动手操作	A. 学习品质	A1. 积极主动探索
		A2. 不怕困难，主动参与有挑战性的活动
	B. 关键经验	能够在操作材料的过程中通过观察、比较、分析感知材料
专心致志	A. 学习品质	A1. 专注
		A2. 自我调节
		A3. 问题解决
	B. 关键经验	探索和问题解决能力
完成活动	A. 学习品质	A1. 和教师或同伴交流分享自己的成果物
		A2. 和教师或同伴分享作品的制作过程、遇到的困难及想出的解决办法
		A3. 结合自制作品的经验，从教师的建议或同伴的分享中筛选可借鉴的经验
	B. 关键经验	能够清晰地表述自己的想法

流程二：观察

请根据任务情境完成对观察内容的描述。

十二生肖小火车

阳阳走到十二生肖操作盘前，手点了点生肖卡片，笑了笑，好像被一张生肖卡片吸引了，双手端起操作盘放到旁边的小桌子上（见图3-1）。

图3-1 阳阳操作生肖小火车

她把十二生肖操作盘靠近自己一边，拿起鸡卡片，眼睛紧盯着火车上的动物阴影进行一一比对，找到完全一致的阴影时就将卡片和阴影吸在一起，脸上露出了微笑。

接着阳阳又用眼睛扫视了一遍火车上的动物阴影，拿起兔子卡片跟动物阴影再次进行一一比对，找到后把兔子卡片及其阴影也吸在一起，她兴奋地双手拍了一下，随即拿起了老虎卡片直接贴到了相应的阴影位置，顺势把牛、龙卡片也直接贴到对应的位置。当她拿出蛇卡片时眉头一皱，先往右边的动物阴影对比了一下，突然脸上露出了笑容，之后赶紧贴到了相应的阴影上，贴完后开始贴马……她观察着火车上剩下的动物阴影，眼睛眨了眨，思考了一下，开始快速地贴上猪卡片，随即拿起羊卡片等了1秒后直接贴到了羊阴影上，紧接着是狗卡片，她手里拨弄着狗卡片，眼睛稍作停顿便找到了相应的阴影并贴上，随后她左手拿起了猴卡片，右手接过来就直接贴到了其阴影上。阳阳欣赏着贴好生肖卡片的小火车，小手从头划到尾。

之后阳阳紧皱着眉头观察着步骤图，突然发现了右后侧袋子里的记录单。她笑着左手拿出记录单，右手拿起胶棒放到一边，然后快速地打开材料包，拿出十二生肖记录单和生肖卡片，嘴里还嘟哝着什么。她先把十二生肖记录单拉开放在桌子上，来回观察了一会儿记录单，然后用双手把记录单展开平铺放好，脸上露出一丝欣慰的微笑。她右手握着胶棒，又发现了旁边的袋子，就把袋子里没倒完的生肖卡片拿出来。拿到所有的生肖卡片后，阳阳拿起胶棒，打开胶棒的盖子，同时观察着桌子上的生肖卡片。阳阳拿起一张蛇卡片，用胶棒涂上胶，将之与记录单上的蛇阴影进行了两次比对并最终将合适的蛇卡片贴在记录单上，紧接着她拿起鸡卡片开始贴，贴上后双手使劲儿地在上面按一按，发现卡片跟记录单上的阴影不重合，这时候她咬着嘴唇，双眼紧盯着卡片，双手一直在记录单上摆弄着，尝试把黏黏的鸡卡片跟记录单上的阴影完全重合地贴上，好几分钟过去了，还是不能重合，突然她眼睛一亮，嘴里说着："是龙，不是鸡！"原来阳阳发现两个动物的头重合不上，还差好多，她把鸡卡片贴到了龙阴影上。

阳阳赶紧把鸡卡片取下来，眼睛来回扫视着记录单，终于找到了鸡阴影的位置，赶紧用双手使劲儿地贴上还按了又按，随后身体向后一靠，深深地舒了口气。后面是贴蛇卡片，她仔细地比对了两三次并在合适的位置用双手摆弄粘贴与阴影重合。她继续贴，眼睛看了看记录单，拿起牛卡片涂上胶，先在记录单的龙阴影旁边放了一下，随即放到了记录单上牛阴影的位置，她同样用手指使劲地按了按牛卡片，尝试着将卡片跟阴影完全吻合并铺平整。阳阳来回看着记录单，依次检查记录单上的每个生肖，检查记录单是否完成。

确认记录单完成后，阳阳将胶棒的盖子盖好并放到透明的塑料袋子里，接着又依次把火车上动物阴影上粘贴的生肖卡片取下来并放到相应的黑色磁铁片上。十二个生肖依次放好并扫视一遍确认完成后，阳阳顺势用双手搬起操作盘，起身放到旁边玩具柜上。阳阳用手指着生肖记录单向老师和同伴详细地讲述着自己是怎样探索十二生肖操作盘的（操作过程详见图3-2），还分享了活动过程中遇到的困难，同时说明了自己是如何克服这些困难的。

● 注意事项：观察前——① 明确探究学习类区域游戏活动的观测点；② 选择适宜的观察记录方法，幼儿探究学习类区域游戏活动的记录应尽可能客观、真实、具体、详尽，准确反映实际情况。观察中——① 尽可能详记客观事实，避免主观判断；② 观察6W要素。观察后——① 及时整理观察记录；② 根据整理结果提出教育指导建议。

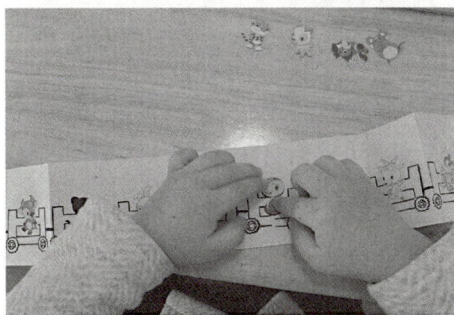

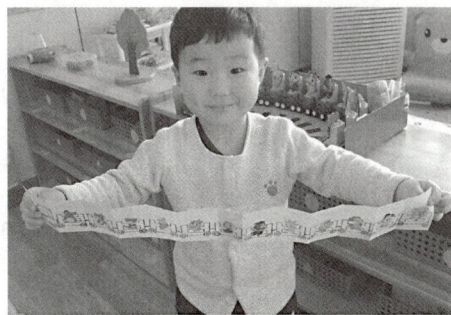

图3-2　阳阳操作生肖火车的过程

流程三：记录

请根据探究学习类区域游戏活动的活动流程分阶段观察并完成记录。

为更高效地观察幼儿探究学习类区域游戏活动中的游戏行为，教师可以在观察之前使用等级评定法制作观察记录表。因探究学习类区域游戏活动中幼儿探索的一般过程为：产生兴趣、动手操作、专心致志、完成活动，故分阶段制作不同的观察记录表以快速记录幼儿游戏行为（见表3-2至表3-5）。

（一）幼儿产生兴趣行为的观察与记录

表3-2 探究学习类区域游戏活动中幼儿产生兴趣行为等级评定观察记录表

幼儿姓名：		班级：	观察者：	
材料名称：		幼儿操作起始时间：	幼儿操作结束时间：	

方面	要点	水平	判断依据（行为实录）
A. 学习品质	A1. 对新环境和新的操作材料产生好奇	□水平一：不能发现环境中的新变化，对新环境和新操作材料不关注且几乎毫无反应	
		□水平二	
		□水平三：可以发现周围环境的一般变化，会主动触摸、摆弄操作材料	
		□水平四	
		□水平五：对环境中的变化敏感，对新的操作材料非常感兴趣，并能对其进行细致、长时间的操作与尝试	
	A2. 喜欢提问	□水平一：在活动过程中不提问	
		□水平二	
		□水平三：对新的操作材料进行提问	
		□水平四	
		□水平五：对新的操作材料和活动有焦点地刨根问底	
B. 关键经验	能够清晰地表达自己的好奇与想法	□水平一：不表达自己的想法	
		□水平二	
		□水平三：愿意与他人讨论关于活动或材料的1~2个问题，还会简要分享自己的活动感受	
		□水平四	
		□水平五：积极与同伴或教师讨论关于活动或操作材料的问题，生动、清晰地表达自己在活动过程中的感受	

（二）幼儿动手操作行为的观察与记录

表3-3　探究学习类区域游戏活动中幼儿动手操作行为等级评定观察记录表

幼儿姓名：		班级：	观察者：
材料名称：		幼儿操作起始时间：	幼儿操作结束时间：

方面	要点	水平	判断依据（行为实录）
A. 学习品质	A1. 积极主动探索	□水平一：对新的操作探究材料没有关注和触摸的意愿	
		□水平二	
		□水平三：偶尔关注或简单触摸操作材料，表现出尝试意愿	
		□水平四	
		□水平五：反复、细致地尝试、摆弄、操作新的材料，可以长时间保持对操作材料的探索欲望	
	A2. 不怕困难，主动参与有挑战性的活动	□水平一：只接受有把握的任务	
		□水平二	
		□水平三：有主动选择有挑战性、具有探索难度的游戏活动的意愿，但有时需要在成人的鼓励和引导下去接受有挑战性的任务	
		□水平四	
		□水平五：主动选择有挑战性的任务，主动选择多种材料和活动方式进行探索活动	
B. 关键经验	能够在操作材料的过程中通过观察、比较、分析感知材料	□水平一：初步感知操作材料，发现材料的基本特点	
		□水平二	
		□水平三：通过观察比较材料，发现操作材料的特点、用途，能够根据活动的要求选择合适的材料	
		□水平四	
		□水平五：综合运用多种感官，通过反复、细致地观察、摆弄、比较、操作材料，发现操作材料的特点、用途及其与活动的关系	

（三）幼儿专心致志行为的观察与记录

表3-4　探究学习类区域游戏活动中幼儿专心致志行为等级评定观察记录表

幼儿姓名：	班级：		观察者：
材料名称：	幼儿操作起始时间：		幼儿操作结束时间：

方面	要点	水平	判断依据（行为实录）
A. 学习品质	A1. 专注	□水平一：不能专注于当前的活动，没有目标意识	
		□水平二	
		□水平三：能专注于当前的活动，但不能在整个活动过程中始终保持专注，具有一定的目标意识	
		□水平四	
		□水平五：始终专注于活动，有清晰的目标意识	
	A2. 自我调节	□水平一：活动过程中不能发现自身的问题，不能就问题作出相应的调整	
		□水平二	
		□水平三：活动过程中依赖他人的帮助，在一定程度上能调整自己的行为	
		□水平四	
		□水平五：活动过程中能进行自我反思，并能很好地控制自己的行为	
	A3. 问题解决	□水平一：面对困难和问题时无所谓，不关心问题是否得到解决	
		□水平二	
		□水平三：面对困难和问题时总是向同伴或教师寻求帮助，希望能解决问题	
		□水平四	
		□水平五：面对困难和问题时会思考多种方法和协调资源，直至问题得到解决	
B. 关键经验	探索和问题解决能力	□水平一：用一些简单的动作探索一个物体，并没有事先的计划和结果预期	
		□水平二	
		□水平三：用试误法来探索某一材料本身或验证一个简单的想法	
		□水平四	
		□水平五：提出一个问题，并通过系统的探索和检验得出可能的答案	

（四）幼儿完成活动行为的观察与记录

表3-5 探究学习类区域游戏活动中幼儿完成活动行为等级评定观察记录表

幼儿姓名：		班级：	观察者：
材料名称：		幼儿操作起始时间：	幼儿操作结束时间：

方面	要点	水平	判断依据（行为实录）
A. 学习品质	A1. 和教师或同伴交流分享自己的成果物	□水平一：拿着自己做完的作品和教师或同伴分享它的名字	
		□水平二	
		□水平三：拿着自己做完的作品和教师或同伴不仅分享它的名字，还分享了它的构造	
		□水平四	
		□水平五：拿着自己做完的作品和教师或同伴不仅分享它的名字，还分享了它的构造，介绍了亮点	
	A2. 和教师或同伴分享作品的制作过程、遇到的困难及想出的解决办法	□水平一：和教师或同伴分享作品的制作过程	
		□水平二	
		□水平三：和教师或同伴不仅分享作品的制作过程，还分享了遇到的困难	
		□水平四	
		□水平五：和教师或同伴不仅分享作品的制作过程，还分享了遇到的困难及想出的解决办法	
	A3. 结合自制作品的经验，从教师的建议或同伴的分享中筛选可借鉴的经验	□水平一：具有从教师的建议或同伴的分享中学习、借鉴的意识	
		□水平二	
		□水平三：能结合自制作品的经验，从教师的建议或同伴的分享中筛选可借鉴的经验	
		□水平四	
		□水平五：不仅能结合自制作品的经验，从教师的建议或同伴的分享中筛选可借鉴的经验，还能萌生进一步改进自身作品的想法	
B. 关键经验	能够清晰地表述自己的想法	□水平一：不能够清晰地表述自己的想法，也没有表述的意愿	
		□水平二	

续表

方面	要点	水平	判断依据（行为实录）
B. 关键经验	能够清晰地表述自己的想法	□水平三：有表述自己想法的意愿，基本能够清晰地表达	
		□水平四	
		□水平五：积极表述自己的想法，并且总是能够清晰地表达	

流程四：分析

请根据记录表格内容对观察情况进行分析。

经过完整观察幼儿在探究学习类区域游戏活动中的表现，运用观察记录表记录幼儿在各活动阶段学习品质与关键经验的发展水平，并匹配记录幼儿在活动中体现其发展水平的典型行为，能够帮助教师更好地回忆幼儿活动表现并进行分析。

（一）幼儿产生兴趣行为的记录与分析

表3-6是王老师采用等级评定法对阳阳在探究学习类区域游戏活动中产生兴趣行为的记录与分析。

表3-6　幼儿产生兴趣行为观察分析表

幼儿姓名：阳阳	班级：小班	观察者：王老师
操作材料：十二生肖操作盘	操作起始时间：10:15	操作结束时间：10:40

方面	要点	观察行为实录与水平选择
A. 学习品质	A1. 对新环境和新的操作材料产生好奇	通过将幼儿行为实录与记录标准中的不同水平比较，可知幼儿现在处于水平四 •行为实录：阳阳走到十二生肖操作盘前，手点了点生肖卡片，笑了笑，好像被一个生肖卡片吸引了，双手端起操作盘放到旁边的小桌子上（有进一步操作的意愿和想法）
	A2. 喜欢提问	通过将幼儿行为实录与记录标准中的不同水平比较，可知幼儿现在处于水平一 •行为实录：阳阳在拿起操作材料操作的过程中没有语言表达 （教师思考：可能是阳阳对十二生肖操作盘已经较为熟悉，所以未提出问题）
B. 关键经验	能够清晰地表达自己的好奇与想法	通过将幼儿行为实录与记录标准中的不同水平比较，可知幼儿现在处于水平一 •行为实录：阳阳在拿起操作材料操作的过程中没有语言表达

（二）幼儿动手操作行为的记录与分析

表3-7是王老师采用等级评定法对阳阳在探究学习类区域游戏活动中动手操作行为的记录与分析。

表3-7　幼儿动手操作行为观察分析表

幼儿姓名：阳阳		班级：小班	观察者：王老师
操作材料：十二生肖操作盘		操作起始时间：10:15	操作结束时间：10:40

方面	要点	观察行为实录与水平选择
A. 学习品质	A1. 积极、主动探索	通过将幼儿行为实录与记录标准中的不同水平比较，可知幼儿现在处于水平五 •行为实录：（阳阳）把十二生肖操作盘靠近自己一边，拿起鸡卡片，眼睛紧盯着火车上的动物阴影进行——比对，找到完全一致的阴影时就将卡片和阴影吸在一起，脸上露出了微笑 接着阳阳又用眼睛扫视了一遍火车上的动物阴影，拿起兔子卡片跟动物阴影再次进行——比对，找到后把兔子卡片及其阴影也吸在一起，她兴奋地双手拍了一下，……当她拿出蛇卡片时眉头一皱，先往右边的动物阴影对比了一下，突然脸上露出了笑容，之后赶紧贴到了相应的阴影上，贴完后开始贴马……
	A2. 不怕困难，主动参与有挑战性的活动	通过将幼儿行为实录与记录标准中的不同水平比较，可知幼儿现在处于水平五 •行为实录：（阳阳）把十二生肖操作盘靠近自己一边，拿起鸡卡片，眼睛紧盯着火车上的动物阴影上进行——比对，找到完全一致的阴影时就将卡片和阴影吸在一起，脸上露出了微笑……当她拿出蛇卡片时眉头一皱，先往右边的动物阴影对比了一下，突然脸上露出了笑容，之后赶紧贴到了相应的阴影上，贴完后开始贴马……
B. 关键经验	能够在操作材料的过程中通过观察、比较、分析感知材料	通过将幼儿行为实录与记录标准中的不同水平比较，可知幼儿现在处于水平三 •行为实录：阳阳把十二生肖操作盘靠近自己一边，拿起鸡卡片，眼睛紧盯着火车上的动物阴影进行——比对，找到完全一致的鸡阴影时就将卡片和阴影吸在一起，脸上露出了微笑 接着阳阳又用眼睛扫视了一遍火车上的动物阴影，拿起兔子卡片跟动物阴影再次进行——比对，找到后把兔子卡片及其阴影也吸在一起，她兴奋地双手拍了一下，随即拿起了老虎卡片直接贴到了相应的阴影位置，顺势把牛、龙卡片也直接贴到对应的位置……她观察着火车上剩下的动物阴影，托着手眼睛眨了眨，思考了一下，开始快速地贴上猪卡片，随即拿起羊卡片等了1秒后直接贴到了羊阴影上，紧接着是狗卡片，她手里拨弄着狗卡片，眼睛稍作停顿便找到了相应的阴影并贴上，随后她左手拿起了猴卡片，右手接过来就直接贴到了其阴影上

（三）幼儿专心致志行为的记录与分析

表3-8是王老师采用等级评定法对阳阳在探究学习类区域游戏活动中专心致志行为的记录与分析。

表3-8 幼儿专心致志行为观察分析表

幼儿姓名：阳阳		班级：小班	观察者：王老师
操作材料：十二生肖操作盘		操作起始时间：10:15	操作结束时间：10:40

方面	要点	观察行为实录与水平选择
A. 学习品质	A1. 专注	通过将幼儿行为实录与记录标准中的不同水平比较，可知幼儿现在处于水平五 • 行为实录：拿到所有的生肖卡片后，阳阳拿起胶棒，打开胶棒的盖子，同时观察着桌子上的生肖卡片。阳阳拿起一张蛇卡片，用胶棒涂上胶，将之与记录单上的蛇阴影进行了两次比对并最终将合适的蛇卡片贴在了记录单上，紧接着她拿起鸡卡片开始贴，贴上后双手使劲儿地在上面按一按，发现卡片跟记录单上的阴影不重合，这时候她咬着嘴唇，双眼紧盯着卡片，双手一直在记录单上摆弄着，尝试把黏黏的鸡卡片跟记录单上的阴影完全重合地贴上……后面是贴蛇卡片，她仔细地比对了两三次并在合适的位置用双手摆弄粘贴与阴影重合
	A2. 自我调节	通过将幼儿行为实录与记录标准中的不同水平比较，可知幼儿现在处于水平五 • 行为实录：紧接着她拿起鸡卡片开始贴，贴上后双手使劲儿地在上面按一按，发现卡片跟记录单上的阴影不重合，这时候她咬着嘴唇，双眼紧盯着卡片，双手一直在记录单上摆弄着，尝试把黏黏的鸡卡片跟记录单上的阴影完全重合地贴上，好几分钟过去了，还是不能重合，突然她眼睛一亮，嘴里说着："是龙，不是鸡！"原来阳阳发现两个动物的头重合不上，还差好多，她把鸡卡片贴到了龙阴影上。阳阳赶紧把鸡卡片取下来，眼睛来回扫视着记录单，终于找到了鸡阴影的位置，赶紧用双手使劲儿地贴上还按了又按，随后身体向后一靠，深深地舒了口气
	A3. 问题解决	通过将幼儿行为实录与记录标准中的不同水平比较，可知幼儿现在处于水平五 • 行为实录：后面是贴蛇卡片，她仔细地比对了两三次并在合适的位置用双手摆弄粘贴与阴影重合。她继续贴，眼睛看了看记录单，拿起牛卡片用胶棒涂上胶，先在记录单的龙阴影旁边放了一下，随即放到了记录单上牛阴影的位置，她同样用手指使劲儿地按了按牛卡片，尝试着将卡片跟阴影完全吻合并铺平整。阳阳来回看着记录单，依次检查记录单上的每个生肖，检查记录单是否完成

续表

方面	要点	观察行为实录与水平选择
B. 关键经验	探索和问题解决能力	通过将幼儿行为实录与记录标准中的不同水平比较，可知幼儿现在处于水平三 • 行为实录：阳阳拿起一张蛇卡片，用胶棒涂上胶，将之与记录单上的蛇阴影进行了两次比对并最终将合适的蛇卡片贴在记录单上，紧接着她拿起鸡卡片开始贴，贴上后双手使劲儿地在上面按一按，发现卡片跟记录单上的阴影不重合，这时候她咬着嘴唇，双眼紧盯着卡片，双手一直在记录单上摆弄着，尝试把黏黏的鸡卡片跟记录单上的阴影完全重合地贴上，好几分钟过去了，还是不能重合，突然她眼睛一亮，嘴里说着："是龙，不是鸡！"

（四）幼儿完成活动行为的观察与指导

表3-9是王老师采用等级评定法对阳阳在探究学习类区域游戏活动中专心致志行为的记录与分析。

表3-9　幼儿完成活动行为观察分析表

幼儿姓名：阳阳		班级：小班	观察者：王老师
操作材料：十二生肖操作盘		操作起始时间：10:15	操作结束时间：10:40

方面	要点	观察行为实录与水平选择
A. 学习品质	A1. 和教师或同伴交流分享自己的成果物	观察记录中未提及此项，不做判断
	A2. 和教师或同伴分享作品的制作过程、遇到的困难及想出的解决办法	通过将幼儿行为实录与记录标准中的不同水平比较，可知幼儿现在处于水平五 • 行为实录：阳阳用手指着生肖记录单向老师和同伴详细地讲述着自己是怎样探索十二生肖操作盘的过程，还分享了活动过程中遇到的困难，同时说明了自己是如何克服这些困难的
B. 关键经验	能够清晰地表达自己的想法	通过将幼儿行为实录与记录标准中的不同水平比较，可知幼儿现在处于水平三 • 行为实录：阳阳主动找到王老师分享自己的操作经历，能较为清晰地进行表达，但是前后会出现重复表达的现象

流程五：指导

请根据幼儿行为表现分析情况提出改进意见或指导策略。

（一）基于幼儿探究学习类区域游戏活动产生兴趣行为表现分析结果的指导

1. 基于幼儿学习品质行为表现分析结果的指导

（1）基于幼儿"对新环境和新的操作材料产生好奇"行为表现分析结果的指导。

好奇好问是幼儿的天性，需要成人去引导。幼儿在丰富多彩的环境中，见到新鲜事物，或新奇现象，会产生好奇心，向成人提出疑问。教师可以使用以下指导策略。

★ 教师应该为幼儿创设不断变化的丰富多彩的环境。

★ 教师应该投放丰富多样的游戏材料和玩教具。

（2）基于幼儿"喜欢提问"行为表现分析结果的指导。

为了提高幼儿的参与性和提问的主动性，教师可以使用游戏材料诱发策略。具体指导策略如下：

★ 教师投放形象直观、色彩鲜艳和谐的玩具材料，这符合幼儿具体形象思维的特点，能吸引幼儿的注意。

★ 幼儿往往会对见过的、玩过的材料产生继续探究的兴趣，所以教师可以投放幼儿熟悉的材料让幼儿进行探究。

2. 基于幼儿关键经验行为表现分析结果的指导

基于幼儿"能够清晰地表达自己的好奇与想法"行为表现分析结果的指导。

为了激发幼儿表达自己的想法和观点，教师可以使用以下指导策略。

★ 教师在幼儿进行表达时，可以用关键问题帮助幼儿完整表达其想法。

★ 教师可以帮助幼儿梳理想法并与幼儿一起完整、有条理地表达好奇与想法。

（二）基于幼儿探究学习类区域游戏活动动手操作行为表现分析结果的指导

1. 基于幼儿学习品质行为表现分析结果的指导

基于幼儿"积极、主动探索"与"不怕困难，主动参与有挑战性的活动"行为表现分析结果的指导。

为了让幼儿积极主动探索，教师可以使用以下指导策略。

★ 教师可以创设解决问题的环境，为幼儿提供适宜的操作材料与工具，让幼儿在活动中能够保持好奇心与兴趣，能够积极、主动地进行探索。

★ 在活动材料投放方面，可以为幼儿准备丰富的、有设计性的、具有操作性的、在幼儿最近发展区的操作材料。

2. 基于幼儿关键经验行为表现分析结果的指导

基于幼儿"能够在操作材料的过程中通过观察、比较、分析感知材料"行为表现分析结果的指导。

为了能使幼儿进行深度思考，教师可以使用以下指导策略。

★ 教师可以在幼儿进行探索时通过提问等形式让幼儿进行深度思考，让其通过观察、比较分析再次感知材料，达成深度学习的目的。

（三）基于幼儿探究学习类区域游戏活动专心致志行为表现分析结果的指导

1. 基于幼儿学习品质行为表现分析结果的指导

基于幼儿"专注"行为表现分析结果的指导。

为了在活动中能培养幼儿认真专注的品质，教师可以使用材料引导策略，具体指导策略如下：

★ 教师提供丰富的、有关卡、有设计的材料，引导幼儿与材料互动，既符合幼儿直接感知、亲身体验和实际操作的学习特点，也符合幼儿的思维发展水平。

2. 基于幼儿关键经验行为表现分析结果的指导

基于幼儿"探索和问题解决能力"行为表现分析结果的指导。

为了能在活动过程中培养幼儿的探索和问题解决能力，教师可以使用介入支持式支架策略，具体指导策略如下：

★ 教师在观察幼儿的基础上，思考幼儿的活动状态，当幼儿遇到困难，寻求帮助时，教师可适时适当介入，根据幼儿的活动需求，以不同身份、不同方式参与幼儿的游戏，如为幼儿鼓励加油，或点拨引导，或作为游戏者、伙伴者。

（四）基于幼儿探究学习类区域游戏活动完成活动行为表现分析结果的指导

1. 基于幼儿学习品质行为表现分析结果的指导

基于幼儿"和教师或同伴交流分享自己的成果物""和教师或同伴分享作品的制作过程、遇到的困难及想出的解决办法""结合自制作品的经验，从教师的建议或同伴的分享中筛选可借鉴经验"行为表现分析结果的指导。

当幼儿遇到让自己困惑的问题或难题时，教师可以使用讨论交流策略引导幼儿大胆猜测，表达自己的想法，并鼓励他们寻找问题的答案。具体指导策略如下：

★ 教师及时支持与鼓励：你太棒啦！制作出这么漂亮的小火车。哦！上面还有生肖呢，愿意给老师分享你的成果吗？

★ 教师可以给幼儿提供一个作品展示区，并给予足够时间，引导幼儿展示、分享成果。

★ 教师可以用适宜的肢体语言对幼儿肯定，如点头、竖大拇指等。

★ 教师可以鼓励幼儿向同伴讲一讲自己的操作过程。

★ 教师允许幼儿将作品带回家，与家人分享自己的"成果"。

2. 基于幼儿关键经验行为表现分析结果的指导

基于幼儿"能够清晰地表述自己的想法"行为表现分析结果的指导。

为了鼓励幼儿倾听与表达，教师可以使用以下指导策略。

★ 教师可以创设一个轻松愉快的环境，并鼓励幼儿大胆表达自己的看法。

★ 在幼儿表达观点的过程中，教师可以鼓励并支架幼儿清晰且条理地表达。

反思总结

请根据所学内容完成反思总结。

1. 在学习探究学习类区域游戏活动各环节幼儿行为观察的观测点与具体行为标准、记录方法、分析指导等内容之后，请对所学内容进行回顾总结。

（1）我知道探究学习类区域游戏活动各环节幼儿行为观察的观测点和具体行为标准：

_____

_____

_____

（2）我知道探究学习类区域游戏活动各环节观察记录的方法包括：

_____

_____

_____

（3）我知道观察与指导幼儿探究学习类区域游戏活动的任务流程：

_____

_____

_____

2. 请根据情境灵活应用所学内容设计并开展调查。

有趣的"卡通钟表"

毛毛在区域中看到一份材料，其中有熟悉的动画卡通头像卡纸、有亮晶晶的钻石贴纸，这两样材料非常吸引他的注意力，引起了他强烈的操作兴趣，于是选择这两样材料开始操作。只见他取出整套卡通钟表材料的托盘，放在自己的桌面上。从托盘中取出时钟模板纸、卡通头像卡纸、彩色扇形、钻石贴及指针等零部件依次摆放在面前。毛毛仔细观察已经做好的卡通钟表样例，在大脑中建立形象，之后取出钟表模板纸，将它贴在卡通头像卡纸上，通过调整，将模板纸上的12：00对着卡通人物，固定钟表的方向。又模仿钟表样例，将4个不同颜色的扇形纸沿着模板纸上的虚线，拼在表盘中心，用胶棒贴好。毛毛依次为表盘上的刻度贴上钻石贴纸，整点贴大钻，其他点贴小钻。最后一步就是将分脚钉穿过时针、分针和表盘中心固定。但只见毛毛拿起这几个"零件"停住了，摆弄来摆弄去总是没动手做。

　　究竟怎么回事呢？你需要了解哪些内容？你会如何运用本任务所学来促进幼儿在探究学习类区域游戏活动中的学习与发展？请你从调查目标、调查方法、调查过程、调查结果等方面设计调查方案了解现状，并运用所学设计解决问题的步骤。

_____

_____

_____

赛证真题

请熟悉本部分内容链接的赛证真题。

国考聚焦

1. ［2016年下半年中小学和幼儿园教师资格考试　保教知识与能力试题（幼儿园）］科学活动中，教师观察到某幼儿能用数字、图表来记录和整理自己观察到的现象。该幼儿最可能的年龄是（　　　）。

A. 6岁左右　　　　　B. 5岁左右　　　　　C. 4岁左右　　　　　D. 3岁左右

2. ［2021年上半年中小学和幼儿园教师资格考试　保教知识与能力试题（幼儿园）］教师为幼儿制作了一个玩具灶（见图3-3），投放了羽毛、棉花、小木棒、乒乓球等不同材质的物品和扇子，让幼儿猜测哪些物品能被风吹起来并进行验证。

小牛猜想羽毛和棉花能飞起来，就开始扇风，结果发现它们确实能飞起来。他使的劲儿大了，发现乒乓球也起来了。一直旁观的小雷惊讶地说："原来用劲儿扇乒乓球也能飞起来呀！"

图3-3

问题：游戏中小牛、小雷都在学习吗？请分别说明理由。

答案解析

任务二　幼儿是在社会交往中学习合作的
——社会交往类区域游戏活动中的幼儿行为观察与指导

社会交往类区域游戏活动观察指导诀窍歌

交往游戏快乐多，潜移发展不可少；

游戏环境似生活，材料一定准备好；

参与活动是基础，明确规则不乱套；

发现问题愿求解，静静琢磨不急躁；

合作创新有思考，一起游戏才热闹；

分享交流做回顾，想法碰撞兴致高；

观察分析很重要，教师支持及时到。

任务情境

社会交往类区域游戏活动——小班娃娃家

请了解社会交往类区域游戏活动任务情境的内容梗概。

娃娃家（小班）

区域活动时间，妞子、江江、元元陆续来到娃娃家进行游戏。妞子直接走到小床边，拿起娃娃玩了一下，又放回小床。江江、元元走到"小厨房"前，将架子上的物品一一拿出来，然后摆到了桌子上、地面上。妞子坐在小床边看着他们。教师走进娃娃家，先把地上的玩具捡起来放到相应的收纳盒中，边捡边说："这些东西怎么都掉到地上啦，我们把这些捡起来吧。"妞子首先跟随教师一起捡玩具，江江看了一会儿，也跟着捡。元元站在一边看着教师和小朋友捡玩具，手里拿着一个锅，不知道该放哪里。

教师对元元说："元元，你的锅是煮饭用的，我们把锅放在炉子上吧。"说完，带着元元走到小灶台前，指了指炉灶，元元把锅放在炉灶上。在教师的带领下，地上、桌上的玩具都收拾起来了。

教师拿出压泥模具和橡皮泥放到小桌上，3个孩子围过来，开始用模具压橡皮泥，娃娃家充满了欢声笑语。活动结束后，妞子、江江、元元还跟大家分享了创作的作品和期间发生的有趣故事（见图3-4）。

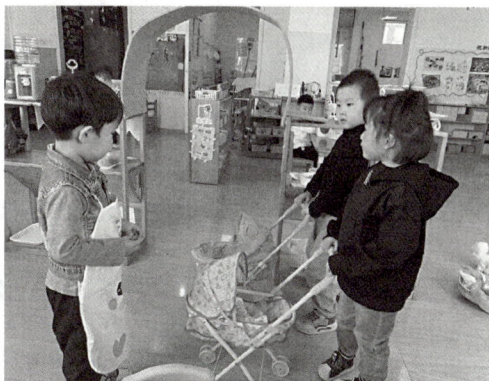

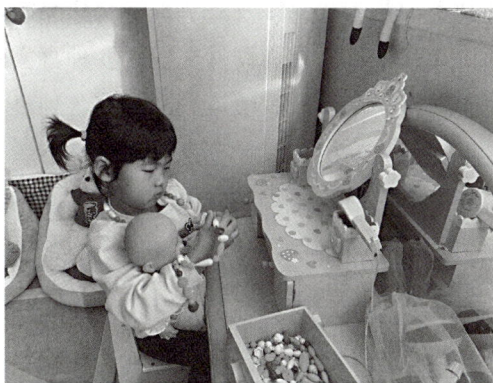

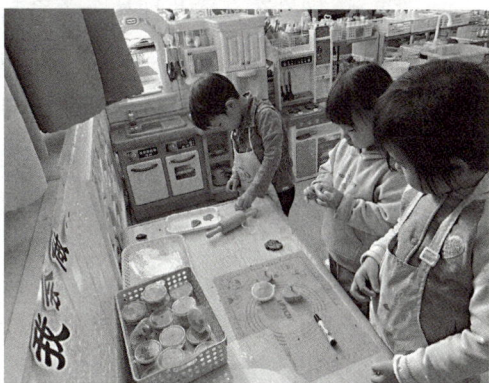

图3-4　热闹的娃娃家

[北京大学附属幼儿园　韩杰]

基础理论

请关注幼儿社会交往类游戏的基础理论。

教师在幼儿园游戏的组织和指导中，一方面，应当注意使幼儿园的游戏活动体现出"对象性""社会性""主体性"和"发展性"等游戏活动的基本特性；另一方面，也应当使幼儿园的游戏活动体现作为教育活动的"教育性"，体现幼儿园游戏和幼儿园课程、教学的有机整合。[1]

---

① 刘焱. 儿童游戏通论［M］. 北京：北京师范大学出版集团，2008：477.

一、社会交往类游戏对幼儿发展的意义

社会交往类游戏一般指幼儿在教师特别创设的模拟生活的游戏环境中，与同伴共同进行的、以社会性交往为典型行为的、有主题的想象为特征的游戏活动。在幼儿园中常见的社会交往类游戏有角色游戏、表演游戏、戏剧游戏等。

（一）社会交往类游戏对幼儿社会性发展的价值

幼儿在社会交往类游戏中，会体验到两种社会关系：真实的同伴关系和想象的角色关系，这两种社会关系都有利于幼儿的社会性发展。社会交往类游戏为幼儿提供了充分的与同伴交往、互动的机会和条件。在与同伴交往的各种真实的、假想的情境中，幼儿将认识到自己与他人的感受不同、想法不同，处理各种事情的态度也不同，从而逐渐学习认同他人，接纳他人的想法，接受不同的意见，学会与同伴协商、合作、分享、交流，尝试与他人共同解决遇到的问题和冲突，在与同伴交往的过程中尊重、建立、维系、改善与同伴的关系。

（二）社会交往类游戏对幼儿认知发展的价值

社会交往类游戏的内容多样，场景、情境可变性强，游戏形式灵活，幼儿在游戏中的选择、决策、创建游戏的自主机会较多，有助于幼儿将角色扮演、假象性转换、社会互动、言语交流和坚持性等要素运用到自己的游戏活动中，从而提高幼儿的问题解决能力，改善幼儿的问题解决行为，促进幼儿的认知发展。

例如，幼儿在社会交往类游戏中可以协商制定规则，进行客体替代（即利用身边的相像物品替代为游戏需要的物品，如用贝壳替代杯子，用水彩笔替代擀面杖等），进行时空转换（即学习转换时间和空间，如小班幼儿玩娃娃家说："天黑了，娃娃该睡觉了。"如大班幼儿玩小餐厅，在区域外放置纸箱作为银行的取款机等），进行游戏计划的制定等，在游戏过程中不断创设情境、发现问题、协商决策、解决问题，不断提高认知能力。

（三）社会交往类游戏对幼儿语言发展的价值

社会交往类游戏中，幼儿常常通过对情境、物品、材料、动作和事件的想象和假装，以及对与场景相符的特定角色的模仿来推进游戏情节的开展，既有扮演的成分，也是真实体验的过程。语言本身就是一种符号系统，幼儿在游戏中可以接触到丰富的语言刺激，有很多模仿、运用和创造语言符号的机会，使想象和言语表达联合活动。例如，幼儿在游戏中需要分配角色，在一个小团体中，作为游戏领导者的幼儿往往主动或优先选定角色，并分配其他角色，如"我当妈妈，你当爸爸"；作为

游戏跟随者的幼儿常常需要得到允许才能参加活动，如"我能当妹妹吗"；游戏领导者倾向于在游戏中控制游戏跟随者，指派或安排他们去做事情。类似的过程会为幼儿的语言交流、词语运用等语言发展提供丰富的机会。

社会交往类游戏的开展，为幼儿提供丰富的文字刺激和前读写材料，例如，幼儿在餐厅游戏中要设计和制作菜单，在购物游戏中要设计购物单；在游戏过程中和活动后要给同伴和教师讲述自己的游戏等。

二、社会交往类游戏的组织要点及策略

虽然每一类游戏都有它自己的发展顺序，但是如果想要游戏质量达到更优，那么所有的游戏都需要成人的支持和引导。

（一）为幼儿的游戏设置环境

社会交往类游戏一般需要教师为幼儿提供特定的游戏场所，场地的选定可以是室内，也可以是室外。角色游戏、表演游戏、戏剧游戏都可以通过区域游戏的形式开展。

1. 尊重幼儿的想法，与幼儿协商游戏的场地

社会交往类游戏的主题可以是教师结合幼儿年龄特点预设的，也可以是幼儿想要开展的，这取决于教师是否能够敏锐地觉察或判断幼儿的游戏需要。无论是教师预设的游戏还是幼儿想要的游戏，游戏的场地都可以由教师与幼儿依据游戏的需要协商选定。如游戏过程比较热闹，游戏的场地要远离安静游戏的区域，并具有相对的独立性；如果不同的游戏之间需要联动进行，这些游戏区域之间要相邻或相近。教师在与中大班幼儿协商过程中，应鼓励幼儿实地观察后进行讨论，决定游戏的场地安置；小班幼儿需要的游戏场地因幼儿生活经验有限，往往由教师直接选择安全、适宜的场地安置。

2. 根据游戏需要，为幼儿提供基础的游戏家具和材料

社会交往类游戏内容丰富、种类多样，具有特定的主题指向性，因此对游戏中使用的柜子、桌椅等家具和材料也会有不同需求。如小班娃娃家的游戏家具提供，多为模仿日常家庭生活中家具的迷你版，小衣柜、小床、小沙发、小书架、小橱柜等，高度符合小班幼儿身高特点。中大班其他角色游戏的家具需求相对宽泛，可以用常用的活动区柜子、桌椅代替。如中班进行小医院游戏时，长条桌子可以当作医院的病床；大班进行服装店的游戏时，平时收放幼儿外衣的衣架可以用作服装店的衣架等。

社会交往类游戏因其主题内容不同，需要的游戏材料也有不同，教师需要根据

此类游戏的特点，准备基础的游戏材料。如娃娃家游戏区，需要准备铺在小床上的被褥、娃娃的小衣服、厨房用的锅碗餐具等；小医院的游戏需要准备医务人员的服装帽子、小医生用的"听诊器"、空药盒（安全、卫生的外包装盒）、小护士用的纱布、棉签等；表演游戏需要的表演服装、道具、乐器等。

3. 与幼儿讨论游戏流程和游戏规则

不同内容的社会交往类游戏，都有比较特定的游戏流程和游戏规则，中大班幼儿要在教师的引导下参与游戏流程和规则的制定，小班幼儿在教师的指导下熟悉游戏的流程和规则。

例如，小班娃娃家的游戏中，各种材料用具都有相对固定的收纳地方，教师要为幼儿介绍游戏材料的种类和收纳方法；中大班幼儿与教师共同讨论怎么玩，可以设计哪些具体内容、需要哪些角色、如何分配角色、需要制定哪些规则、如何制定游戏时间和游戏计划等。

（二）充分挖掘材料的潜在价值

社会交往类游戏的主题是围绕家庭活动（做饭、照顾宝宝、聚餐、旅行）、社会活动（医院、邮局、餐厅、服装店）和文学作品中人物（《三只小猪》《金色的房子》《西游记》）展开的，幼儿需要一定的生活经验并基于一定的文化背景扮演角色，设计和推进游戏，选择和利用材料，丰富游戏的开展。

1. 教师提供多种类的材料，支持幼儿自主选择和替代使用

在基础材料提供好后，教师可以不拘泥于游戏主题本身，从生活中收集种类多样的材料，分类放置在幼儿游戏的场地内，引导、支持、鼓励幼儿自由选择和使用这些开放性材料，以物代物，一物多玩。

教师还可以打破游戏区的定式，把不相关的材料放置一起，以激发幼儿潜在的创造力。如在娃娃家放置阅读区的图书，在小餐厅提供颜料，将美工区的半成品放到服装店等，引发幼儿自由组合和创意使用材料。

2. 逐渐引入新材料

教师应避免在同一时间内把所有的新材料都拿出来，同时呈现多种新材料会让新材料失去新鲜感，也会让幼儿选择和使用材料过于随意或没有目的。同一时间提供多种新材料，表面看来吸引幼儿兴趣，但持久性不足，幼儿对材料的探索和合理使用会无所适从。阶段性投入新材料，依据幼儿游戏需要不断更新材料，有助于幼儿游戏的持续开展。

3. 定期介绍材料的新玩法，引导幼儿创新游戏

教师可以通过日常游戏观察，发现幼儿使用材料的新方法，在活动结束后的分享交流环节，支持幼儿介绍给同伴；教师也需要关注幼儿游戏中的问题，及时引导

幼儿尝试新的玩法来丰富游戏内容，鼓励幼儿创新游戏。

（三）教师作为游戏者参与帮助幼儿获得更多技能

社会交往类游戏的进行形式灵活，创意空间大，内容变化多，教师要及时观察幼儿的游戏状态，以游戏者的身份深入幼儿游戏，实施游戏指导。

1. 观察幼儿游戏，判断幼儿游戏水平

幼儿在游戏中有个体游戏，也有小型集体游戏，多以集体游戏进行。幼儿在游戏中表现出的水平不同，幼儿往往彼此观察模仿，互相学习。如游戏经验少的幼儿常常观察游戏经验多的幼儿的游戏行为，模仿游戏语言，逐渐熟悉和融入游戏。教师友好地观察幼儿的游戏，既是鼓励，也表达出成人对幼儿游戏的兴趣，幼儿游戏会更为主动。

教师通过观察、判断幼儿的游戏水平，决定游戏的介入时机和介入行为。教师看到幼儿被动游戏、总是观察别人、迟迟没有参与活动、情绪波动时，或者总是跟随别人的活动时，需要介入游戏实施指导。教师看到幼儿参与性较好时，如放松、高兴、积极投入地参与游戏，应该允许幼儿继续游戏和深入游戏。

教师观察到幼儿缺乏游戏技能时，可通过与幼儿共同游戏来帮助幼儿，先邀请幼儿与教师一起玩，然后逐渐退出游戏。幼儿在与教师一起玩的过程中能模仿学习到的技能，并转化运用到游戏中。

2. 通过改变或丰富游戏提高幼儿的游戏水平

教师以游戏者身份参与到幼儿游戏中时，可以先模仿幼儿的游戏，然后稍微改变游戏活动，来丰富和推进游戏的开展。教师可以用语言、动作引导幼儿丰富游戏内容。如娃娃家游戏中，教师看幼儿只是玩做饭游戏，假装摸摸娃娃的头说："你的宝宝不舒服了，发烧了呀。"借此引导幼儿发生新的游戏内容。

当看到幼儿缺乏游戏技能时，教师可以启发指导幼儿。如当幼儿不知道当医生做什么时，用语言指导："我和你一起当医生吧，今天有两位医生值班。我们先问问病人哪里不舒服，再用听诊器听一听，看看是不是咳嗽了。"这样的指导比"你想想应该怎么做？"更有利于幼儿游戏技能的提高。与幼儿一起游戏，并不会让幼儿感到压力，反而更愿意、更有目的地进行游戏。

如果幼儿游戏进行得顺利，教师就可以从游戏中撤出，重新进入观察者角色。

任务
流程

流程一：准备

请熟悉社会交往类区域游戏活动中幼儿行为观察的观测点和具体行为标准（见表3-10）。

表3-10　社会交往类区域游戏活动中幼儿行为观察的观测点和具体行为标准

社会交往类区域游戏活动环节	观测点	具体行为标准
参与活动	A. 学习品质	A1. 对新环境和新操作材料好奇
		A2. 提问
		A3. 参与性
		A4. 主动性与计划性
	B. 关键经验	B1. 尝试、摆弄、操作新事物
		B2. 与同伴建立关系
		B3. 交流互动
		B4. 尝试使用工具和材料
发现问题	A. 学习品质	A1. 发现问题，不怕困难
		A2. 主动尝试，有自信心
	B. 关键经验	积极探索问题的解决方法
合作创新	A. 学习品质	A1. 合作意识
		A2. 喜欢创造设计新的玩法，并乐于尝试新的玩法
	B. 关键经验	B1. 合作目的与问题解决
		B2. 语言交流与回应
		B3. 表征现实与表达想法
		B4. 用多种方式使用物品和材料或解决问题、创造新游戏
分享交流	A. 学习品质	愿意和教师或同伴分享
	B. 关键经验	B1. 和教师或同伴分享游戏的过程、遇到的困难及想出的解决办法
		B2. 结合游戏亲历的经验，从教师的建议或同伴的分享中筛选可借鉴的经验

流程二：观察

请根据任务情境完成对观察内容的描述。

娃娃家（小班）

　　区域活动时间，妞子、江江、元元陆续来到娃娃家进行游戏。妞子直接走到小床边，拿起娃娃玩了一下，又放回小床。江江、元元走到"小厨房"前，将架子上的物品一一拿出来，摆到桌子上、地面上。妞子坐在小床边看着他们。教师走进娃娃家，先把地上的玩具捡起来放到相应的收纳盒中，边捡边说："这些东西怎么都掉到地上啦，我们把这些捡起来吧。"妞子首先跟随教师一起捡玩具，江江看了一会儿，也跟着捡。元元站在一边看着教师和小朋友捡玩具，手里拿着一个锅，不知道该放哪里。教师对元元说："元元，你的锅是煮饭用的，我们把锅放在炉子上吧。"说完，带着元元走到小灶台前，指了指炉灶。元元把锅放在炉灶上。在教师的带领下，地上、桌上的玩具都收拾起来了。

　　教师拿出压泥模具和橡皮泥放到小桌上，3个孩子围过来，开始用模具压橡皮泥，压出好多各种颜色的小饼干放在盘子里。妞子选择了拧的压泥工具，尝试将泥装入其中来制作面条。元元用擀面杖擀着面团，他看着变薄的橡皮泥，举起来给两个同伴看，得意地说："看我做的饺子皮，包饺子喽！"

　　江江从柜子里取出制作蛋糕的小模具，随后，拿出4种不同颜色的橡皮泥，戴好围裙，开始做起蛋糕来。他先从黄色橡皮泥盒中揪出一块泥，在手心里团了团，塞到蛋糕模具中，用手指往里压，然后又从红色橡皮泥盒中揪出一块更大的橡皮泥，直接塞到模具中，按压一阵后，把模具扣在桌上，一下一下地敲着。敲了几下都没有扣出来，江江嘴里喃喃着："这个怎么扣不出来呀！""老师，这个扣不出来！"教师走过来，拿起蛋糕模具，斜着敲模具的边沿，很快橡皮泥和模具中间出现一个缝隙，橡皮泥活动了。教师说："江江，你看我怎么扣的。"江江认真地看着教师的动作，然后从老师手中拿过模具，也学着教师的样子斜着扣，几下后，橡皮泥从模具中脱出，一块黄色加红色的小蛋糕做好了。江江高兴地举起蛋糕给教师看，然后放到桌子中间的蛋糕托盘架上，开始做第二块蛋糕。

　　在江江游戏的同时，元元也戴好围裙在另外一张桌子上拿起刀子切起了黄瓜。5分钟后，江江拿着一个面团走到元元的桌子旁，对元元说："我做了好几块蛋糕啦，你做什么呢？"元元说："我切黄瓜呢。"江江又问："你切的黄瓜呀，那要做什么呀？"元元回头看看桌上的蛋糕架子，想了想说："嗯，都那么多蛋糕了。"江江说："你切的这个像我奶奶做的饺子馅，我奶奶做的黄瓜馅饺子可好吃了，我们一起来包饺子吧！""好啊！"元元大声地回答，转头跟教师说："我们要包饺子了，蛋糕够多了。"

教师问："怎么包饺子呀？江江你能做饺子皮吗？"江江说："我知道，就是把面团压扁，压成小饼，然后把馅放进去，再合上。"江江边说边用手比画着。元元说："我做饺子馅，我要把黄瓜切得小小的。"说完，他用塑料小刀使劲切黄瓜。

江江用小手把橡皮泥团一团，又压扁成小饼的样子，递给了对面的教师，说道："你先放到盘子里！"江江继续从橡皮泥盒子中搜出一块泥，团圆再压扁，递给教师。教师把小面饼放到盘子里，不一会儿的工夫，盘子里的小面饼越来越多了。江江说："老师，你看我们棒吗？"教师赶忙竖起了大拇指说道："太棒了！那接下来你们要做什么呢？""我们要放点馅包饺子了。"江江对着元元喊："元元，你的黄瓜馅快来！"元元端着一碗切得很小的黄瓜丁过来，说："这个就是黄瓜馅！"说完，元元拿一把小勺舀了一勺黄瓜丁放在盘子中的小面饼上，每个小面饼上都放了一勺黄瓜丁。江江把小面饼对折起来，用手捏紧边沿，说："这就是黄瓜饺子啦！"元元也学着江江的做法，把小面饼对折捏在一起，盘子里的饺子越来越多了。

妞子戴好了围裙和帽子，拿起锅做起饭来。晚些才进娃娃家的墨墨撑起小推车，把娃娃抱上车开始带娃娃外出散步了。墨墨先走到表演区，停下来看了一会儿小朋友跳舞，又来到美工区，看小朋友画画。在娃娃家旁边的建筑区里，当当、逸逸、齐齐3位"建筑师"正在忙着进行搭建。大约过了3分钟，墨墨抱着娃娃来到建筑区，她站着看了一会儿，小心翼翼地把娃娃放到地上。这时，已经搭好小动物房子的当当拿着积木走过来，看看地上的娃娃，对墨墨说："宝宝是不是病了？我来给她看看病吧！"说完当当左手拿着一块积木放在耳朵边，右手拿另一块积木当听诊器，放在宝宝的胸前，开始学着医生的样子听起来，还不时移动一下积木的位置。教师走过去问道："你们这是在做什么呢？""老师，我们在为娃娃家的宝宝看病。你看！这是我们给娃娃家的娃娃们搭建的爱心医院。"当当一边说一边指着建筑区中搭好的小房子说道。墨墨点点头，附和说："我的宝宝肚子疼，要去看看病。"齐齐也走了过来，听到他们俩说的话，对逸逸说："她的宝宝生病了，我们得给宝宝搭个床！"墨墨抱着宝宝走进了建筑区。妞子看到也走到墨墨身边说："我来陪着你们吧。"

大约又过去了15分钟，收区音乐响起，看病的医生和一直忙碌着的爸爸、妈妈们还在专注地游戏着，似乎没有听到音乐声。教师提醒几个孩子："该收玩具啦，你们今天在娃娃家玩了新的小医院游戏，想不想给其他小朋友讲一讲呀？"孩子们高兴地答应着，快速收拾着玩具。

活动区的分享环节，妞子、墨墨、江江、元元4个孩子站在大家面前，开始给小朋友们讲述他们包饺子、带娃娃去医院的游戏过程。江江抢先说："我们今天包饺子啦！"元元往前站了一步，说："我切的黄瓜馅，要把黄瓜切很小很小才行。"教师说："哇，你们真厉害呀，都会包饺子了，明天可以教教其他小朋友呀！"教师看着两个女孩子说："你们今天也有个新的玩法，快给其他小朋友说一说吧。"墨墨说："我今天推着娃娃出去逛了，去了好多地方，最后在建筑区娃娃还生病了，肚子疼。"妞子继续说："今天建筑区的小朋友给娃娃搭了医院，还搭了小床呢。"老师说："今天去娃娃家的小朋友真棒呀，包了饺子，还跟建筑区的小朋友一起玩了新的内容。明天去娃娃家的小朋友也可以试一试新的玩法。大家快给他们拍拍手吧！"4个孩子开心地走回座位。

流程三：记录

请根据社会交往类区域游戏活动的活动流程分阶段观察并完成记录。

为更高效地观察幼儿在社会交往类区域游戏活动中的游戏行为，教师可以在观察之前使用等级评定法制作观察记录表，以快速记录幼儿游戏行为。因社会交往类区域游戏活动中幼儿探索的一般过程为参与活动、发现问题、合作创新、分享交流，故分阶段制作不同的观察记录表以快速记录幼儿游戏行为（见表3-11至表3-14）。

（一）幼儿参与活动行为的观察与记录

表3-11　幼儿参与活动行为等级评定观察记录表

幼儿姓名：		班级：		观察者：	
活动区域：		开始时间：		结束时间：	

方面	要点	水平	判断依据（行为实录）
A. 学习品质	A1. 对新环境和新操作材料好奇	□水平一：不关注新的运动环境和器械，并对其毫无反应	
		□水平二	
		□水平三：能够察觉到周围环境的变化，身体转向并接触新的运动器械	
		□水平四	
		□水平五：对环境中的变化敏感，对新的操作材料表现出强烈的兴趣	
	A2. 提问	□水平一：在活动过程中不提问	
		□水平二	
		□水平三：对新的操作材料进行提问	
		□水平四	
		□水平五：对新的操作材料和活动有焦点地刨根问底	

续表

方面	要点	水平	判断依据（行为实录）
A. 学习品质	A3. 参与性	□水平一：不愿意或不积极地参与到集体活动之中	
		□水平二	
		□水平三：在同伴邀请或成人的引导下能积极参加和投入活动	
		□水平四	
		□水平五：主动发起或参与集体活动，在活动中表现持续的兴致和热情	
	A4. 主动性与计划性	□水平一：对自己想做的事情有比较模糊的想法，能用简单的语句自言自语地表达出来	
		□水平二	
		□水平三：对自己想做的事情有明确的想法和计划，能按计划的内容去做事情或向同伴表达出来	
		□水平四	
		□水平五：能够制定连续的计划，并与同伴交流，能够持续花费两三天时间完成	
B. 关键经验	B1. 尝试、摆弄、操作新事物	□水平一：对新的材料没有关注和触摸的意愿	
		□水平二	
		□水平三：偶尔关注或简单触摸新的操作材料，表现出尝试意愿	
		□水平四	
		□水平五：反复尝试、摆弄、操作新的材料	
	B2. 与同伴建立关系	□水平一：独自游戏，对同伴做的事情没有关注，或仅是看着	
		□水平二	
		□水平三：能自发地把一个物品给其他幼儿，对同伴有主动的语言沟通	
		□水平四	
		□水平五：通过提出想法或接受同伴的想法来明确游戏内容，尝试与同伴合作的游戏	

方面	要点	水平	判断依据（行为实录）
B. 关键经验	B3. 交流互动	□水平一：不愿意与其他同伴一起交流合作，共同活动	
		□水平二	
		□水平三：愿意与同伴共同游戏，愿意参与同伴交流	
		□水平四	
		□水平五：主动寻找同伴一起游戏	
	B4. 尝试使用工具和材料	□水平一：初步探索工具和材料来支持游戏	
		□水平二	
		□水平三：灵活地使用工具和材料制作游戏需要的物品来支持游戏	
		□水平四	
		□水平五：带有创意地使用工具和材料，制作富有变化的物品来支持游戏	

（二）幼儿发现问题行为的观察与记录

表3-12　幼儿发现问题行为等级评定观察记录表

幼儿姓名：　　　　　　　班级：　　　　　　　观察者：

活动区域：　　　　　　　开始时间：　　　　　　结束时间：

方面	要点	水平	判断依据（行为实录）
A. 学习品质	A1. 发现问题，不怕困难	□水平一：遇到问题和困难时表现出挫败感，不主动想办法去解决	
		□水平二	
		□水平三：遇到问题和困难时，会尝试想办法解决（包括寻求同伴和教师的帮助）	
		□水平四	
		□水平五：遇到问题和困难时，会主动想多种办法解决	
	A2. 主动尝试，有自信心	□水平一：游戏中发现问题时没经过尝试便放弃活动，对自己的能力不够自信	
		□水平二	

续表

方面	要点	水平	判断依据（行为实录）
A. 学习品质	A2. 主动尝试，有自信心	□水平三：游戏中发现问题时初步尝试并能表达出来，对自己的能力有一定信心，但依然需要依赖他人的帮助	
		□水平四	
		□水平五：在游戏中发现问题能先用自己的方法尝试解决，对自己的能力有很强的信心，一种方法不行时会换另一种方法尝试解决	
B. 关键经验	积极探索问题的解决方法	□水平一：只接受有把握的任务，能通过指认、触摸等动作选择材料	
		□水平二	
		□水平三：在其他伙伴的建议和启示下，或在成人的鼓励和引导下接受有挑战性的任务，能积极选择一些材料	
		□水平四	
		□水平五：主动选择有挑战性的任务，自主选择多种材料和活动方式	

（三）幼儿合作创新行为的观察与记录

表3-13 幼儿合作创新行为等级评定观察记录表

幼儿姓名： 班级： 观察者：

活动区域： 开始时间： 结束时间：

方面	要点	水平	判断依据（行为实录）
A. 学习品质	A1. 合作意识	□水平一：不愿意一起游戏，不能相互配合	
		□水平二	
		□水平三：有和同伴一起游戏的意愿，主动与他人进行简单协商	
		□水平四	
		□水平五：积极邀请同伴合作进行游戏，主动与他人进行简单协商并制定规则	
	A2. 喜欢创造设计新的玩法，并乐于尝试新的玩法	□水平一：喜欢按原有熟悉的方法游戏，不愿意改变游戏，不敢于尝试新的玩法	
		□水平二	

续表

方面	要点	水平	判断依据（行为实录）
A. 学习品质	A2. 喜欢创造设计新的玩法，并乐于尝试新的玩法	□水平三：喜欢试探新的玩法，发现新玩法可以实行后很开心，主动跟同伴分享，愿意接受同伴提出的新玩法	
		□水平四	
		□水平五：经常创造新的游戏内容，主动设计新的玩法，乐于看到自己的新想法被同伴接受，也愿意招呼同伴一起尝试新玩法	
B. 关键经验	B1. 合作目的与问题解决	□水平一：合作目标不明确，动机不太确定，对问题解决的结果不关注	
		□水平二	
		□水平三：合作有初步的目的性，能尝试1～2种合作方法，能用分工解决遇到的问题	
		□水平四	
		□水平五：合作动机强烈，合作的方法更加多样，幼儿会思考多种方法和协调资源，直至问题解决	
	B2. 语言交流与回应	□水平一：不主动与同伴用语言进行交谈；当别人主动用语言来交流时，能够作出简单的回应	
		□水平二	
		□水平三：愿意与同伴进行交谈，能将自己的想法和意愿表达出来，尝试用语言与同伴协商；当别人主动交流时，能积极回应	
		□水平四	
		□水平五：愿意与同伴一起讨论问题，能够主动表达自己的想法，连贯、有序地表达自己的意愿，并与同伴协商；当别人主动交流时能够作出积极主动的回应	
	B3. 表征现实与表达想法	□水平一：偶尔能表征现实或表达想法	
		□水平二	
		□水平三：偶尔能从不同于已有的角度表达想法	
		□水平四	
		□水平五：总是能从新的角度思考分析，表征现实或表达想法	

方面	要点	水平	判断依据（行为实录）
B. 关键经验	B4. 用多种方式使用物品和材料或解决问题、创造新游戏	□水平一：能根据用途去使用材料，基本按习惯的模式进行游戏	
		□水平二	
		□水平三：尝试使用新的方式使用物品和材料或解决问题，初步尝试自己创设新的游戏	
		□水平四	
		□水平五：能用多种方式操作物品和材料或解决问题，主动改变游戏的内容和规则，以更复杂的方式推进游戏、丰富内容	

（四）幼儿分享交流行为的观察与记录

表3-14　幼儿分享交流行为等级评定观察记录表

幼儿姓名：　　　　　　　　　班级：　　　　　　　　观察者：

活动区域：　　　　　　　　　开始时间：　　　　　　　结束时间：

方面	要点	水平	判断依据（行为实录）
A. 学习品质	愿意和教师或同伴分享	□水平一：不主动和教师或同伴分享自己在游戏中的经历，在教师的帮助下能够做到	
		□水平二	
		□水平三：愿意分享自己游戏中经历的事情，敢于走到大家面前来介绍	
		□水平四	
		□水平五：主动分享自己的作品，自信地走到大家面前，滔滔不绝地介绍自己的游戏经历，能说清具体事情的过程，表达遇到的问题和解决的方法，并指出和谁一起努力完成	
B. 关键经验	B1. 和教师或同伴分享游戏的过程、遇到的困难及想出的解决办法	□水平一：和教师或同伴分享游戏的过程	
		□水平二	
		□水平三：和教师或同伴不仅分享游戏的过程，还分享了遇到的困难	
		□水平四	
		□水平五：和教师或同伴不仅分享游戏的过程，还分享了遇到的困难及想出的解决办法	

续表

方面	要点	水平	判断依据（行为实录）
B. 关键经验	B2. 结合游戏亲历的经验，从教师的建议或同伴的分享中筛选可借鉴的经验	□水平一：具有从教师的建议或同伴的分享中学习、借鉴的意识	
		□水平二	
		□水平三：能结合游戏亲历的自身经验，从教师的建议或同伴的分享中筛选可借鉴经验	
		□水平四	
		□水平五：不仅能结合自制作品的经验，从教师的建议或同伴的分享中筛选可借鉴经验，还能萌生进一步改进游戏的想法	

流程四：分析

请根据记录表格内容对观察情况进行分析（见表3-15至表3-18）。

（一）幼儿参与活动行为的记录与分析

表3-15　幼儿参与活动行为观察分析表

幼儿姓名：妞子、江江、元元　　　　　班级：小班　　　　　观察者：于老师

方面	要点	观察行为实录分析与水平选择
A. 学习品质	A1. 对新环境和新操作材料好奇	通过对幼儿行为实录和指标体系中水平的比较，可知幼儿现在处于水平三 •行为实录：妞子直接走到小床边，拿起娃娃玩了一下，又放回小床。江江、元元走到"小厨房"前，将架子上的物品一一拿出来，摆到桌子上、地面上
	A2. 提问	通过对幼儿行为实录和指标体系中水平的比较，可知幼儿现在处于水平一 •行为实录：3名幼儿在刚进入娃娃家时没有言语交流和提问
	A3. 参与性	通过对幼儿行为实录和指标体系中水平的比较，可知幼儿现在处于水平三 •行为实录：妞子首先跟随教师一起捡玩具，江江看了一会儿，也跟着捡……教师对元元说："元元，你的锅是煮饭用的，我们把锅放在炉子上吧。"说完，带着元元走到小灶台前，指了指炉灶。元元把锅放在炉灶上

方面	要点	观察行为实录分析与水平选择
A. 学习品质	A4. 主动性与计划性	通过对幼儿行为实录和指标体系中水平的比较，可知幼儿现在处于水平三 •行为实录：妞子选择了拧的压泥工具，尝试将泥装入其中来制作面条。元元用擀面杖擀着面团，他看着变薄的橡皮泥，举起来给两个同伴看，得意地说："看我做的饺子皮，包饺子喽！"
B. 关键经验	B1. 尝试、摆弄、操作新事物	通过对幼儿行为实录和指标体系中水平的比较，可知幼儿现在处于水平三 •行为实录：妞子直接走到小床边，拿起娃娃玩了一下，又放回小床。江江、元元……将架子上的物品一一拿出来，摆到桌子上、地面上
	B2. 与同伴建立关系	通过对幼儿行为实录和指标体系中水平的比较，可知幼儿现在处于水平一 •行为实录：妞子坐在小床边看着他们（江江和元元没有关注妞子做什么）
	B3. 交流互动	通过对幼儿行为实录和指标体系中水平的比较，可知幼儿现在处于水平三 •行为实录：妞子首先跟随教师一起捡玩具，江江看了一会儿，也跟着捡……元元用擀面杖擀着面团，他看着变薄的橡皮泥，举起来给两个同伴看，得意地说："看我做的饺子皮，包饺子喽！"
	B4. 尝试使用工具和材料	通过对幼儿行为实录和指标体系中水平的比较，可知幼儿现在处于水平一 •行为实录：妞子选择了拧的压泥工具，尝试将泥装入其中来制作面条。元元用擀面杖擀着面团

（二）幼儿发现问题行为的记录与分析

表3-16 幼儿发现问题行为观察分析表

幼儿姓名：妞子、江江、元元　　　　班级：小班　　　　观察者：于老师

方面	要点	观察行为实录分析与水平选择
A. 学习品质	A1. 发现问题，不怕困难	通过对幼儿行为实录和指标体系中水平的比较，可知幼儿现在处于水平三 •行为实录：敲了几下都没有扣出来，江江嘴里喃喃着："这个怎么扣不出来呀！""老师，这个扣不出来！"
	A2. 主动尝试，有自信心	通过对幼儿行为实录和指标体系中水平的比较，可知幼儿现在处于水平三 •行为实录：江江认真地看着教师的动作，然后从教师手中拿过模具，也学着教师的样子斜着扣……江江高兴地举起蛋糕给教师看，然后放到桌子中间的蛋糕托盘架上，开始做第二块蛋糕

续表

方面	要点	观察行为实录分析与水平选择
B. 关键经验	积极探索问题的解决方法	通过对幼儿行为实录和指标体系中水平的比较，可知幼儿现在处于水平三 •行为实录：江江认真地看着教师的动作，然后从教师手中拿过模具，也学着教师的样子斜着扣，几下后，橡皮泥从模具中脱出，一块黄色加红色的小蛋糕做好了

（三）幼儿合作创新行为的记录与分析

表3-17　幼儿合作创新行为观察分析表

幼儿姓名：妞子、江江、元元　　　　　班级：小班　　　　　观察者：于老师

方面	要点	观察行为实录分析与水平选择
A. 学习品质	A1. 合作意识	通过对幼儿行为实录和指标体系中水平的比较，可知幼儿现在处于水平三 •行为实录：江江拿着一个面团走到元元的桌子旁，对元元说："我做了好几块蛋糕啦，你做什么呢？"元元说："我切黄瓜呢。"江江又问："你切的黄瓜呀，那要做什么呀？"元元回头看看桌上的蛋糕架子，想了想说："嗯，都那么多蛋糕了。"江江说："你切的这个像我奶奶做的饺子馅，我奶奶做的黄瓜馅饺子可好吃了，我们一起来包饺子吧！"
	A2. 喜欢创造设计新的玩法，并乐于尝试新的玩法	通过对幼儿行为实录和指标体系中水平的比较，可知幼儿现在处于水平三 •行为实录：墨墨撑起小推车，把娃娃抱上车开始带娃娃外出散步了。墨墨先走到表演区，停下来看了一会儿小朋友跳舞，又来到美工区，看小朋友画画。在娃娃家旁边的建筑区里，当当、逸逸、齐齐3位"建筑师"正在忙着进行搭建
B. 关键经验	B1. 合作目的与问题解决	通过对幼儿行为实录和指标体系中水平的比较，可知幼儿现在处于水平三 •行为实录："我们要放点馅包饺子了。"江江对着元元喊："元元，你的黄瓜馅快来！"元元端着一碗切成很小的黄瓜丁过来，说："这个就是黄瓜馅！"说完，拿一把小勺舀了一勺黄瓜丁放在盘子中的小面饼上，每个小面饼上都放了一勺黄瓜丁。江江把小面饼对折起来，用手捏紧边沿，说："这就是黄瓜饺子啦！"
	B2. 语言交流与回应	通过对幼儿行为实录和指标体系中水平的比较，可知幼儿现在处于水平三 •行为实录：江江说："你切的这个像我奶奶做的饺子馅，我奶奶做的黄瓜馅饺子可好吃了，我们一起来包饺子吧！""好啊！"……江江对着元元喊："元元，你的黄瓜馅快来！"元元端着一碗切成很小的黄瓜丁过来，说："这个就是黄瓜馅！"

续表

方面	要点	观察行为实录分析与水平选择
B. 关键经验	B3. 表征现实与表达想法	通过对幼儿行为实录和指标体系中水平的比较，可知幼儿现在处于水平三 • 行为实录：墨墨抱着娃娃来到建筑区，她站着看了一会儿，小心翼翼地把娃娃放到地上。这时，已经搭好小动物房子的当当拿着积木走过来，看看地上的娃娃，对墨墨说："宝宝是不是病了？我来给她看看病吧！"说完当当左手拿着一块积木放在耳朵边，右手拿另一块积木当听诊器，放在宝宝的胸前，开始学着医生的样子听起来，还不时移动一下积木的位置。 "……你看！这是我们给娃娃家的娃娃们搭建的爱心医院"，当当一边说一边指着建筑区中搭好的小房子说道。墨墨点点头，附和说："我宝宝肚子疼了，要去看看病。"
	B4. 用多种方式使用物品和材料或解决问题、创造新游戏	通过对幼儿行为实录和指标体系中水平的比较，可知幼儿现在处于水平三 • 行为实录：当当左手拿着一块积木放在耳朵边，右手拿另一块积木当听诊器，放在宝宝的胸前，开始学着医生的样子听起来，还不时移动一下积木的位置

（四）幼儿分享交流行为的记录与分析

表3-18　幼儿分享交流行为观察分析表

幼儿姓名：妞子、江江、元元　　　　班级：小班　　　　观察者：于老师

方面	要点	观察行为实录分析与水平选择
A. 学习品质	愿意和教师或同伴分享	通过对幼儿行为实录和指标体系中水平的比较，可知幼儿现在处于水平三 • 行为实录：江江抢先说："我们今天包饺子啦！"元元往前站了一步，说："我切的黄瓜馅，要把黄瓜切很小很小才行。"
B. 关键经验	B1. 和教师或同伴分享游戏的过程、遇到的困难及想出的解决办法	通过对幼儿行为实录和指标体系中水平的比较，可知幼儿现在处于水平一 • 行为实录：老师看着两个女孩子说："你们今天也有个新的玩法，快给其他小朋友说一说吧。"墨墨说："我今天推着娃娃出去逛了，去了好多地方，最后在建筑区娃娃还生病了，肚子疼。"
	B2. 结合游戏亲历的经验，从教师的建议或同伴的分享中筛选可借鉴的经验	通过对幼儿行为实录和指标体系中水平的比较，可知幼儿现在处于水平一 • 行为实录：老师说："今天去娃娃家的小朋友真棒呀，包了饺子，还跟建筑区的小朋友一起玩了新的内容。明天去娃娃家的小朋友也可以试一试新的玩法。大家快给他们拍拍手吧！"4个孩子开心地走回座位

流程五：指导

请根据幼儿行为表现分析情况提出改进意见或指导策略。

（一）基于幼儿社会交往类区域游戏参与活动环节行为表现分析结果的指导

1. 基于幼儿学习品质行为表现分析结果的指导

（1）基于幼儿"对新环境和新操作材料产生好奇"行为表现分析结果的指导。

幼儿在这一阶段的情绪已基本稳定，早饭后能自己去选择喜欢的活动区游戏并对娃娃家丰富的玩具、用具明显感兴趣，愿意抢先进入娃娃家。幼儿可以关注到环境区角中的材料，愿意主动操作摆弄材料。具体指导策略如下：

★ 教师在创设娃娃家区域游戏环境时，可以提供比较多的成品材料，如餐具类、家具类、家用电器、娃娃等，还有一些仿真的水果、蔬菜等。这些材料的提供在小班游戏初期能够满足幼儿兴趣，吸引幼儿主动进入娃娃家游戏。

（2）基于幼儿"提问"行为表现分析结果的指导。

小班幼儿在这个阶段没有发生提问行为也是正常现象，教师只需持续观察幼儿即可；如果有幼儿提出问题时，教师要能够积极地回应。

（3）基于幼儿"参与性"行为表现分析结果的指导。

小班幼儿比较喜欢跟随成人或同伴一起游戏，这样更有安全感。他们往往可以在同伴邀请或成人的引导下能积极参加和投入活动。具体指导策略如下：

★ 教师应尽可能多与幼儿共同游戏，在游戏中实施自然化的指导行为，以同伴身份参与幼儿的游戏，以游戏伙伴的平等身份与幼儿对话，吸引幼儿积极主动地投入游戏之中。

（4）基于幼儿"主动性与计划性"行为表现分析结果的指导。

小班幼儿游戏中提前做计划的意识还不成熟，很多游戏内容是随着对游戏材料的熟悉逐渐丰富的。他们对自己想做的事情有比较模糊的想法，但是已经能用简单语句自言自语地表达出来。可以看出几名幼儿对自己要玩什么还没有明确的计划，主要表现是看到什么就想玩什么，对娃娃家玩具和用具的功能、使用方法还不太关注。具体指导策略如下：

★ 教师可以通过游戏伙伴的身份帮助幼儿发现并了解游戏材料的使用方法，用教师自己的行为吸引小班幼儿，可以通过适当的提问"今天我们吃点什么呢？""今天我们在家里做些什么呢？"来引发幼儿初步制定游戏小计划，并鼓励幼儿按照自己的想法去游戏。

2. 基于幼儿关键经验行为表现分析结果的指导

（1）基于幼儿"尝试、摆弄、操作新事物"行为表现分析结果的指导。

小班幼儿无意注意占优势，对颜色鲜艳、生动、有趣、熟悉的游戏材料比较感兴趣，容易被吸引。具体指导策略如下：

★ 教师在为小班幼儿准备材料时应结合幼儿对颜色鲜艳、生动、有趣、熟悉这一特点投放玩具材料，以激发幼儿好奇心和探究兴趣，吸引幼儿主动来到活动区。

（2）基于幼儿"与同伴建立关系"行为表现分析结果的指导。

小班幼儿处于自我中心的阶段，游戏状态经常表现出平行游戏的特点，即对自己感兴趣的材料比较关注，对周围同伴的游戏状态关注很少。具体指导策略如下：

★ 教师可以在游戏中以跟幼儿一起玩的方式启发幼儿模仿学习与同伴相处的方法，如适当的问话、及时回应别人的问话、和同伴一起做食物收拾物品等，以帮助幼儿有意识地去关注他人，尝试主动与同伴一起游戏。

（3）基于幼儿"交流互动"行为表现分析结果的指导。

当游戏的内容吸引了幼儿后，自然的同伴交流就容易发生了。具体指导策略如下：

★ 教师可以有意识地鼓励幼儿之间的交流，并自然地参与到幼儿的交流行为中，用教师自己的语言和行为为幼儿交流方法的学习和模仿作出示范。

（4）基于幼儿"尝试使用工具和材料"行为表现分析结果的指导。

小班幼儿直觉行动思维占优势，对玩具的摆弄往往没有事前的目的性，而是边玩边想，先有动作再有想法，因此表现出对玩具材料仅是进行各种形式的移动，停留在表面探索的阶段。具体指导策略如下：

★ 教师要理解和接纳幼儿这一特点和典型表现，适时介入幼儿的游戏，以玩伴的身份带着幼儿一起认识各种材料的特性和功能，逐渐引导幼儿从关注表面操作到有目的的探索操作。

（二）基于幼儿社会交往类区域游戏发现问题环节行为表现分析结果的指导

1. 基于幼儿学习品质行为表现分析结果的指导

（1）基于幼儿"发现问题，不怕困难"行为表现分析结果的指导。

幼儿在游戏过程中对遇到的问题和困难表现出不同的态度，有的幼儿直接放弃，有的幼儿主动尝试动手解决，有的幼儿则会先寻求同伴或成人帮助，然后在他人的帮助中尝试解决。具体指导策略如下：

★ 教师在幼儿遇到问题和困难时是否介入、如何介入，需要在观察的基础上判断幼儿的发展特点与水平，如果幼儿具有探究解决的能力，只是不敢于或不习惯尝试一下时，教师的介入指导应是启发性；如果幼儿能力不足时，教师的介入应是示范性。

（2）基于幼儿"主动尝试，有自信心"行为表现分析结果的指导。

幼儿能够主动寻求教师的帮助，并认真观察教师的操作方法，主动尝试用学到的方法解决遇到的问题。幼儿在学会有效的解决方法后，能够继续运用方法做更多次的尝试，并开心地体验到成功感受。具体指导策略如下：

★ 教师要了解幼儿的年龄特点和发展水平。越是年龄小的幼儿，判断自己能力的水平越低，大班幼儿往往对自己是否能够解决问题有比较清晰的水平判断。小班幼儿生活经验不够丰富，对成人和同伴的依赖更明显，遇到问题不管是否能解决，都要求助于成人。

★ 教师要注意观察并判断幼儿实际能力并适时介入。看到幼儿操作材料没有问题，是方法不当的原因，教师在幼儿求助后，用自己示范动作的方式引导幼儿观察并尝试动手解决遇到的问题。

2. 基于幼儿关键经验行为表现分析结果的指导

基于幼儿"积极探索问题的解决方法"行为表现分析结果的指导。

为了鼓励幼儿积极探索问题、解决问题，教师可以使用以下指导策略。

★ 教师要了解幼儿的发展特点与水平。小班幼儿的年龄特点之一是认识靠行动，这与幼儿思维水平有关。对复杂的语言表述，小班幼儿的理解能力有限，对动作的细微观察和识别很敏感。教师的指导就是在了解小班幼儿发展特点的基础上，通过动作示范启发引导幼儿，指导幼儿通过观察动作的不同，找到有效方法的要点，继而主动调整自己的动作，解决问题，完成任务。在启发指导的过程中，既接纳幼儿发现的问题，又为幼儿的主动探索提供了支持。

（三）基于幼儿社会交往类区域游戏合作创新环节行为表现分析结果的指导

1. 基于幼儿学习品质行为表现分析结果的指导

（1）基于幼儿"合作意识"行为表现分析结果的指导。

有的幼儿在自己游戏的同时，开始关注同伴做的事情，并主动与同伴交流，询问同伴的想法；也有的幼儿仍然对自己正在做的事情关注更高。能够关注同伴的幼儿往往会发起合作的建议。为了培养幼儿的合作意识，教师可以使用以下指导策略。

★ 当观察到幼儿有初步合作意识时，教师应在尊重幼儿的基础上，肯定幼儿间的交流，进一步观察并支持幼儿可能产生的合作行为。教师在幼儿游戏中扮演着启发引导者的角色，当幼儿有了新的想法，但还不确定如何去执行时，教师可以巧妙地引导了幼儿有序地做事。如当幼儿提出包饺子的建议后，教师自然地问了"怎么包饺子""能做饺子皮吗"，将幼儿想包饺子的想法直接推进到要做的具体事情上。

（2）基于幼儿"喜欢创造设计新的玩法，并乐于尝试新的玩法"行为表现分析结果的指导。

幼儿喜欢从自己游戏的区域中寻访到其他游戏区，并在自己的游戏情境中为自由"寻访"（溜达）找到合适的理由。幼儿能够将自己的生活经验与游戏进行联系，产生出新的游戏情境。为了鼓励幼儿创新和尝试，教师可以使用以下指导策略。

★ 教师允许幼儿跨区域游戏，以观察者的角度关注幼儿的游戏行为。

★ 教师应该创设宽松的游戏氛围，允许幼儿自由进行活动区之间的沟通和联系。宽松、开放的游戏氛围能让幼儿新的想法和新的游戏创意得以实现，同时新的游戏创意又促成了更多幼儿间的交往行为。

2. 基于幼儿关键经验行为表现分析结果的指导

（1）基于幼儿"合作目的与问题解决"行为表现分析结果的指导。

发起合作做事建议的幼儿经常是"合伙人"中的规则制定者，当遇到问题的时候，也是主要"出主意"人，也就是比较主动地去解决问题。针对小班幼儿的合作与问题解决，教师可以使用以下指导策略。

★ 教师要观察幼儿的行为表现。小班幼儿的合作做事还处于初级水平，但能够看到明显的分工行为。一些还不能主动发起合作做事的幼儿，当有同伴提出建议后，也会乐意与同伴一起做事。这些幼儿往往是追随者，当有同伴出主意时，很乐于接受，并照此去做。他们虽然是比较被动的问题解决者，但当问题解决后，也会同样开心。

（2）基于幼儿"语言交流与回应"行为表现分析结果的指导。

幼儿游戏过程中的语言交流是比较频繁的，随着年龄的增长，有特定指向和特定意义的语言交流在社会交往游戏中更为频繁。小班幼儿受语言表达能力所限，游戏中的交流一般是短句、语词等简单表达，重复性、模仿性、感叹性的语言很多。当同伴说出想法自己也认同时，会积极作出回应。具体指导策略如下：

★ 教师在游戏中观察到幼儿积极地进行语言沟通时，应以游戏者身份鼓励幼儿的想法，可以与幼儿作出同样的回应以表达自己的赞同，如"好呀！这个想法真好，我也一起做！"这样会激发幼儿游戏的兴趣，使幼儿获得快乐的情绪体验。

★ 当观察到幼儿对同伴的交流没有回应时，教师可以提醒幼儿："他的想法你愿意做吗？你可以告诉他。"以此引导幼儿逐渐养成主动回应的习惯。

（3）基于幼儿"表征现实与表达想法"行为表现分析结果的指导。

幼儿能够用游戏材料进行需要情境的表征，以物代物地进行模仿，如将积木当作听诊器。当出现新的游戏情境后，幼儿能随机调整自己的游戏内容，顺应新情境的需要，创造出新的作品，如为生病的宝宝搭床。具体指导策略如下：

★ 教师可以参与到幼儿的游戏中，询问幼儿，了解幼儿的想法，支持幼儿的做法。

（4）基于幼儿"用多种方式使用物品和材料或解决问题、创造新游戏"行为表现分析结果的指导。

针对幼儿用多种方式使用物品和材料或解决问题、创造新游戏的行为，教师可以使用以下指导策略。

★ 小班幼儿游戏中，教师特别需要做好的角色就是游戏伙伴，在观察的基础上，支持幼儿的创新玩法。很多指导行为都是以"伙伴"的角色在与幼儿平等的关系中发生的，这样的指导行为自然化、生活化，贴近幼儿的理解水平，将幼儿作为游戏的主体看待，用自身的行为为幼儿示范了如何与同伴合作做事情，有效地激发出幼儿"我要做""我来做""我会做"的积极性和主动性。

★ 在幼儿有了新想法时，教师可以旁观或简单询问了解，支持幼儿尝试。在此基础上，引导幼儿用自己的方法解决遇到的问题，即便是小班幼儿的简单想法，也要给予充分的尊重和支持，对不同发展水平的幼儿，都予以接纳的态度，不急于"跨水平"的指导，让幼儿相信自己是有解决问题能力的学习者。

（四）基于幼儿社会交往类区域游戏分享交流环节行为表现分析结果的指导

1. 基于幼儿学习品质行为表现分析结果的指导

基于幼儿"愿意和教师或同伴进行分享"行为表现分析结果的指导。

小班幼儿在当众表达方面有着比较大的差异，受其语言表达能力和水平的影响，有的幼儿爱说，乐于在同伴面前表达；有的幼儿胆子小，不敢在同伴面前大声表达，甚至不愿意当众表达。具体指导策略如下：

★ 教师可以认真听幼儿自主地表达游戏经历，表现出对幼儿表达的事情感兴趣，其他幼儿会关注并模仿教师认真听的行为。

★ 对于不敢表达的幼儿，教师可以鼓励他们站在同伴身边，用行动支持同一组伙伴，适时让有同样经历的伙伴也简单说出自己的感受。

2. 基于幼儿关键经验行为表现分析结果的指导

（1）基于幼儿"和教师或同伴分享游戏的过程、遇到的困难及想出的解决办法"行为表现分析结果的指导。

幼儿对能够在讲评环节介绍自己的活动非常感兴趣，愿意与同伴分享自己的游戏经历。幼儿在分享的时候总愿意一起进行，即便讲述的是其中某一个幼儿，但也要坚持所有游戏的参与者都站到前面，表达出自己是游戏的一员，无论谁主要讲述，都认为是在讲自己的经历的事情。幼儿在讲述中经常你一言我一语，抢着表达自己的想法和做法，并对自己的表达很满意。幼儿对自己想法的关注多于同伴给出的意见。幼儿讲完之后，都会很快乐地回到座位。具体指导策略如下：

★ 教师可以鼓励幼儿都到前面来分享，引导幼儿积极表达自己的想法，重点引导幼儿分享参与活动的名称、游戏过程、问题与解决方法、新玩法，以引发更多幼儿的游戏意愿，同时让表达的幼儿非常有成就感。

（2）基于幼儿"结合游戏亲历的经验，从教师的建议或同伴的分享中筛选可借鉴的经验"行为表现分析结果的指导。

教师鼓励幼儿把自己的新玩法分享给其他小朋友，幼儿具有从教师的建议或同伴的分享中学习、借鉴的意识。具体指导策略如下：

★ 教师支持者、合作者的身份不仅停留在游戏中，也需要延伸到游戏外。平等的伙伴关系，带给幼儿"主体"感受，接纳并支持幼儿的想法，让幼儿产生更多主动探索游戏为游戏做主的想法。

★ 教师有效地引导幼儿将一个区域的想法表述给更多的幼儿，在丰富幼儿游戏经验的同时，也激发了幼儿的成就感和自信心，从而促使更多的幼儿主动参与游戏，鼓励更多的幼儿在常规游戏情境中自主探索新的玩法，获得更丰富的游戏体验。

**反思
总结**

请根据所学内容完成反思总结。

1. 在学习社会交往类区域游戏活动各环节幼儿行为观察的观测点与具体行为标准、记录方法、分析指导等内容之后，请对所学内容进行回顾总结。

（1）我知道幼儿社会交往类区域游戏活动观察的观测点与具体行为标准：

_____

_____

_____

（2）我知道观察记录的方法包括：

_____

_____

_____

（3）我知道观察与指导幼儿社会交往类区域游戏活动的任务流程：

_____

_____

_____

2. 请根据情境灵活应用所学内容设计并开展调查。

张老师的烦恼

幼儿园张老师在为小班幼儿创设社会交往类区域——娃娃家，为幼儿提供了厨房用具、各种餐具、生活用品、仿真水果和蔬菜、娃娃等材料，为幼儿的生活模拟游戏创设了环境、准备了材料。但在幼儿游戏中张老师发现，孩子们总是把玩具扔得满地都是，跟孩子们说了好多次，仍然没有明显的改变，孩子们依旧是高高兴兴地进入娃娃家，开始玩着喂娃娃、做饭等游戏，然后就是把各种物品、用具一会儿放桌上、一会儿放地上，还有的放在娃娃的小床上。等收玩具的时候，孩子们匆忙把各种玩具放到筐里、柜子里就走了。张老师每次都要用很长时间帮助孩子们把玩具材料归纳到位，以便第二天孩子们再来游戏。

　　张老师也很困惑，娃娃家的孩子们总是玩做饭的游戏，每天的游戏内容很少有新的变化，如何指导孩子们在娃娃家产生更多的游戏可能、做更多的事情、有更加丰富的社会交往行为发生呢？娃娃家如何观察幼儿的行为给予适宜的指导，提供更丰富的玩具材料呢？请你从调查目标、调查方法、调查过程、调查结果等方面设计调查方案了解现状，并运用所学设计解决问题的步骤。

_____

_____

_____

任务三　幼儿是乐于想象和创造的艺术家
——创意想象类区域游戏活动中的幼儿行为观察与指导

创意想象类区域游戏活动观察指导诀窍歌

创意想象奇妙多，快乐游戏促发展；

游戏规则明确好，发展成果才可盼；

产生兴趣最重要，好奇好问不嫌烦；

感知了解想计划，天马行空事不乱；

创意想象思路多，借助舞台节目演；

表达表现不拘束，大家相互把赞点；

教师指导效果好，幼儿成就不一般。

任务情境

请了解创意想象类区域游戏活动任务情境的内容梗概。

小音乐剧：琪琪的小牙刷（大班）

幼儿在主题活动中学习了歌曲《小牙齿》《小牙刷》《细菌危害大》，教师将相关内容投放到表演区和语言区供幼儿进行自主游戏。有一次，果果提了一个建议：把我们学的歌加到这个牙齿故事里，就像我们小班《拔萝卜》那样有音乐、有故事。果果边说边唱起了《小牙齿》的歌曲，其他幼儿也跟着唱了起来，边唱边用动作来表演。把歌曲和故事结合在一起进行表演这一提议立刻得到其他幼儿的响应："好呀好呀，这样我们就可以在表演区进行表演了。"于是幼儿针对如何表演进行头脑风暴（幼儿之前有过音乐剧表演经验，而且，教师引导幼儿以头脑风暴的方式开展讨论）。在头脑风暴中幼儿想到如下跟表演有关的内容：剧本、节目单、歌曲/音乐、道具、场地、观众、表演、背景、角色、灯光……

［中国科学院第三幼儿园　薛许立　刘婉婷］

基础理论

请关注幼儿创意想象类游戏的基础理论。

一、创意想象类游戏对幼儿发展的意义

创造性是人主体性的现实直观表现。幼儿正处于具体形象思维阶段，他们拥有惊人的想象力与创造力。创意想象类游戏包括结构游戏、制造游戏（美工区）、角色游戏和表演游戏。创意想象类游戏是幼儿以想象为中心，主动地、创造性地反映现实生活的游戏。幼儿在游戏中依据自己的生活经验、认知水平及兴趣倾向，自主地通过语言、动作、神态、操作材料创造性地反映自己所了解或想象中的现实生活。

创意想象类游戏的开展，为幼儿提供了模仿、创造性地反映社会生活与人际交往的机会与途径，对引导和促进幼儿进一步了解社会生活、提高交往能力，创造性地表征和表达对世界的认识，培养幼儿创造意识和创造能力具有重要的意义。

二、创意想象类游戏的组织要点及策略

游戏材料既是幼儿顺利进行游戏的物质保障，也是幼儿游戏生成、拓展最重要的载体。幼儿在游戏中自主感和胜任感的获得可以通过材料的引入、使用、创新等加以回应。因此，教师在提供游戏材料时，既要考虑游戏的内容，又要考虑幼儿的年龄特点和真实的游戏需求，用层次结构丰富的游戏材料回应幼儿的多种游戏需要，持续引发有意义的游戏行为。

任务流程

流程一：准备

请熟悉创意想象类区域游戏活动中幼儿行为观察的观测点和具体行为标准（见表3-19）。

表3-19　创意想象类区域游戏活动中幼儿行为观察的观测点和具体行为标准

运动体能游戏活动环节	观测点	具体行为标准
产生兴趣	A. 学习品质	A1. 对新环境、新话题和新操作材料产生好奇
		A2. 提问
		A3. 尝试、摆弄、操作新事物，讨论新话题
	B. 关键经验	能够倾听他人讲话并清晰地表述自己的想法
感知了解	A. 学习品质	A1. 主动参与、主动了解
		A2. 自主尝试去计划和设计活动开展的方式（计划性）
	B. 关键经验	B1. 交流合作，共同活动，协商讨论
		B2. 能够倾听他人讲话并清晰地表述自己的想法

运动体能游戏活动环节	观测点	具体行为标准
创意想象	A. 学习品质	A1. 想象创造
		A2. 用多种方式、材料解决问题，创造出新的作品
	B. 关键经验	B1. 音乐感知
		B2. 假装游戏
表达表现	A. 学习品质	A1. 和教师或同伴进行分享
		A2. 和教师或同伴分享作品的制作过程、遇到的困难及想出的解决办法
		A3. 结合自制作品的经验，从教师的建议或同伴的分享中筛选可借鉴的经验
	B. 关键经验	音乐内容和形式的表达

流程二：观察

请根据任务情境完成对观察内容的描述。

小音乐剧：琪琪的小牙刷（大班）

幼儿在主题活动中学习了歌曲《小牙齿》《小牙刷》《细菌危害大》，教师将相关内容投放到表演区和语言区供幼儿进行自主游戏。有一次，果果提了一个建议：把我们学的歌加到这个牙齿故事里，就像我们小班《拔萝卜》那样有音乐、有故事。果果边说边唱起了《小牙齿》的歌曲，其他幼儿也跟着唱了起来，边唱边用动作来表演。把歌曲和故事结合在一起进行表演这一提议立刻得到其他幼儿的响应："好呀好呀，这样我们就可以在表演区进行表演了。"于是幼儿针对如何表演进行头脑风暴。（幼儿之前有过音乐剧表演经验，而且，教师引导幼儿以头脑风暴的方式开展讨论）在头脑风暴中幼儿想到如下跟表演有关的内容：剧本、节目单、歌曲/音乐、道具、场地、观众、表演、背景、角色、灯光……

首先，要创编剧本。"咱们必须先编剧本。""对！有了剧本我们才能按照剧本演。""那演什么内容呢？"曼曼皱着眉头问。"咱们班图书区不是有《牙齿大街的新鲜事》这本书吗？要不咱们表演这个吧。""可这又不是音乐剧，那怎么演呢？"……在创编剧本的过程中大家七嘴八舌，各有各的想法，意见不统一，这时米乐提出："要不咱们找一个小朋友表演过的视频看看吧。""好呀！好呀！"这个主意一提出，幼儿高兴地点头表示赞同。于是开始寻找音乐剧视频一起欣赏："你看他们是先有歌曲和动作，然后开始进行表演的。""结束了还有舞蹈呢。"……在欣赏过程中幼儿纷纷表达了自己的发现，在此基础上，幼儿结合主题活动中学习的歌曲和相关内容将剧本改编为属于自己的剧本："我们也可以在最开始加上音乐和动作。""《小牙齿》应该在最开始吧？因为这样一下子就能让别人知道咱们演的主要内容是什么。""前面可以介绍下我们都是什么牙，都有什么作用。"

　　在对剧本里的角色进行梳理（需要哪些角色？需要多少个人？）时，幼儿发现人不够，于是大家想出好办法："我们可以去询问其他区域里的小朋友，邀请他们来表演区进行表演。"在表演的过程中遇到了最大的问题——剧本不熟悉，台词记不住："老师，宣仪总是需要我们提醒，她记不住该说什么。""曼曼的词说得很慢，总是需要我们提醒她，这可怎么办呢？""我们先把问题记下来等分享的时候问问其他人吧。"幼儿采用小组分享和集体分享的形式将问题抛出来共同解决。

　　幼儿一起想办法："我们可以参考之前的视频，也可以制作剧本。""晚上回家多练习练习，还可以请老师帮忙，慢慢剧本就熟悉了。"（见图3-5和图3-6）

图3-5　剧本研讨记录　　　　　　　　　　　　　　　　图3-6　研读剧本

　　随着幼儿对剧本越来越熟悉，他们尝试着在表演区去表演和展示，同时也征求其他人的意见，"我们是门牙，负责切开食物。""我们是犬齿，负责撕开食物。"……小演员们站在前面表演，其他看了表演的小朋友提出建议："这个小音乐剧不够吸引人，像是在讲故事。"那如何让剧更吸引人？有幼儿表示要加入音乐。音乐从哪里来？什么样的音乐合适？幼儿结合剧本情节从在班里常听的音乐和自己知道的音乐里开始筛选："我觉得这个音乐得找能表示早上的，这样放两次就能代表两天了。""要不用早上做操的那个音乐？这样我们听到就知道是早上了。""可是别人不知道啊。"在音乐的选择上幼儿之间出现了争执，没有找到适合的音乐，利用家园共育结合参考视频内的音乐一起进行筛选，幼儿还找到自己的钢琴老师帮忙弹奏旋律，最终确定了音乐。在动

197

作创编中，每个人都想用自己的动作，但尝试之后，发现如果每个人都用自己的动作，没有整体感，体现不出这个音乐剧的内容。那到底用谁的呢？大家又产生了分歧："我觉得用我自己的好。""我觉得米乐的好。""我觉得曼曼的好。"又一轮的头脑风暴达成共识：动作好看、简单好记的就可以，采用投票形式选出最适合的动作加入音乐中。这时她们又遇到了另一个难题：创编的动作卡不上音乐节奏。经过商讨，大家觉得需要多次反复欣赏音乐，可以用图画将音乐画得形象一些，这样很容易让小朋友们感知音乐的旋律及特点。于是，他们会利用生活中可利用的环节来练习，过渡环节他们会反复听音乐，表演区活动或餐前游戏中，幼儿会相互学习与尝试创意表达，个别节奏感不太强的幼儿利用玩节奏游戏如语言类游戏"小老鼠上灯台……"、杯子游戏等来练习节奏感。

接下来进入新一轮的表演展示过程。"我身上太脏啦，我要洗澡！""我都好几天没看到我的好朋友了，呜呜呜……"曼曼边说边笑，逗得其他小演员也纷纷大笑，"我就是不刷，就是不刷，每天都要刷牙，烦死啦。"琪琪边说边开心地看着小牙刷。其他幼儿提出的建议是：演员的表情、动作、语气等不能很好地体现所扮演角色的特点，有的地方是难过的表情，有的小朋友还在哈哈笑。于是，教师提供iPad、录音笔，和幼儿有针对性地回看，发现问题，解决问题。教师通过语言、榜样示范、同伴提示等，引导幼儿讨论、分析、比较。把自己想象成不同的牙齿，曼曼和妞妞蹲在前面把手搭平变成门牙，宣仪和多多把两只手对在一起，搭成三角，变成犬齿，分别站在门牙两侧，芷伊和一文架起胳膊把自己变成臼齿的样子，站在最边上，晨晨则是跑来跑去，手指弯曲，用动作模仿蛀虫，和和把自己的十根手指张开，并排放在一起把自己想象成一支牙刷，蛀虫进来的时候，牙刷就用自己的身体把蛀虫赶出去……在幼儿创意想象表演展示过程中，教师多鼓励、引导他们相互分享和观看，引导幼儿自我评价，通过小组或集体分享的方式引导幼儿倾听他人的意见，还开展评选"最佳表演小明星"

图3-7　表演评价表

提供自我评价和他人评价表（见图3-7），评选"最佳表演小明星"活动，激发幼儿的表演欲。同时在其他生活环节开展表情包游戏：猜猜我是什么表情。一文皱着眉让米乐猜；米乐捂着脸，皱着眉头直喊："疼死我啦！疼死我啦！"多多笑着说："你这一定是蛀牙了，哈哈哈，太像啦！"曼曼捏着鼻子、闭着眼，一只手摆动着说："臭死啦！臭死啦！"一文说："你这一定是嫌弃的表情。"（表演过程见图3-8）……

在接下来的表演中，小朋友们提出要进行展示。在展示分享环节，分工混乱，经过商讨他们决定：针对人员分工合作，小组内选择一位导演，负责整个表演组演员的召集、带领一起讨论等，小组成员互相配合；针对音乐的使用，教师将所需音乐整理到一起，便

图3-8　幼儿表演过程

于小朋友们独立操作，小朋友们需要学会播放音乐（所需背景可用PPT）；针对场地划分，将场地分为3个区域，即舞台、候场、观众席；针对宣传，可以制作节目单（见图3-9），节目单要告诉他人我们是什么小组（爱心剧院），演的是什么（剧目），还要介绍演员（演员表）及对观众的要求（观众注意）。在制定节目单时，小组内成员有计划、有分工，擅长使用图画、符号的幼儿多做，其他幼儿辅助或选择其他活动。展示分享环节结合角色游戏进行，他们除了面向班级同伴、园内其他班组的同伴，还面向爸爸妈妈展开线上直播展示，大家都为他们的表演点赞（见图3-10）。

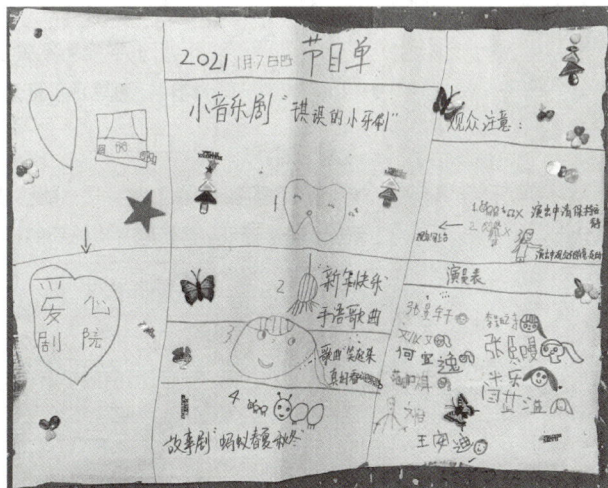

图3-9　节目单

图3-10　表演照

流程三：记录

请根据观察内容完成记录。

为更高效地观察幼儿在创意想象类区域游戏活动中的行为，教师可以在观察之前使用等级评定法制作观察记录表，以快速记录幼儿的游戏行为（见表3-20至表3-23）。

（一）幼儿产生兴趣行为的观察与记录

表3-20　幼儿产生兴趣行为等级评定观察记录表

幼儿姓名：　　　　　　　　班级：　　　　　　　　观察者：

方面	要点	水平	判断依据（行为实录）
A.学习品质	A1.对新环境、新话题和新操作材料产生好奇	□水平一：不关注新环境、新话题和新操作材料，对其几乎毫无反应	
		□水平二	
		□水平三：能够察觉到周围环境的变化，身体转向并接触新的操作材料	
		□水平四	
		□水平五：对环境中的变化敏感，对新环境、新话题和新的操作材料表现出强烈的兴趣	
	A2.提问	□水平一：在活动过程中不提问	
		□水平二	
		□水平三：对新的操作材料进行提问	
		□水平四	
		□水平五：对新操作材料和活动有焦点地刨根问底	

续表

方面	要点	水平	判断依据（行为实录）
A. 学习品质	A3. 尝试、摆弄、操作新事物，讨论新话题	□水平一：对新的材料没有关注和触摸的意愿，对新话题没有兴趣	
		□水平二	
		□水平三：偶尔关注或简单触摸新的操作材料、讨论新话题，表现出尝试意愿	
		□水平四	
		□水平五：反复尝试、摆弄、操作新的材料，积极、主动地讨论新话题	
B. 关键经验	能够倾听他人讲话并清晰地表述自己的想法	□水平一：不去倾听他人的讲话，也没有表述自己想法的意愿	
		□水平二	
		□水平三：能够倾听他人的讲话，有表述自己想法的意愿，基本能够清晰地表达	
		□水平四	
		□水平五：认真倾听他人讲话的同时积极表述自己的想法，并且总是能够清晰地表达	

（二）幼儿感知了解行为的观察与记录

表3-21　幼儿感知了解行为等级评定观察记录表

幼儿姓名：　　　　　　　　班级：　　　　　　　　观察者：

方面	要点	水平	判断依据（行为实录）
A. 学习品质	A1. 主动参与、主动了解	□水平一：不愿意参与活动或参与活动不积极	
		□水平二	
		□水平三：在成人的带领下能积极参加和投入活动	
		□水平四	
		□水平五：主动参与活动，在活动中表现持续的兴致和热情	

续表

方面	要点	水平	判断依据（行为实录）
A. 学习品质	A2. 自主尝试去计划和设计活动开展的方式（计划性）	□水平一：能通过简单的动作或词语表述自己的计划	
		□水平二	
		□水平三：积极参与活动，能用短句表述自己的计划	
		□水平四	
		□水平五：能用细节具体说明自己的计划	
B. 关键经验	B1. 交流合作，共同活动，协商讨论	□水平一：不愿意与其他同伴一起交流合作，共同活动	
		□水平二	
		□水平三：愿意和同伴共同游戏，愿意参与同伴交流讨论，但讨论的内容与活动中遇到的问题无关	
		□水平四	
		□水平五：主动寻找同伴一起游戏，讨论活动中遇到的问题	
	B2. 能够倾听他人讲话并清晰地表述自己的想法	□水平一：不去倾听他人的讲话，也没有表述自己想法的意愿	
		□水平二	
		□水平三：能够倾听他人的讲话，有表述自己想法的意愿，基本能够清晰地表达	
		□水平四	
		□水平五：认真倾听他人讲话的同时积极表述自己的想法，并且总是能够清晰地表达	

（三）幼儿创意想象行为的观察与记录

表3-22　幼儿创意想象行为等级评定观察记录表

幼儿姓名：　　　　　班级：　　　　　观察者：

方面	要点	水平	判断依据（行为实录）
A. 学习品质	A1. 想象创造	□水平一：只能偶尔表征现实或表达想法	
		□水平二	

续表

方面	要点	水平	判断依据（行为实录）
A. 学习品质	A1. 想象创造	□水平三：偶尔能从不同于已有的角度表征现实或表达想法	
		□水平四	
		□水平五：总是能从新的角度思考分析，表征现实或表达想法	
	A2. 用多种方式、材料解决问题，创造出新的作品	□水平一：在他人的帮助下解决问题，模仿简单的作品	
		□水平二	
		□水平三：尝试使用新的方式使用物体和材料或解决问题，尝试改编作品	
		□水平四	
		□水平五：能用多种方式操作物体和材料或解决问题，以更复杂、更创新的方式表现、创造作品	
B. 关键经验	B1. 音乐感知	□水平一：用语言或手势动作表示对音乐的感觉	
		□水平二	
		□水平三：能用合适的乐器和道具去表现音乐	
		□水平四	
		□水平五：能运用多种方式去表现音乐	
	B2. 假装游戏	□水平一：能用语言表达扮演的角色或人物的特点	
		□水平二	
		□水平三：能与其他幼儿一起玩假装游戏，并能针对游戏合理性进行讨论调整	
		□水平四	
		□水平五：能参与到集体中表演故事、音乐剧等，并能加入自己的想法	

（四）幼儿表达表现行为的观察与记录

表3-23 幼儿表达表现行为等级评定观察记录表

幼儿姓名： 班级： 观察者：

方面	要点	水平	判断依据（行为实录）
A. 学习品质	A1. 和教师或同伴进行分享	□水平一：拿着自己做完的作品和教师或同伴分享它的名字（进行简单分享）	
		□水平二	
		□水平三：拿着自己做完的作品和教师或同伴不仅分享它的名字，还分享了它的构造	
		□水平四	
		□水平五：拿着自己做完的作品和教师或同伴不仅分享它的名字，还分享了它的构造，介绍了它的亮点（进行复杂分享）	
	A2. 和教师或同伴分享作品的制作过程、遇到的困难及想出的解决办法	□水平一：和教师或同伴分享作品的制作过程	
		□水平二	
		□水平三：和教师或同伴不仅分享作品的制作过程，还分享了遇到的困难	
		□水平四	
		□水平五：和教师或同伴不仅分享作品的制作过程，还分享了遇到的困难及想出的解决办法	
	A3. 结合自制作品的经验，从教师的建议或同伴的分享中筛选可借鉴的经验	□水平一：具有从教师的建议或同伴的分享中学习、借鉴的意识	
		□水平二	
		□水平三：能结合自制作品的经验，从教师的建议或同伴的分享中筛选可借鉴的经验	
		□水平四	
		□水平五：不仅能结合自制作品的经验，从教师的建议或同伴的分享中筛选可借鉴的经验，还能萌生进一步改进自身作品的想法	
B. 关键经验	音乐内容和形式的表达	□水平一：探索用身体动作去表达音乐内容，并能用语言描述音乐内容和形象	
		□水平二	
		□水平三：能够合拍地做动作，用语言描述动作的类型、做法及音乐的速度、力度等特征	
		□水平四	
		□水平五：以集体形式表演整首音乐或整个故事，并且能合拍、自如地进行角色转换	

流程四：分析

请根据记录表格内容对观察情况进行分析。

完整观察幼儿在创意想象类区域游戏中的行为表现，运用观察记录表记录幼儿在各活动阶段学习品质与关键经验的发展水平，并匹配记录幼儿在活动中体现其发展水平的典型行为，能够帮助教师更科学、有效地分析幼儿的游戏行为（见表3-24至表3-27）。

（一）幼儿产生兴趣行为的实录与分析

表3-24 幼儿产生兴趣行为观察分析表

幼儿姓名：果果　　　　　　班级：大班　　　　　　观察者：杨老师

方面	要点	观察行为实录与水平选择
A. 学习品质	A1. 对新环境、新话题和新操作材料产生好奇	通过对幼儿行为实录和指标体系中水平的比较，可知幼儿现在处于水平五 •行为实录：果果提了一个建议：把我们学的歌加到这个牙齿故事里，就像我们小班《拔萝卜》那样有音乐、有故事。果果边说边唱起了《小牙齿》的歌曲，其他幼儿也跟着唱了起来，边唱边用动作来表演。把歌曲和故事结合在一起进行表演这一提议立刻得到其他幼儿的响应："好呀好呀，这样我们就可以在表演区进行表演了。"
	A2. 提问	观察记录中未提及此项，不做判断
	A3. 尝试、摆弄、操作新事物，讨论新话题	通过对幼儿行为实录和指标体系中水平的比较，可知幼儿现在处于水平五 •行为实录：果果边说边唱起了《小牙齿》的歌曲，其他幼儿也跟着唱了起来，边唱边用动作来表演。把歌曲和故事结合在一起进行表演这一提议立刻得到其他幼儿的响应："好呀好呀，这样我们就可以在表演区进行表演了。"于是幼儿针对如何表演进行头脑风暴
B. 关键经验	能够倾听他人讲话并清晰地表述自己的想法	通过对幼儿行为实录和指标体系中水平的比较，可知幼儿现在处于水平五 •行为实录：有一次，果果提了一个建议：把我们学的歌加到这个牙齿故事里，就像我们小班《拔萝卜》那样有音乐、有故事……这一提议立刻得到其他幼儿的响应："好呀好呀，这样我们就可以在表演区进行表演了。"

（二）幼儿感知了解行为的实录与分析

表3-25　幼儿感知了解行为观察分析表

幼儿姓名：表演小组　　　　　　班级：大班　　　　　观察者：杨老师

方面	要点	观察行为实录与水平选择
A. 学习品质	A1. 主动参与、主动了解	通过对幼儿行为实录和指标体系中水平的比较，可知幼儿现在处于水平五 • 行为实录：首先，要创编剧本。在创编剧本的过程中大家七嘴八舌，各有各的想法，意见不统一……在欣赏过程中幼儿纷纷表达了自己的发现，在此基础上，幼儿结合主题活动中学习的歌曲和相关内容将剧本改编为属于自己的剧本
	A2. 自主尝试去计划和设计活动开展的方式（计划性）	通过对幼儿行为实录和指标体系中水平的比较，可知幼儿现在处于水平五 • 行为实录："咱们必须先编剧本。""对！有了剧本我们才能按照剧本演。""那演什么内容呢？"曼曼皱着眉头问。"咱们班图书区不是有《牙齿大街的新鲜事》这本书吗？要不咱们表演这个吧。""可这又不是音乐剧，那怎么演呢？"……"我们也可以在最开始加上音乐和动作。""《小牙齿》应该在最开始吧？"……"前面可以介绍下我们都是什么牙，都有什么作用。"……
B. 关键经验	B1. 能够倾听他人讲话并清晰地表述自己的想法	通过对幼儿行为实录和指标体系中水平的比较，可知幼儿现在处于水平五 • 行为实录：在对剧本里的角色进行梳理（需要哪些角色？需要多少个人？）时，幼儿发现人不够，于是大家想出好办法："我们可以去询问其他区域里的小朋友，邀请他们来表演区进行表演。"在表演的过程中遇到了最大的问题——剧本不熟悉，台词记不住："老师，宣仪总是需要我们提醒，她记不住该说什么。""曼曼的词说得很慢，总是需要我们提醒她，这可怎么办呢？""我们先把问题记下来等分享的时候问问其他人吧。"幼儿采用小组分享和集体分享的形式将问题抛出来共同解决
	B2. 能够倾听他人讲话并清晰地表述自己的想法	通过对幼儿行为实录和指标体系中水平的比较，可知幼儿现在处于水平五 • 行为实录："咱们必须先编剧本。""对！有了剧本我们才能按照剧本演。""那演什么内容呢？"曼曼皱着眉头问。"咱们班图书区不是有《牙齿大街的新鲜事》这本书吗？要不咱们表演这个吧。""可这又不是音乐剧，那怎么演呢？"……在创编剧本的过程中大家七嘴八舌，各有各的想法，意见不统一，这时米乐提出："要不咱们找一个小朋友表演过的视频看看吧。""好呀！好呀！"这个主意一提出，幼儿高兴地点头表示赞同。于是开始寻找音乐剧视频一起欣赏："你看他们是最开始有歌曲和动作，然后开始进行表演的。""结束了还有舞蹈呢。"……

（三）幼儿创意想象行为的实录与分析

表3-26　幼儿创意想象行为观察分析表

幼儿姓名：表演小组　　　　　　班级：大班　　　　　　观察者：杨老师

方面	要点	观察行为实录与水平选择
A. 学习品质	A1. 想象创造	通过对幼儿行为实录和指标体系中水平的比较，可知幼儿现在处于水平五 • 行为实录：其他看了表演的小朋友提出建议："这个小音乐剧不够吸引人，像是在讲故事。"那如何让剧更吸引人？有幼儿表示要加入音乐。音乐从哪里来？什么样的音乐合适？幼儿结合剧本情节从在班里常听的音乐和自己知道的音乐里开始筛选："我觉得这个音乐得找能表示早上的，这样放两次就能代表两天了。""要不用早上做操的那个音乐？这样我们听到就知道是早上了。"
	A2. 用多种方式、材料解决问题，创造出新的作品	通过对幼儿行为实录和指标体系中水平的比较，可知幼儿现在处于水平五 • 行为实录：曼曼和妞妞蹲在前面把手搭平变成门牙，宣仪和多多把两只手对在一起，搭成三角，变成犬齿，分别站在门牙两侧，芷伊和一文架起胳膊把自己变成臼齿的样子，站在最边上，晨晨则是跑来跑去，手指弯曲，用动作模仿蛀虫，和和把自己的十根手指张开，并排放在一起把自己想象成一支牙刷，蛀虫进来的时候，牙刷就用自己的身体把蛀虫赶出去……
B. 关键经验	B1. 音乐感知	通过对幼儿行为实录和指标体系中水平的比较，可知幼儿现在处于水平五 • 行为实录：幼儿还找到自己的钢琴老师帮忙弹奏旋律，最终确定了音乐。在动作创编中，每个人都想用自己的动作，但尝试之后，发现如果每个人都用自己的动作，没有整体感，体现不出这个音乐剧的内容。那到底用谁的呢？大家又产生了分歧："我觉得用我自己的好。""我觉得米乐的好。""我觉得曼曼的好。"又一轮的头脑风暴达成共识：动作好看、简单好记的就可以，采用投票形式选出最适合的动作加入音乐中，这时她们又遇到了一个难题：创编的动作卡不上音乐节奏。经过商讨，大家觉得需要多次反复欣赏音乐，可以用图画将音乐画得形象一些，这样很容易让小朋友们感知音乐的旋律及特点。于是，他们会利用生活中可利用的环节来练习，过渡环节他们会反复听音乐，表演区活动或餐前游戏中，幼儿会相互学习与尝试创意表达，个别节奏感不太强的幼儿利用玩节奏游戏如语言类游戏"小老鼠上灯台……"、杯子游戏等来练习节奏感
	B2. 假装游戏	通过对幼儿行为实录和指标体系中水平的比较，可知幼儿现在处于水平五 •行为实录：一文皱着眉让米乐猜；米乐捂着脸，皱着眉头直喊："疼死我啦！疼死我啦！"多多笑着说："你这一定是蛀牙了，哈哈哈，太像啦！"曼曼捏着鼻子、闭着眼，一只手摆动着说："臭死啦！臭死啦！"一文说："你这一定是嫌弃的表情。"……

（四）幼儿表达表现行为的实录与分析

表3-27　幼儿表达表现行为观察分析表

幼儿姓名：表演小组　　　　　　　班级：大班　　　　　　　观察者：杨老师

方面	要点	观察行为实录与水平选择
A. 学习品质	A1. 和教师或同伴进行分享	通过对幼儿行为实录和指标体系中水平的比较，可知幼儿现在处于水平五 • 行为实录：小朋友们提出要进行展示，在展示分享环节，分工混乱，经过商讨他们决定：针对人员分工合作，小组内选择一位导演，负责整个表演组演员的召集、带领一起讨论等，小组成员互相配合；针对音乐的使用，教师将所需音乐整理到一起，便于小朋友们独立操作，小朋友们需要学会播放音乐（所需背景可用PPT）；针对场地划分，将场地分为3个区域，即舞台、候场、观众席；针对宣传，可以制作节目单，节目单要告诉他人我们是什么小组（爱心剧院），演的是什么（剧目），还要介绍演员（演员表）以及对观众的要求（观众注意）
	A2. 和教师或同伴分享作品的制作过程、遇到的困难及想出的解决办法	观察记录中未提及此项，不做判断
	A3. 结合自制作品的经验，从教师的建议或同伴的分享中筛选可借鉴的经验	观察记录中未提及此项，不做判断
B. 关键经验	音乐内容和形式的表达	通过对幼儿行为实录和指标体系中水平的比较，可知幼儿现在处于水平五 • 行为实录：在制定节目单时，小组内成员有计划、有分工，擅长使用图画、符号的幼儿多做，其他幼儿辅助或选择其他活动。展示分享环节结合角色游戏进行。他们除了面向班级同伴、园内其他班组的同伴，还面向爸爸妈妈展开线上直播展示。大家纷纷为他们的表演点赞

流程五：指导

请根据幼儿行为表现分析情况提出改进意见或指导策略。

（一）基于幼儿产生兴趣行为表现分析结果的指导

1. 基于幼儿学习品质行为表现分析结果的指导

基于幼儿"好奇好问"行为表现分析结果的指导。

幼儿有剧本表演相关经验的铺垫，当面对新的事物或现象（新的歌曲）时，会自然而然地产生兴趣，会主动调动原有经验去感知新的事物，并将原有经验迁移到新的情境中，从中有所发现或获得新的体验。为了激发幼儿产生兴趣、好奇好问，教师可以使用以下指导策略。

★ 为幼儿进行自主游戏创设宽松愉悦的游戏氛围，允许幼儿自由交流和表达。

★ 创设适宜的环境和投放相应材料支持幼儿去尝试和探索。

2. 基于幼儿关键经验行为表现分析结果的指导

基于幼儿"倾听表达"行为表现分析结果的指导。

为了提升幼儿倾听表达的能力，教师应该积极创设良好的语言环境，这是培养幼儿倾听习惯的关键。具体的指导策略如下：

★ 在谈话活动，教师要帮助幼儿学会安静地倾听他人的谈话，不打断他人的讲话，养成集中注意、主动积极、耐心的倾听习惯。

★ 引导幼儿在倾听中迅速掌握他人说话的主要内容，及时捕捉有效的语言信息，同时鼓励幼儿多交谈，交流是培养幼儿倾听习惯的基础。

（二）基于幼儿感知了解行为表现分析结果的指导

基于幼儿"主动参与、主动了解"行为表现分析结果的指导。

为了激发幼儿主动参与、主动了解，教师可以使用以下指导策略。

★ 创设宽松愉悦、尊重接纳的心理氛围，通过多种方式和策略支持幼儿去了解和感知。

★ 大班幼儿游戏水平很高，教师要相信幼儿自主游戏的能力，尽量减少干预，允许幼儿自主参与、积极讨论和自由探索。

（三）基于幼儿创意想象行为表现分析结果的指导

1. 基于幼儿学习品质行为表现分析结果的指导

基于幼儿"想象创造"行为表现分析结果的指导。

为了激发幼儿想象创造，教师可以使用以下指导策略。

★ 尽量给幼儿创造丰富的审美空间，让他们获得一定审美感知和体验；多开展一些引发幼儿多元化、多通道学习的活动，如听音乐想象故事、听音乐编动作、听音乐画图画等。

209

★ 多开展让幼儿感受美、欣赏美、丰富审美经验的活动。

★ 鼓励幼儿相互交流，尽情地想、尽情地说。避免用"好不好""像不像"等类似用语对幼儿进行评价。

2. 基于幼儿关键经验行为表现分析结果的指导

基于幼儿"音乐感知"行为表现分析结果的指导。

为了提升幼儿的音乐感知能力，教师可以使用以下指导策略。

★ 引导幼儿认真感受音乐并支持他们运用多种方式表达自己对音乐和故事内容的理解。

★ 提供给幼儿丰富多样的表现材料和简单乐器（如响板、沙锤、摇铃等），支持幼儿运用肢体动作和多种材料去尝试表现音乐的律动，表达自己对音乐内容的理解。

★ 为幼儿提供更加宽松的环境氛围，允许幼儿用自己独特的艺术方式去表现美和创造美。

★ 鼓励幼儿大胆想象，大胆将头脑中的想象借助外在工具（肢体和乐器）进行表现。

（四）基于幼儿表达表现行为表现分析结果的指导

1. 基于幼儿学习品质行为表现分析结果的指导

基于幼儿"分享表达"行为表现分析结果的指导。

为了进一步促进幼儿分享表达，教师可以使用以下指导策略。

★ 为幼儿创设更宽松的氛围，提供更多展示、表达表现的机会，运用语言、动作等多种方式鼓励幼儿大胆展现自己。

★ 直接给那些不知道如何描述和表达自己的成果和经验的幼儿提供线索和支架，引导他们逐步提高自己表达和表现的能力。

2. 基于幼儿关键经验行为表现分析结果的指导

基于幼儿"音乐表达"行为表现分析结果的指导。

为了提升幼儿的音乐表达能力，支持幼儿运用多种方式表达自己对音乐和故事内容的理解，教师可以使用以下指导策略。

★ 提供给幼儿丰富多样的表现材料和简单乐器（如响板、沙锤、摇铃等），支持幼儿运用肢体动作和多种材料去尝试表现音乐的律动，表达自己对音乐内容的理解。

★ 为幼儿提供更加宽松的环境氛围，允许幼儿用自己独特的艺术方式去表现美和创造美。鼓励幼儿大胆想象，大胆将头脑中的想象借助外在工具（肢体和乐器）进行表现。

反思
总结

请根据所学内容完成反思总结。

1. 在学习了创意想象类区域游戏活动各环节幼儿行为观察的观测点与具体行为标准、记录方法、分析指导等内容之后，请对所学内容进行回顾总结。

（1）我知道幼儿创意想象类区域游戏活动观察的观测点与具体行为标准：

_____

_____

_____

（2）我知道观察记录的方法包括：

_____

_____

_____

（3）我知道观察与指导幼儿创意想象类区域游戏活动的任务流程：

_____

_____

_____

2. 请根据情境灵活应用所学内容设计并开展调查。

努力的静静怎么了

静静是一名5岁的大班幼儿，她非常喜欢美工绘画类游戏，经常出现在美工区，一待就在半小时以上……可是最近不知道怎么了，她很少来美工区，而且好像没有以前那么开朗爱表达了，但会时不时地朝着美工区看几眼。当有小朋友叫她过来一起画画，她摇摇头。

究竟怎么回事呢？你需要了解哪些内容？你会如何运用本任务所学来促进幼儿在创意想象类区域游戏活动中的学习与发展？请你从调查目标、调查方法、调查过程、调查结果等方面设计调查方案了解现状，并运用所学设计解决问题的步骤。

_____

_____

_____

赛证
真题

国考聚焦

1.［2019年上半年中小学和幼儿园教师资格考试 保教知识与能力（幼儿园）］在开展"烧烤店"游戏前，大一班的李老师加班加点为幼儿准备了烧烤架、烧烤夹，以及各种逼真的"鱼丸""香肠"等食材；大二班王老师没有直接投放材料，而是与幼儿商量，并支持他们自己去寻找、搜集所需材料。

问题：

（1）哪位教师的做法更恰当？

（2）请分别对两位教师的做法进行评析。

2.［2020年下半年中小学和幼儿园教师资格考试 保教知识与能力（幼儿园）］中班角色游戏中，有幼儿提出要玩"打仗"游戏，他们在材料柜里翻出好久不玩的玩具吹风机"手枪"，用仿真型灯箱当大炮，"哒哒哒"地打起来，玩得不亦乐乎。李老师看到此情景非常着急，连忙阻止："这是理发店的玩具，不能这样玩！"

问题：

（1）李老师的阻止行为是否合适？请说明理由。

（2）如果你是李老师，你会怎么做？

答案解析

任务四 幼儿运动本领大
——运动体能类区域游戏活动中的幼儿行为观察与指导

运动体能类区域游戏活动观察指导诀窍歌

体能游戏欢乐多，科学运动要记牢；

运动装备穿戴齐，运动前后拉伸好；

产生兴趣第一位，仔细打量兴致高；

尝试模仿去探索，看样学样不可少；

练习巩固不能忘，肌肉记忆才可靠；

迁移创造新玩法，朋友一起真热闹；

户外体育保时长，身心健康没烦恼。

任务情境

请了解运动体能类区域游戏活动任务情境的内容梗概。

运动体能类区域游戏活动——泽泽学会跳绳啦！

泽泽学会跳绳啦！（大班）

　　幼儿园刚添置了一些色彩斑斓的跳绳，泽泽一下子被吸引了，拿起跳绳便径直走到一块宽阔的地方玩了起来。他拿出竹节绳，抖一下将其打散，握住手柄将跳绳高高举起，似乎在用它丈量自己的身高。他一会儿用手去拉拽绳子，一会儿用脚去踩绳子，甚至偶尔用牙去咬绳子，似乎在琢磨这根绳子和普通绳子有啥区别。当他抡起大臂前后左右摇晃绳子时，"啪"的一声，绳子抽打在身上。好奇的泽泽在品尝到跳绳的苦涩后并没有直接放弃，而是更加卖力地去探索和尝试。这次泽泽再次抡起大臂，让绳子随着手臂前后环绕，绳子随着手臂在空中画起了圈，他开心极了，和小伙伴不停地述说、分享着属于自己的绳子玩法。在初步探索了绳子的玩法之后，泽泽尝试学习跳绳。经过自己的不断练习和教师的适时引导，泽泽不断克服一个个困难，最终学会了跳绳。

[中国科学院第三幼儿园杏林湾分园　潘佳艺　许玲玲]

基础理论

请关注幼儿运动体能类游戏的基础理论。

一、运动体能类游戏对幼儿发展的意义

《幼儿园工作规程》中明确指出："幼儿园应当将游戏作为对幼儿进行全面发展教育的重要形式。"运动体能类游戏对幼儿发展有着重要的价值。运动体能类游戏是在遵守一定规则下以锻炼身体为基本内容，以游戏为形式，以提高幼儿的身体素质、愉悦身心、陶冶性情为主要目的的一种活动或游戏，是幼儿认识自我、探索、体验和认识外部环境的重要方式，有助于提升幼儿认知、情感、动作等各方面的能力。

生命在于运动，幼儿的生命需要通过运动体能游戏得到充分的展示和成长。幼儿在运动体能类游戏中，身心各方面、各种生理机能都处于较好的活动水平，有利于增强体内血液循环，为幼儿生长发育提供基础。在运动体能类游戏活动中，钻、爬、跳、攀登、平衡等多种动作可以得到锻炼。幼儿利用身体各种动作直观参与，使身体技能得以充分发挥，全面提高幼儿的运动能力、反应能力和耐力等素质。同时，运动体能类游戏还能促进幼儿良好意志品质和个性特点等方面的发展。

二、运动体能类游戏的组织要点及策略

运动体能类游戏对幼儿发展的重要意义和价值，有赖于教师科学、有效的组织和实施。教师的科学指导，不仅可以帮助幼儿对运动体能类游戏产生浓厚的兴趣，也可以引导幼儿科学运动，拥有健康的体魄。

首先，教师要清楚游戏目标或幼儿关键经验。教师在组织幼儿运动体能类游戏的时候，要制定科学适宜的游戏目标，明确游戏所指向的幼儿关键经验是什么。只有这样，才能在实施过程中目标明确、有的放矢，促进幼儿的体能发展。

其次，教师要适时介入指导与支持。运动体能类游戏离不开教师的指导：运动体能类游戏一般在户外进行，幼儿容易兴奋，因此，游戏规则及安全提示非常重要；幼儿遇到问题难以解决或即将放弃时，教师要善于观察，分析幼儿游戏需求，并引导幼儿积极解决遇到的问题；幼儿之间发生矛盾或冲突无法自行处理时，教师应积极引导，帮助幼儿更好地参与游戏，获得更好的游戏体验。

最后，必须做好必要的游戏准备。教师在组织运动体能类游戏前要做好游戏准备：第一，要选择合适的游戏场地，确保幼儿游戏场地安全，无隐患；第二，提醒幼儿穿适宜运动的服装及鞋子；第三，提供的运动游戏材料不仅应丰富多样以激发幼儿参与游戏的兴趣，也应定期检查确保安全。因此，教师一定要对游戏的准备提高认识，给幼儿创设安全的运动环境，以保障运动体能类游戏的正常进行。

任务
流程

流程一：准备

请熟悉运动体能类区域游戏活动中幼儿行为观察的观测点和具体行为标准。

运动体能类区域游戏活动既可以提高幼儿动作灵活性和身体运动能力，也可以促进幼儿反应能力和创造创新能力。幼儿探究学习一种新的运动技能的游戏过程一般为产生兴趣、尝试模仿、练习巩固、迁移创新4个环节。教师在观察幼儿游戏行为时可结合以上不同环节中幼儿表现出的学习品质与关键经验要点来进行观察，如表3-28所示。

表3-28 运动体能类区域游戏活动中幼儿行为观察的观测点和具体行为标准

运动体能游戏活动环节	观测点	具体行为标准
产生兴趣	A. 学习品质	A1. 对新的运动环境和器械产生好奇
		A2. 好问
	B. 关键经验	B1. 大肌肉动作发展
		B2. 动作探索
尝试模仿	A. 学习品质	A1. 以积极、主动的情感态度参与运动游戏
		A2. 在运动游戏中敢于尝试一些有难度、有挑战性的动作，并尝试通过模仿同伴或教师的动作来习得经验、发展运动能力
	B. 关键经验	B1. 观察模仿能力
		B2. 动作协调、灵敏
练习巩固	A. 学习品质	A1. 持续并专注于游戏
		A2. 持续运用前期习得的运动经验完成游戏中的任务
	B. 关键经验	B1. 动作学习（一般会经历从泛化、分化逐渐过渡到巩固、自动化的过程
		B2. 跳跃能力
迁移创新	A. 学习品质	A1. 在学会基本游戏动作的基础上能灵活创新动作
		A2. 运用自己的经验得出关于人、材料、事件和想法的结论
	B. 关键经验	不同形式的跳跃

215

流程二：观察

请根据任务情境完成对观察内容的描述。

泽泽学会跳绳啦

　　泽泽经过户外玩具柜旁，瞥见玩具架第二层白筐中一堆色彩斑斓的线团，便径直走了过去。拉开这熟悉的白筐，七八根崭新的粉白相间的竹节绳便出现在了眼前。一阵端详后，他自言自语道："这是什么呀？还挺好看的。"于是，他将竹节绳拿出，抖一下将其打散，握住手柄将其高高举起，似乎在用它丈量自己的身高。他一会儿用手去拉拽绳子，一会儿用脚去踩绳子，甚至偶尔用牙去咬绳子，似乎在琢磨这根绳子和普通绳子有啥区别。当他抡起大臂前后左右摇晃绳子时，"啪"的一声，绳子抽打在身上。好奇的泽泽在品尝到跳绳的苦涩后并没有直接放弃，而是更加卖力地去探索和尝试。这次泽泽再次抡起大臂，让绳子随着手臂前后环绕，绳子随着手臂在空中画起了圈。他开心极了，和小伙伴们不停地述说、分享着属于自己的绳子玩法。

　　后来，泽泽和小伙伴们一起在一堆跳绳中喧嚣起来，大家都想要比一比谁抡得快，谁抽地的声音最响。只见绳子在地面上辗转腾移和"啪啪"作响，"注意安全，看看谁还有新的玩法？"随着教师的适时提醒，孩子们都争先恐后地去试一试这个新玩具。

　　接下来，泽泽一直探索着和跳绳一起舞动，跳绳转他也转，跳绳飞他也飞。这时候，只见教师拿起一根绳动作轻快敏捷地给大家展示了一个绝活——跳绳。孩子们看得目瞪口呆，不时还发出啧啧赞叹："哇！太厉害啦！"随后孩子们便开始尝试模仿。泽泽尝试由单手拿绳变成双手拿绳，一手执绳子一端，模仿着教师把绳子卡在脚后跟处，手臂伸平，用手轻轻拉紧绳子，颇有几分神似。

　　当他第一次尝试摇绳的时候，手臂用力，但是绳子轻轻弹起却怎么都无法从头顶逾越。他不停地用力摇绳，绳子先后抽打了他的大腿、屁股、后背、脖子和头。当绳子打在他头上时，他略微摸了一下头，内心似乎有所觉醒了，毕竟这是离越过头顶最近的一次。然后泽泽把手臂伸直，用力画了一个巨大的圆圈，随之而来的则是从头顶高高越过的绳子与大地的触碰声和他的喊叫声："老师！快看快看，我会跳绳了！"泽泽兴奋地喊道，教师走过来看了一下，首先给泽泽竖了一个大大的大拇指，表示了肯定，随之对泽泽说："恭喜你学会了摇绳！但是你再看看老师，除了从后向前摇绳，老师还可以做什么？"教师再次进行了示范，泽泽还沉浸在摇绳的喜悦中，和教师高兴地一起摇绳。因为他无法完成手脚协调地摇绳和跳绳，所以每当摇过一次绳，他都要通过各种方式把绳子绕到身后，教师看到泽泽进行了各种尝试，想把绳子顺利地甩过去。"泽泽，加油，你快学会了！""老师，我还是不会跳！""再多尝试一下，快学会了！""我还是不能顺利地跳过绳子！""那我给你表演个跳绳慢动作，你仔细看一看，说不定一会儿就学会了。"教师将跳绳进行了分步骤示范，先从后向前摇绳，听到跳绳触地的声音后等了几秒，然后双脚向前跳过绳子，最后将绳子从后向前摇动，重复了几个回合。泽泽也跟着做了起来，经过几次的练习后，终于能将从后向前摇绳、跳绳和从后向前摇绳3个步骤连接起来了，他非常开心，不停地向身边的小伙伴展示自己的新本领。

经过几天的练习，泽泽已经能连续地跳过多次，但是跳着跳着就累了，有时候双臂跟不上灵活的双脚，经常是脚越跳越快，手摇绳跟不上脚跳的节奏，连续跳绳自然就断了。于是他便去一旁玩起了流星球，同样还是用大臂抡流星球的方式。教师发现了正在抡流星球的泽泽，便上前去问："怎么不跳绳了？""跳不动了。""那你看天天、乐乐他们几个跳得多带劲，他们似乎也不像累的样子。""他们都学会了，跳起来就不觉得累。""我觉得他们跳绳学会了绝招可能就不累了，不信你看看他们的手是怎么摇绳的？和你一样不？"经过一段时间的观察，泽泽回答："看起来好像不太一样。""哪儿不一样？""手不一样，感觉他们的手比我有劲儿。""你信不信，老师能用流星球让你跳绳变得更厉害？""不信！"随后教师做抡流星球的动作，说："我向你学习了，接下来你要向我学习。"教师开始用手腕带动小臂摇绳的方式摇流星球，泽泽便模仿教师用小臂和手腕转动的方式抡流星球，起初他还是用手腕胡乱地抡。教师问："你能向前抡流星球吗？"泽泽逐渐控制两只手的方向，用小臂和手腕转动的方式向前抡流星球。经过一段时间的练习后，泽泽问："老师，我向您学完了，您不是说让我跳绳更厉害吗？"教师说："是啊，你想一想，刚才是用身体什么部位抡流星球的？这种方法可以用在跳绳上吗？"于是，泽泽用抡流星球的方式去摇绳，经过短暂的适应后，跳绳击地和双脚落地的声音此起彼伏又充满节奏，同时还传来了泽泽开心的笑声，原来他顺利地连续跳了5个。

随着泽泽不断学习和巩固，他越跳越多，也越来越自信。每到户外场地时，泽泽都兴奋地给教师展示自己的跳绳技巧，并请教师帮忙计数。教师问："真棒，你越跳越厉害了！你最近除了跳绳，还玩了什么其他的吗？"泽泽说："还玩了跳跳球，您看，我给您跳一下！"只见泽泽放下跳绳，从玩具柜中拿出了一个跳跳球，熟练地在原地跳跃。教师说："哇！太厉害了！那你想想玩跳跳球和玩跳绳有一样的地方吗？"泽泽说："有！这两个都是一下一下地跳！"教师问："是手一样，还是脚一样？"泽泽说："脚一样，都一下一下地跳，手不一样，跳跳球不用绳，跳绳手需要一直摇绳。"教师问："你信不信？这两个能一起玩，既然脚下都是一下一下跳，应该就可以一起玩。你可以吗？""那我试一试吧！"随后泽泽尝试了几次，经常是手不断摇绳，脚底下踩不上跳跳球。教师问："现在有什么问题？"泽泽说："总是跳不过去！""泽泽之前原地能跳吗？现在为什么不能跳？"泽泽说："现在脚底下踩不上跳跳球。"教师问："那你可以试试先踩上跳跳球，先跳起来再摇绳吗？"随后泽泽踩上跳跳球，开始跳起来，手臂一直在伸手拿着绳子等待着摇绳的时机，经过几次尝试，他终于找到了摇绳的时机，跳了过去。慢慢地，经过几次练习，泽泽可以熟练地踩着跳跳球跳绳了。

流程三：记录

请根据观察内容完成记录。

为更高效地观察幼儿在运动体能类区域游戏中的行为，教师可以在观察之前使用等级评定法制作观察记录表，以快速记录幼儿的行为（见表3-29至表3-32）。

（一）幼儿产生兴趣行为的观察与记录

表3-29　幼儿产生兴趣行为等级评定观察记录表

幼儿姓名：　　　　　　　　班级：　　　　　　　　观察者：

方面	要点	水平	判断依据（行为实录）
A. 学习品质	A1. 对新的运动环境和器械产生好奇	□水平一：不关注新的运动环境和器械，对其几乎毫无反应	
		□水平二	
		□水平三：能够察觉到周围环境的变化，身体转向并接触新的运动器械	
		□水平四	
		□水平五：对环境中的变化敏感，对新的环境和运动器械表现出强烈的兴趣	
	A2. 好问	□水平一：在活动过程中不提问	
		□水平二	
		□水平三：对新的操作材料进行提问	
		□水平四	
		□水平五：对新操作材料和活动有焦点地刨根问底	
B. 关键经验	B1. 大肌肉动作发展	□水平一：能身体平稳地做走、跑、跳、投掷、跳跃等基本动作	
		□水平二	
		□水平三：能较自如地做走、跑、跳等基本动作	
		□水平四	
		□水平五：能平稳、协调地做各种身体动作	

方面	要点	水平	判断依据（行为实录）
B. 关键经验	B2. 动作探索	□水平一：简单摆弄新材料或新器械	
		□水平二	
		□水平三：尝试用身体不同部位接触新材料或新器械	
		□水平四	
		□水平五：能灵活、协调地用身体不同部位，并不断变化不同动作去操作探索新材料或新器械，动作协调	

（二）幼儿尝试模仿行为的观察与记录

表3-30　幼儿尝试模仿行为等级评定观察记录表

幼儿姓名：　　　　　　　　班级：　　　　　　　　观察者：

方面	要点	水平	判断依据（行为实录）
A. 学习品质	A1．以积极、主动的情感态度参与运动游戏	□水平一：被动地参与运动游戏，活动中情绪不高	
		□水平二	
		□水平三：愿意参与活动，能在教师的引导下积极投入运动	
		□水平四	
		□水平五：主动参加运动游戏，在游戏中表现出积极的兴趣和热情	
	A2. 在运动游戏中敢于尝试一些有难度、有挑战性的动作，并尝试通过模仿同伴或教师的动作来习得经验、发展运动能力	□水平一：只进行自己有把握的运动游戏，不尝试模仿其他自己不会的动作	
		□水平二	
		□水平三：在成人的鼓励和引导下尝试有挑战性的运动游戏，能通过模仿同伴或教师的动作习得经验	
		□水平四	
		□水平五：主动选择有挑战性的运动游戏，自主尝试模仿同伴或教师的动作来习得经验，并能将习得的运动经验迁移到新的运动中	

续表

方面	要点	水平	判断依据（行为实录）
B. 关键经验	B1. 观察模仿能力	□水平一：对他人的动作或身体姿势不关注，只是自己做动作或简单模仿	
		□水平二	
		□水平三：能观察到部分动作，并针对部分动作或细节进行模仿	
		□水平四	
		□水平五：能观察到更多的身体动作或完整动作，并尝试进行整套动作的完整模仿	
	B2. 动作协调、灵敏	□水平一：动作僵硬，没有配合，手脚活动节奏合不上	
		□水平二	
		□水平三：偶尔可以达到上肢和下肢基本协调地做动作	
		□水平四	
		□水平五：能上肢和下肢协调一致地做动作	

（三）幼儿练习巩固行为的观察与记录

表3-31 幼儿练习巩固行为等级评定观察记录表

幼儿姓名：　　　　　　　　班级：　　　　　　　　观察者：

方面	要点	水平	判断依据（行为实录）
A. 学习品质	A1. 持续并专注于游戏	□水平一：不能专注于当前的游戏，注意力很容易被分散，没有目标意识	
		□水平二	
		□水平三：能专注于当前的游戏，但不能在整个活动过程中始终保持专注，具有一定的目标意识	
		□水平四	
		□水平五：始终专注于游戏，有清晰的目标意识	

方面	要点	水平	判断依据（行为实录）
A. 学习品质	A2. 持续运用前期习得的运动经验完成游戏中的任务	□水平一：频繁变更自己的游戏内容	
		□水平二	
		□水平三：能专注于当前的游戏，但不能在整个游戏过程中始终保持专注，具有一定的目标意识	
		□水平四	
		□水平五：主动坚持在同种游戏中练习巩固自己新习得的运动经验	
B. 关键经验	B1. 动作学习（一般会经历从泛化、分化逐渐过渡到巩固、自动化的过程）	□水平一：学习动作时关注了某一个动作要领，但动作与动作之间连贯不起来	
		□水平二	
		□水平三：能单独做某一身体动作，但不能够协调一致	
		□水平四	
		□水平五：基本能较完整地完成整套动作，手眼协调地灵活完成多步骤任务	
	B2. 跳跃能力	□水平一：动作僵硬，腿部力量不够，做不出脚离地面的动作	
		□水平二	
		□水平三：可以做出不同的跳跃动作	
		□水平四	
		□水平五：能进行多种跳跃动作，而且跳跃的高度和远度都有所增加，并能流畅有序地完成一系列动作	

（四）幼儿迁移创新行为的观察与记录

表3-32　幼儿迁移创新行为等级评定观察记录表

幼儿姓名：　　　　　　　　　班级：　　　　　　　　观察者：

方面	要点	水平	判断依据（行为实录）
A. 学习品质	A1. 在学会基本游戏动作的基础上能灵活创新动作	□水平一：只能重复原有的运动游戏，不能对游戏作出创新	
		□水平二	
		□水平三：在成人或其他幼儿的提醒或建议下，尝试对游戏作出创新	
		□水平四	
		□水平五：经常性地主动寻求游戏的创新	
	A2. 运用自己的经验得出关于人、材料、事件和想法的结论	□水平一：能够说出自己做过的事或玩过的游戏等	
		□水平二	
		□水平三：可以回忆起更多的已发生的事情的顺序或发生过的事情的细节	
		□水平四	
		□水平五：主动坚持在同种运动游戏中练习巩固自己新习得的运动经验	
B. 关键经验	不同形式的跳跃	□水平一：动作僵硬，腿部力量不够，做不出脚离地面的动作	
		□水平二	
		□水平三：可以做出不同的跳跃动作	
		□水平四	
		□水平五：回顾自己的经验或他人经验并迁移到所经历的相似情境中	

流程四：分析

请根据记录表格内容对观察情况进行分析。

完整观察幼儿在运动体能跳绳游戏中的行为表现，运用观察记录表记录幼儿在各活动环节学习品质与关键经验的发展水平，并匹配记录幼儿在游戏中体现其发展水平的典型行为，能够帮助教师更科学有效地分析幼儿的游戏行为（见表3-33至表3-36）。

（一）幼儿产生兴趣行为实录与分析

表3-33 幼儿产生兴趣行为观察分析表

幼儿姓名：泽泽　　　　　班级：大班　　　　　观察者：张老师

方面	要点	观察行为实录与水平选择
A. 学习品质	A1. 对新的运动环境和器械产生好奇	通过对幼儿行为实录和指标体系中水平的比较，可知幼儿现在处于水平五 •行为实录：泽泽经过户外玩具柜旁，瞥见玩具架第二层白筐中一堆色彩斑斓的线团，便径直走了过去。拉开这熟悉的白筐，七八根崭新的粉白相间的竹节绳便出现在了眼前。一阵端详后，他自言自语道："这是什么呀？还挺好看的。"
	A2. 好问	通过对幼儿行为实录和指标体系中水平的比较，可知幼儿现在处于水平三 •行为实录：他自言自语道："这是什么呀？还挺好看的。"
B. 关键经验	B1. 大肌肉动作发展	通过对幼儿行为实录和指标体系中水平的比较，可知幼儿现在处于水平五 •行为实录：当他抡起大臂前后左右摇晃绳子时，"啪"的一声，绳子抽打在身上。好奇的泽泽在品尝到跳绳的苦涩后并没有直接放弃，而是更加卖力地去探索和尝试。这次泽泽再次抡起大臂，让绳子随着手臂前后环绕，绳子随着手臂在空中画起了圈
	B2. 动作探索	通过对幼儿行为实录和指标体系中水平的比较，可知幼儿现在处于水平三 •行为实录：他将竹节绳拿出，抖一下将其打散，握住手柄将其高高举起，似乎在用它丈量自己的身高。他一会儿用手去拉拽绳子，一会儿用脚去踩绳子，甚至偶尔用牙去咬绳子，似乎在琢磨这根绳子和普通绳子有啥区别

（二）幼儿尝试模仿行为实录与分析

表3-34 幼儿尝试模仿行为观察分析表

幼儿姓名：泽泽　　　　　班级：大班　　　　　观察者：张老师

方面	要点	观察行为实录与水平选择
A. 学习品质	A1. 以积极、主动的情感态度参与运动游戏	通过对幼儿行为实录和指标体系中水平的比较，可知幼儿现在处于水平五 •行为实录：泽泽一直探索着和跳绳一起舞动，跳绳转他也转，跳绳飞他也飞 •行为实录：当绳子打在他头上时，他略微摸了一下头，内心似乎有所觉醒了，毕竟这是离越过头顶最近的一次。然后泽泽把手臂伸直，用力画了一个巨大的圆圈，随之而来的则是从头顶高高越过的绳子与大地的触碰声和他的喊叫声："老师！快看快看，我会跳绳了！"

223

方面	要点	观察行为实录与水平选择
A. 学习品质	A2. 在运动游戏中敢于尝试一些有难度、有挑战性的动作，并尝试通过模仿同伴或教师的动作来习得经验、发展运动能力	通过对幼儿行为实录和指标体系中水平的比较，可知幼儿现在处于水平三 • 行为实录：孩子们看得目瞪口呆，不时还发出啧啧赞叹："哇！太厉害啦！"随后孩子们便开始尝试模仿 • 行为实录：当他第一次尝试摇绳的时候，手臂用力，但是绳子轻轻弹起却怎么都无法从头顶逾越。他不停地用力摇绳，绳子先后抽打了他的大腿、屁股、后背、脖子和头。当绳子打在他头上时，他略微摸了一下头，内心似乎有所觉醒了
B. 关键经验	B1. 观察模仿能力	通过对幼儿行为实录和指标体系中水平的比较，可知幼儿现在处于水平三 • 行为实录：（在观察完教师跳绳展示后）泽泽尝试由单手拿绳变成双手拿绳，一手执绳子一端，模仿着教师把绳子卡在脚后跟处，手臂伸平，用手轻轻拉紧绳子 • 行为实录："我还是不能顺利地跳过绳子！""那我给你表演个跳绳慢动作，你仔细看一看，说不定一会儿就学会了。"教师将跳绳进行了分步骤示范，先从后向前摇绳，听到跳绳触地的声音后等了几秒，然后双脚向前跳过绳子，最后将绳子从后向前摇动，重复了几个回合。泽泽也跟着做了起来，经过几次练习后，终于能将从后向前摇绳、跳绳和从后向前摇绳3个步骤连接起来了
	B2. 动作协调、灵敏	通过对幼儿行为实录和指标体系中水平的比较，可知幼儿现在处于水平三 • 行为实录：然后泽泽把手臂伸直，用力画了一个巨大的圆圈，随之而来的则是从头顶高高越过的绳子与大地的触碰声和他的喊叫声："老师！快看快看，我会跳绳了！" • 行为实录：每当摇过一次绳，他都要通过各种方式把绳子绕到身后，教师看到泽泽进行了各种尝试，想把绳子顺利地甩过去 • 行为实录：（教师）先从后向前摇绳，听到跳绳触地的声音后等了几秒，然后双脚向前跳过绳子，最后将绳子从后向前摇动，重复了几个回合。泽泽也跟着做了起来

（三）幼儿练习巩固行为实录与分析

表3-35 幼儿练习巩固行为观察分析表

幼儿姓名：泽泽　　　　　班级：大班　　　　　观察者：张老师

方面	要点	观察行为实录与水平选择
A. 学习品质	A1. 持续并专注于游戏	通过对幼儿行为实录和指标体系中水平的比较，可知幼儿现在处于水平三 • 行为实录：泽泽已经能连续地跳过多次，但是跳着跳着就累了，有时候双臂跟不上灵活的双脚，经常是脚越跳越快，手摇绳跟不上脚跳的节奏，连续跳绳自然就断了。于是他便去一旁玩起了流星球
	A2. 持续运用前期习得的运动经验完成活动中的任务	通过对幼儿行为实录和指标体系中水平的比较，可知幼儿现在处于水平三 • 行为实录：教师发现了正在抡流星球的泽泽，便上前去问："怎么不跳绳了？""跳不动了。""那你看天天、乐乐他们几个跳得多带劲，他们似乎也不像累的样子。""他们都学会了，跳起来就不觉得累。""我觉得他们跳绳学会了绝招可能就不累了，不信你看看他们的手是怎么摇绳的？和你一样不？" • 行为实录："你信不信，老师能用流星球让你跳绳变得更厉害？""不信！"随后教师做抡流星球的动作，说："我向你学习了，接下来你要向我学习。"
B. 关键经验	B1. 动作学习（一般会经历从泛化、分化逐渐过渡到巩固、自动化的过程）	通过对幼儿行为实录和指标体系中水平的比较，可知幼儿现在处于水平五 • 行为实录：泽泽便模仿教师用小臂和手腕转动的方式抡流星球，起初他还是用手腕胡乱地抡。教师问："你能向前抡流星球吗？"泽泽逐渐控制两只手的方向，用小臂和手腕转动的方式向前抡流星球 • 行为实录：教师说："是啊，你想一想，刚才是用身体什么部位抡流星球的？这种方法可以用在跳绳上吗？"于是，泽泽用抡流星球的方式去摇绳
	B2. 跳跃能力	通过对幼儿行为实录和指标体系中水平的比较，可知幼儿现在处于水平五 • 行为实录：泽泽用抡流星球的方式去摇绳，经过短暂的适应后，跳绳击地和双脚落地的声音此起彼伏又充满节奏，同时还传来了泽泽开心的笑声，原来他顺利地连续跳了5个

（四）幼儿迁移创新行为实录与分析

表3-36　幼儿迁移创新行为观察分析表

幼儿姓名：泽泽　　　　　　班级：大班　　　　　　观察者：张老师

方面	要点	观察行为实录与水平选择
A. 学习品质	A1. 在学会基本游戏动作的基础上能灵活创新动作	通过对幼儿行为实录和指标体系中水平的比较，可知幼儿现在处于水平五 　•行为实录：每到户外场地时，泽泽都兴奋地给教师展示自己的跳绳技巧，并请教师帮忙计数。教师："真棒，你越跳越厉害了！你最近除了跳绳，还玩了什么其他的吗？""还玩了跳跳球，您看，我给您跳一下！"只见泽泽放下跳绳，从玩具柜中拿出了一个跳跳球，熟练地在原地跳跃
	A2. 运用自己的经验得出关于人、材料、事件和想法的结论	通过对幼儿行为实录和指标体系中水平的比较，可知幼儿现在处于水平三 　•行为实录：教师说："哇！太厉害了！那你想想玩跳跳球和玩跳绳有一样的地方吗？""有！这两个都是一下一下地跳！""是手一样，还是脚一样？""脚一样，都一下一下地跳，手不一样，跳跳球不用绳，跳绳手需要一直摇绳。""你信不信？这两个能一起玩，既然脚下都是一下一下跳，应该可以一起玩，你可以吗？""那我试一试吧！"随后泽泽尝试了几次，经常是手不断摇绳，脚下踩不上跳跳球。教师问："现在有什么问题？"泽泽说："总是跳不过去！""之前原地能跳吗？现在为什么不能跳？""现在脚底下踩不上跳跳球。"
B. 关键经验	不同形式的跳跃	通过对幼儿行为实录和指标体系中水平的比较，可知幼儿现在处于水平五 　•行为实录：随后泽泽踩上跳跳球，开始跳起来，手臂一直在伸手拿着绳子等待着摇绳的时机，经过几次尝试，他终于找到了摇绳的时机，跳了过去。慢慢地，经过几次练习，泽泽可以熟练地踩着跳跳球跳绳了

流程五：指导

请根据幼儿行为表现分析情况提出改进意见或指导策略。

（一）基于幼儿产生兴趣行为表现分析结果的指导

1. 基于幼儿学习品质行为表现分析结果的指导

（1）基于幼儿"对新的运动环境和器械产生好奇"行为表现分析结果的指导。

为了激发、保护和维持幼儿的好奇心，为后续活动奠基，教师可以提供针对性的支持。具体指导策略如下：

★ 为幼儿创设适宜运动的环境。

★ 投放能够引发幼儿产生兴趣的游戏材料，并根据幼儿游戏的不断发展，适时更新和更换材料以维持幼儿的兴趣。

★ 以观察者、关注者的角色观察幼儿的行为，根据需要适时介入与幼儿互动。

（2）基于幼儿"好问"行为表现分析结果的指导。

面对泽泽的行为表现，教师可以介入探讨或者让幼儿重复自己的问题以进一步明确自己想了解或探索的问题。具体指导策略如下：

★ 根据情况适时介入游戏；如果幼儿对某问题持续关注或主动找教师寻求答案，教师就需要介入以支持幼儿对问题的持续深入探究。

★ 先让幼儿表达清楚自己的问题是什么，然后引导幼儿在大胆猜想的基础上进行有目的的探究。

2. 基于幼儿关键经验行为表现分析结果的指导

（1）基于幼儿"大肌肉动作发展"行为表现分析结果的指导。

针对幼儿大肌肉动作的发展，教师要善于发挥榜样的作用，善于利用幼儿园的环境。具体指导策略如下：

★ 以语言指导、动作示范引导幼儿尝试模仿和练习。

★ 创设"钻山洞""爬山坡""攀岩"、走"独木桥"等丰富的游戏情境，让幼儿在玩游戏的过程中锻炼身体大肌肉动作。

（2）基于幼儿"动作探索"行为表现分析结果的指导。

面对泽泽的行为表现，教师可以引导泽泽一起静心观察，了解泽泽的想法。具体指导策略如下：

★ 为幼儿提供充分的探索时间和探索材料。

★ 适时介入，使用交流研讨、共同探索、同伴模仿、巩固练习等指导策略，引导幼儿深入探索材料。

（二）基于幼儿尝试模仿行为表现分析结果的指导

1. 基于幼儿学习品质行为表现分析结果的指导

（1）基于幼儿"以积极、主动的情感态度参与运动游戏"行为表现分析结果的指导。

为了激发幼儿主动参与游戏，教师可以使用以下指导策略。

★ 通过语言、动作等多种方式对幼儿鼓励加油。

★ 直接给幼儿做示范动作引发幼儿关注。

★ 当幼儿产生了主动参与意愿时，创设宽松的氛围，允许幼儿自主参与和自由探索。

（2）基于幼儿"在运动中敢于尝试一些有难度、有挑战性的动作，并尝试通过模仿同伴或教师的动作来习得经验、发展运动能力"行为表现分析结果的指导。

为了使幼儿敢于尝试有难度、有挑战性的动作，提升幼儿的尝试模仿水平，教师可以使用以下具体指导策略。

★ 引导幼儿主动选择有挑战性的运动游戏，自主尝试模仿同伴或教师的动作来习得经验，并能将习得的运动经验迁移到新的运动活动中。

★ 提供与跳绳游戏同类的游戏，如跳皮筋、跳箱、跳蹦床等，供幼儿主动选择。针对同类游戏，可提供难易程度不一的游戏材料，如高度不一样的跳箱、不同花样的跳绳，激发幼儿模仿学习的积极性和兴趣。

2. 基于幼儿关键经验行为表现分析结果的指导

（1）基于幼儿"观察模仿能力"行为表现分析结果的指导。

为了提升幼儿的观察模仿能力，支持幼儿从水平三"能观察到动作，并针对部分动作或细节进行模仿"提升到水平五"能观察到更多的身体动作或完整动作，并尝试进行整套动作的完整模仿"，教师可以使用以下具体指导策略。

★ 为幼儿树立的榜样，既可以是教师，也可以是其他幼儿；鼓励幼儿模仿学习。

★ 在幼儿进行模仿学习时，鼓励幼儿关注动作细节；支持幼儿将原有经验与学会的动作进行连接和组合。

（2）基于幼儿"动作协调、灵敏"行为表现分析结果的指导。

为了促进幼儿动作的协调、灵敏，支持幼儿从水平三"偶尔可以达到上肢和下肢基本协调地做动作"提升到水平五"能上肢和下肢协调一致地做动作"，教师可以使用以下具体指导策略。

★ 引导幼儿关注关键动作进行模仿学习。

★ 通过语言引导帮助幼儿从对不同身体部位进行动觉感受，逐渐过渡到对整个运动过程或整套跳绳动作进行动觉感受，让幼儿在模仿学习中逐渐学会手脚、手眼、上肢下肢协调一致。

（三）基于幼儿练习巩固行为表现分析结果的指导

1. 基于幼儿学习品质行为表现分析结果的指导

（1）基于幼儿"持续并专注于游戏"行为表现分析结果的指导。

当幼儿觉得某个事物值得关注的时候，他们就会对其保持注意。当提供的材料、互动和事件与他们的需求、好奇心和幼儿的经验有关时，幼儿会更专注。具体指导策略如下：

★ 提供丰富多样的材料，灵活组织个体活动和集体活动，确保幼儿每天都能找到吸引其兴趣的事情。

★ 提供新的材料或重新引入旧材料。这些材料让幼儿以旧方式探索新材料，以新方式探索旧材料。新旧材料的混合能够帮助幼儿深化其知识和技能。

（2）基于幼儿"持续运用前期习得的运动经验完成游戏中的任务"行为表现分析结果的指导。

为了让幼儿能持续运用前期习得的运动经验完成游戏中的任务，教师可以使用以下指导策略。

★ 给幼儿充分的时间来实施他们的想法和计划，不要过早介入或催促他们。

★ 当幼儿想放弃的时候，教师可适时介入，通过多种方式与幼儿互动；引导幼儿继续探索，如巧妙提问启发幼儿思考，或详细描述、评论幼儿正在做的事情，并为其鼓励加油，或像幼儿一样用多种方式使用材料，或针对幼儿遇到的难点再次示范供幼儿模仿。

2. 基于幼儿关键经验行为表现分析结果的指导

（1）基于幼儿"动作学习"行为表现分析结果的指导。

为了提升幼儿的动作学习能力，教师可以使用以下指导策略。

★ 投放练习同一种动作的多种材料供幼儿选择，创设丰富的游戏情境引导幼儿进行多次练习。

★ 注重观察幼儿动作学习的发展阶段和实际水平，进行不同种类的交叉练习，以便于幼儿以旧方式探索新材料或新方式探索旧材料，经验不断运用与迁移。

（2）基于幼儿"跳跃能力"行为表现分析结果的指导。

为了提高幼儿的跳跃能力，教师可以使用以下指导策略。

★ 在户外活动开展多种游戏，如跳房子、跳竹竿、跳马、跳箱、跳台、跳大绳、模拟不同动物的跳跃动作，促进幼儿大肌肉能力发展。

★ 适当加入音乐或节奏练习等发展幼儿跳跃动作的节奏。

★ 鼓励幼儿在自由跳跃中探索新的跳跃动作。

（四）基于幼儿迁移创新行为表现分析结果的指导

1. 基于幼儿学习品质行为表现分析结果的指导

（1）基于幼儿"在学会基本游戏动作的基础上能灵活创新动作"行为表现分析结果的指导。

为了鼓励幼儿在学会基本游戏动作的基础上能灵活创新动作，教师可以使用以下指导策略。

★ 为幼儿创设尊重、接纳、平等开放的精神环境，允许幼儿用不同的方式去探索，允许幼儿有不一样的想法和做法。

★ 多投放一些开放性的材料，鼓励幼儿运用多种方式或动作去操作体验材料，进行一物多玩。

★ 在幼儿探索材料时，教师可适当介入，与幼儿交谈，让幼儿体悟其当下的经历，用语言表述自己的行为，使幼儿行为更具有目的性；鼓励幼儿尝试使用多种资源和方式解决遇到的问题。

（2）基于幼儿"运用自己的经验得出关于人、材料、事件和想法的结论"行为表现分析结果的指导。

为了让幼儿能够运用自己的经验得出关于人、材料、事件和想法的结论，教师可以使用以下指导策略。

★ 通过启发提问或交流互动的方式鼓励幼儿描述他是如何做动作的，引导幼儿想象并再现他的行为，或运用回顾型的问题进行评论，鼓励幼儿进行反思。

★ 拍摄幼儿进行游戏或做动作时的照片，帮助幼儿回忆事情发生的顺序。

★ 引导幼儿及时记录自己的游戏行为或发生的事情，逐渐养成反思的意识和习惯。

2. 基于幼儿关键经验行为表现分析结果的指导

基于幼儿"不同形式的跳跃"行为表现分析结果的指导。

为了提高幼儿的跳跃能力，教师可以使用以下指导策略。

★ 在户外活动开展多种游戏，如跳房子、跳竹竿、跳马、跳箱、跳台、跳大绳、模拟不同动物的跳跃动作，促进幼儿大肌肉能力的发展。

★ 适当加入音乐或节奏练习发展跳跃动作的节奏；鼓励幼儿在自由跳跃中探索新的跳跃动作。

反思总结

请根据所学内容完成反思总结。

1. 在学习了运动体能类区域游戏活动各环节幼儿行为观察的观测点与具体行为标准、记录方法、分析指导等内容之后，请对所学内容进行回顾总结。

（1）我知道运动体能类区域游戏活动中幼儿行为观察的观测点与具体行为标准：

_____

_____

（2）我知道观察记录的方法包括：

（3）我知道观察与指导幼儿运动体能类区域游戏活动的任务流程：

2. 请根据情境灵活应用所学内容设计并开展调查。

运动场上发生了什么

　　幼儿园每天都有户外活动。幼儿在户外既要做集体操，还要做教师组织的体育游戏，幼儿园还提供丰富多样的户外游戏材料供幼儿自主游戏。突然，新投放的平衡板那里阵阵喧闹声，幼儿似乎在相互拉扯着，相互争执着……

　　究竟怎么回事呢？你需要了解哪些内容？你会如何运用本任务所学来促进幼儿在运动体能类区域游戏活动中学习与发展？请你从调查目标、调查方法、调查过程、调查结果等方面设计调查方案了解现状，并运用所学设计解决问题的步骤。

总 结 拓 展

【项目总结】

● 游戏活动是幼儿园教师组织一日生活活动的重要组成部分。"以游戏为基本活动"是我国学前教育改革的一个重要命题，也是我国幼儿园课程改革的重要指导思想。

● 幼儿园区域游戏包括探究学习类、社会交往类、创意想象类、运动体能类四种类型。

● 幼儿在探究学习类区域游戏活动中经历产生兴趣、动手操作、专心致志、完成活动四个环节；在社会交往类区域游戏活动中经历参与活动、发现问题、合作创新、分享交流四个环节；在创意想象类区域游戏活动中经历产生兴趣、感知了解、创意想象、表达表现四个环节；在运动体能类区域游戏活动中经历产生兴趣、尝试模仿、巩固练习、迁移创新四个环节。

● 四类游戏中不同环节的观测点均包括两个方面：一个是指向"如何学习"的学习品质，另一个是指向"学习什么"的关键经验。

【记忆口诀】

区域游戏活动观察指导诀窍歌

区域游戏形式多，探究交往都重要；

创意想象运动类，观察指导要做好；

一是看懂真行为，真实言行都记到；

二是理解观测点，标准条目要记牢；

三是分析真水平，客观依据偏不了；

四是指导有思考，理论实践结合巧；

幼儿游戏有创意，教师尊重站位高；

儿童视角要关注，幼儿为本发展好。

【拓展链接】

图书推荐

［1］福禄培尔. 人的教育［M］. 孙祖复，译. 北京：人民教育出版社，1991.

［2］蒙台梭利. 童年的秘密［M］. 马荣根，译. 北京：人民教育出版社，2005.

［3］刘焱. 儿童游戏通论［M］. 北京：北京师范大学出版社，2004.

［4］邱学青. 学前儿童游戏［M］. 南京：江苏教育出版社，2008.

［5］董旭花. 自主游戏［M］. 北京：中国轻工业出版社，2021.

项目四

4

综合实践活动中的幼儿行为观察与指导

综合实践活动是从幼儿的真实生活和发展需要出发，从生活情境中发现问题，转化为活动主题，通过探究、服务、制作、体验等方式，培养幼儿综合素质的跨领域、综合型、实践性课程。因此，在综合实践活动中观察、记录幼儿的行为表现，及时作出相应的分析和指导，对幼儿学会学习、学会生活和综合素质培养具有重要意义。

岗 位 要 求

综合实践活动是幼儿园教育教学活动的组成部分。综合实践活动中的幼儿行为观察与指导是幼儿园教师在综合实践活动中促进幼儿主动学习与全面发展的前提。《3—6岁儿童学习与发展指南》指出："关注幼儿学习与发展的整体性。儿童的发展是一个整体，要注重领域之间、目标之间的相互渗透和整合，促进幼儿身心全面协调发展，而不应片面追求某一方面或几方面的发展。"为抓住幼儿园综合实践活动中的教育契机，幼儿园教师应该做到：

（1）尊重幼儿学习与发展的整体性，有目的、有意识地观察幼儿在研学活动、节日活动、亲子活动、特色活动中的行为表现。

（2）在观察、记录与分析幼儿行为表现的基础上反思与改进综合实践活动的组织与实施。

（3）有效支持幼儿在各类型综合实践活动中生活习惯、学习习惯的培养和探究能力、服务能力、组织能力等的发展。

学 习 目 标

知识目标

☐ 熟知幼儿园常见的综合实践活动（研学活动、节日活动、亲子活动、特色活动）。

☐ 掌握常见活动中幼儿行为的观测点与具体行为标准、记录方式、记录标准、指导策略。

能力目标

☐ 能对幼儿园常见综合实践活动如研学活动、节日活动、亲子活动、特色活动中的幼儿行为进行观察与记录。

☐ 能根据记录内容分析幼儿行为并开展适宜的教育指导。

☐ 能关注幼儿园综合实践活动中幼儿行为观察与指导的最新理论知识与实践能力。

☐ 能不断提升自身对研学活动、节日活动、亲子活动、特色活动中幼儿行为水平分析与指导的能力，做终身学习的典范。

素养目标

☐ 尊重幼儿人格，富有爱心、责任心、耐心和细心。

☐ 养成在日常生活中关爱幼儿、在点滴生活中引领幼儿健康成长的专业自觉性。

☐ 培养幼儿健全人格，做幼儿健康成长的启蒙者和引路人。

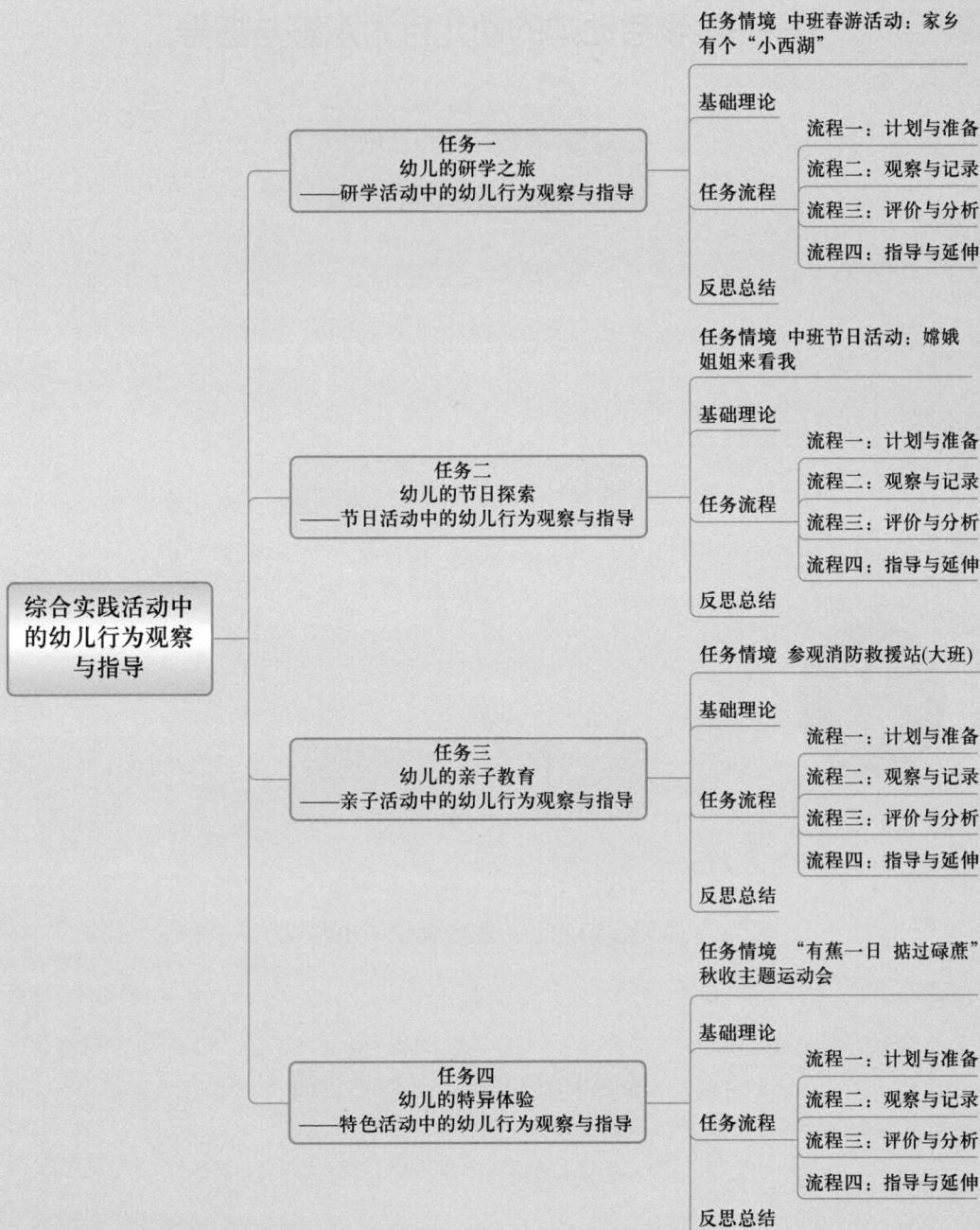

学 习 导 图

综合实践活动中的幼儿行为观察与指导

任务一
幼儿的研学之旅
——研学活动中的幼儿行为观察与指导

任务情境 中班春游活动：家乡有个"小西湖"

基础理论

任务流程
- 流程一：计划与准备
- 流程二：观察与记录
- 流程三：评价与分析
- 流程四：指导与延伸

反思总结

任务二
幼儿的节日探索
——节日活动中的幼儿行为观察与指导

任务情境 中班节日活动：嫦娥姐姐来看我

基础理论

任务流程
- 流程一：计划与准备
- 流程二：观察与记录
- 流程三：评价与分析
- 流程四：指导与延伸

反思总结

任务三
幼儿的亲子教育
——亲子活动中的幼儿行为观察与指导

任务情境 参观消防救援站(大班)

基础理论

任务流程
- 流程一：计划与准备
- 流程二：观察与记录
- 流程三：评价与分析
- 流程四：指导与延伸

反思总结

任务四
幼儿的特异体验
——特色活动中的幼儿行为观察与指导

任务情境 "有蕉一日 揾过碌蔗"秋收主题运动会

基础理论

任务流程
- 流程一：计划与准备
- 流程二：观察与记录
- 流程三：评价与分析
- 流程四：指导与延伸

反思总结

任务一　幼儿的研学之旅
——研学活动中的幼儿行为观察与指导

研学活动观察指导诀窍歌

研学之旅形式多，教师幼儿兴致勃；

移步走出幼儿园，社会自然来拥抱；

安全常规是基要，自我服务不能少；

探究学习长本领，社会交往朋友好；

心中目标很清晰，问题进步都看到；

分析指导有诀窍，研学活动乐陶陶。

任务情境

请了解研学活动任务情境的内容梗概。

中班春游活动：家乡有个"小西湖"

这是一次中班幼儿的研学活动，中班组的教师们因地制宜，选择了幼儿园附近车程较近的湖海塘公园——金华有代表性的湿地公园，是当地的"小西湖"。教师在公园内选定了一片视野开阔的大草坪区域，组织幼儿进行"草坪游戏与野餐"和"寻找春天，制作美术作品《春天的色彩》"的活动。

基础理论

请关注研学活动的基础理论。

研学活动是一种特殊的现场学习，是基础教育课程体系中综合实践活动课程的重要组成部分。研学活动由学校组织安排，以校外旅行为形式，在实践活动中培养学生的生活技能、集体观念、创新精神和实践能力。近年来，幼儿园也将研学活动与春游、秋游、参观等园外实践活动相结合，凸显园外实践活动的课程性。

研学活动的形式很多，有侧重户外踏青的，如春游、秋游；有侧重参观学习的，如参观博物馆、纪念馆、科技馆等；也有侧重操作体验，如参观消防队、婺州窑、养殖基地、航空基地等。当然，现在很多研学基地越来越综合，兼顾了户外活动、参观学习和体验操作等多重功能。幼儿在研学活动中兴趣强烈，热情高涨，积极参与，能促进幼儿在真实情境场中的学习。

与一日生活活动、主题游戏活动和区域游戏活动相似，研学活动中的幼儿也会表现出一些典型的相关行为，需要教师观察、记录、分析和指导。因此，在研学活动开展前，教师需要根据幼儿年龄阶段选择适合的研学主题，并提前进行幼儿行为观察的计划与准备工作。

对研学活动中幼儿行为的观察，侧重于安全常规、自我服务、探究学习、人际交往4个观测点。

首先，需要观察记录研学活动中幼儿的安全常规行为。相对于其他综合实践活动，研学活动的场所比较特殊，一般发生在幼儿园之外的场所。由于活动空间大，活动场所陌生，幼儿年龄小且人数多，因此，容易发生安全事故。此时，幼儿的安全意识、常规遵守等表现十分重要。

其次，需要观察记录研学活动中幼儿的自我服务行为。幼儿自我服务能力是指幼儿在日常生活中照料自己生活的能力，是一个人应该具备的最基本的生活技能。研学活动中，受户外天气、徒步能力及户外进餐环境、盥洗环境等影响，可能会需要幼儿自主穿脱衣服、鞋子、帽子，以及自主进餐、如厕、盥洗、收拾垃圾、归位用品、整理书包等。此时，教师需要观察与指导幼儿的自我服务行为。

再次，需要观察记录研学活动中幼儿的探究学习行为。研学活动以游玩为形式，但仍有其课程属性。幼儿在研学过程中会进行探究学习，因此，研学活动中幼儿的探究学习行为也是重要观测点。

最后，需要观察记录研学活动中幼儿的人际交往行为。研学活动是集体出行活动，幼儿在研学活动中会表现出较多的人际互动行为；人际交往也是幼儿社会性发展与学习的重要方面。因此，研学活动中幼儿的人际交往行为也是需要观察的重要内容。

幼儿研学活动中的行为观测点见表4-1。当然，针对不同类型的研学活动可根据具体情况进行调整。

表4-1　研学活动中幼儿行为观察的观测点和具体行为标准

观测点	具体行为标准
A. 安全常规	A1. 安全守纪：遵守安全规则，不做危险动作（如从高处跳下、靠近水域、触摸电源等）
	A2. 文明规范：安静倾听教师或讲解员解说，不喧哗打闹，不触摸展品
	A3. 有序排队：有序排队不推搡，紧跟队伍，不擅自远离教师视线
B. 自我服务	B1. 生活自理：能自主进餐（或点心）、如厕、盥洗，能根据实际情况穿脱衣服、鞋帽、汗巾等；能坚持徒步行走、爬楼梯、坐车等活动
	B2. 文明卫生：能归位个人物品、收拾垃圾
	B3. 情绪管理：能主动调节自己的积极情绪和消极情绪
C. 探究学习	C1. 观察发现：对研学活动中遇到的事物和现象主动观察、表达或提问
	C2. 认真专注：对研学过程中成人的解说能认真倾听并积极回应
	C3. 大胆尝试：积极踊跃地参与研学过程中的操作体验环节
	C4. 探究思考：对研学活动有所感悟，能发现研学与生活的联系
D. 人际交往	D1. 主动社交：主动与身边的同伴交流所见所闻，情绪安定、愉快
	D2. 分享帮助：愿意把自己的零食分享给其他同伴，谦让、帮助同伴
	D3. 协商合作：能以协商合作的方式解决研学过程中的矛盾和冲突

本次研学活动以小、中、大班幼儿为对象，结合当地实际和研学任务，分别制订方案，并以计划与准备、观察与记录、评价与分析、指导与延伸4个流程来开展研学活动的观察与指导。小班幼儿年龄较小，选择幼儿园附近的短距离户外踏青类研学活动，幼儿可亲近自然，强健体魄，体验同伴集体出行的乐趣；中班幼儿有一

定自理能力，选择有一定车程的户外踏青类研学活动，制订与幼儿能力水平和实际研学环境相符的活动计划；大班幼儿动手能力和认知水平比较成熟，选择有一定车程且有较大活动量的操作体验类研学活动。

任务流程

流程一：计划与准备

请熟悉研学活动中幼儿行为观察的计划与准备内容。

1. 我们准备去哪里

阳春三月，正是适合幼儿外出春游踏青的时节。《3—6岁儿童学习与发展指南》指出，幼儿社会领域发展目标之一是"知道当地有代表性的物产或景观"，建议幼儿园多组织集体活动。幼儿园可用幼儿喜闻乐见和能够理解的方式激发幼儿爱家乡、爱祖国的情感，如和幼儿一起外出游玩，收集有关家乡的美术作品或照片等。在研学的过程中激发幼儿的自豪感和热爱之情。

中班幼儿年龄尚小且人数较多，适合选择管理安全、环境优美、视野开阔的户外场地，既方便幼儿户外活动、亲近自然、自由探究，又方便教师组织活动和观察幼儿。例如，幼儿园中班年级组因地制宜，选择幼儿园附近车程较近的湖海塘公园。湖海塘公园是幼儿家乡金华有代表性的湿地公园，视野开阔，管理安全，被称为当地人的"小西湖"。至此，幼儿园确定中班组春游活动：家乡有个"小西湖"。由于湖海塘公园较大，中班幼儿春游活动范围需确定在一片视野开阔的大草坪区域。此次春游研学的主要活动环节有：① 草坪游戏与野餐；② 寻找春天，制作美术作品《春天的色彩》。

2. 我们需要做哪些物质准备

□药箱。

□家长联系册。

□抽纸、湿巾备用。

□野餐垫。

□横幅。

□美术作品所需材料（纸质相框、动物模型纸板、彩泥等）。

☐提醒家长为幼儿准备书包（水杯、2~3样水果+零食、小包湿巾、垃圾袋）。

3. 我们需要有哪些经验准备

☐向幼儿简要介绍研学计划，包括游览路线、活动内容。

☐与幼儿交流四季更替及春天的相关知识经验。

☐提前做好幼儿的安全教育、文明出行教育。

☐班级教师提前做好组织幼儿的责任分工。

4. 我们需要在此次小班研学活动中设计怎样的观察记录表

针对研学活动的4个观测点，即安全常规、自我服务、探究学习、人际交往，结合春游踏青类研学活动的实际内容（草坪野餐和美术作品制作），设计小班研学活动观察记录表（见表4-2）。

表4-2 小班幼儿春游活动观察记录表

活动名称：

时间：　　　　　　　　观察对象：　　　　　　　　记录人：

观测点	行为水平	幼儿表现
A. 安全常规		
A1. 安全守纪	有安全意识，不擅自离开教师视线 ☐是　　☐经提醒后可以　　☐否	
A2. 文明规范	队伍整齐，纪律好，不推搡拥挤 ☐是　　☐经提醒后可以　　☐否	
B. 自我服务		
B1. 生活自理	提前告知教师如厕，不憋尿 ☐是　　☐经提醒后可以　　☐否	
	根据需要自主穿脱衣服、鞋帽 ☐是　　☐经提醒后可以　　☐否	
B2. 文明卫生	野餐后主动归位书包里的物品 ☐是　　☐经提醒后可以　　☐否	
	野餐后主动收拾垃圾并扔掉 ☐是　　☐经提醒后可以　　☐否	
B3. 情绪管理	主动调节积极情绪和消极情绪 ☐是　　☐经提醒后可以　　☐否	
C. 探究学习		
C1. 观察发现	主动观察春游活动中见到的事物和现象，能主动表达或提问 ☐能　　☐经引导后可以　　☐不能	

观测点	行为水平	幼儿表现
C2. 认真专注	注意集中，能认真倾听成人解说并积极回应 □能　　□经引导后可以　　□不能	
C3. 大胆尝试	积极参与操作体验环节，如观察花草树木、制作美术作品 □能　　□经引导后可以　　□不能	
C4. 探究思考	在春游研学中有所感悟，能发现研学与生活的联系 □能　　□经引导后可以　　□不能	
D. 人际交往		
D1. 主动社交	愿意与身边的同伴交流所见所闻或表达需要，情绪安定、愉快 □很愿意　　□经引导后愿意　　□不愿意	
D2. 分享帮助	愿意把自己的零食分享给其他同伴，谦让、帮助同伴 □很愿意　　□经引导后愿意　　□不愿意	
D3. 协商合作	能以协商合作的方式解决研学过程中的矛盾和冲突 □能　　□经引导后可以　　□不能	

5. 踏青类研学活动中需要注意哪些方面

□幼儿如厕。需要特别注意的是，幼儿年龄小，不会提前太久表达如厕需求，因此，活动范围附近要能方便如厕。

□幼儿安全。主班教师兼顾全局，其他两位教师一头一尾。

□及时记录。手机或相机拍照或视频记录。此时纸笔记录不合适。因此适合事后的轶事记录法。

流程二：观察与记录

请熟悉研学活动中幼儿行为观察的观察与记录内容。

观察记录1：事件描述法。

中班春游研学活动：家乡有个"小西湖"

时间：2020年4月　观察对象：中一班全部幼儿　记录人：王老师

上午9：00，中一班的孩子们就来到了湖海塘公园。从下车的地点到大草坪区域还

观察记录1使用事件描述法来记录春游活动的全貌与重要细节。

241

你观察到了
什么?
安全秩序
自我服务

有一定距离,考虑到孩子们年龄较小,而湿地公园地域广,为了安全、有序,我让他们开起了小火车,后面一个拉着前面一个的衣服,整个队伍基本有序前行。不过,偶尔后面的小朋友会踩掉前面小朋友的鞋子。在老师的提醒和帮助下,他们能配合老师把鞋子穿好。

你观察到了
什么?
主动社交
分享帮助

到达大草坪后,老师把带来的几块野餐垫打开让孩子们在上面休息一会儿,也就到了野餐环节了。孩子们打开书包,把里面的零食倒在野餐垫上,和自己熟悉的同伴三三两两坐在一起。少部分幼儿会主动分享,大多数幼儿在老师的提醒引导下也会分享食物。这时,小敏打不开饼干包装袋。叶老师正想帮忙,没想到贝贝说:"我来我来,我会开这个,我在家里经常拆包装袋。"于是,贝贝帮小敏打开了饼干袋,还补充了一句:"那我可以吃一块吗?"小敏说:"可以。"之后两人分享了饼干(见图4-1)。

图4-1 幼儿在野餐垫上分享食物

你观察到了
什么?
安全秩序
观察探究

接下来,我向孩子们介绍湖海塘公园:"小朋友们,你们看这个公园美不美呀?"孩子们齐声回答:"美。"我继续问:"那你们看到了什么呀?"孩子们转头观察,七嘴八舌地告诉我:"这里的草坪好大呀!""那边有好多漂亮的花,还有很多树!""老师,前面还有一个大湖呢!"我接着介绍:"是啊,湖海塘公园呀是咱们家乡市区最大的湿地公园,也是我们当地的'小西湖'。这里特别大,还有好多的……""诶!诶!诶!你们看那边有鸭子!"突然聪聪打断了我的话,起身向远处的湖边跑了一小段路。"聪聪!赶紧回来,那边危险!不能自己跑过去!"聪聪站住了,但还是面向远处的湖面仔细观察那些鸭子(其实是白鹭)。这时,其他小朋友也躁动起来,都跑到聪聪那里,远远地看着鸭子(白鹭)。我有点担心,赶紧带回孩子们并说:"我们可以在远处欣赏湖景,但是不能自己跑过去,这是危险的行为。"

你观察到了
什么?
观察探究+
创造想象
认真专注
大胆尝试
善于反思

回到"营地"后,我一边给孩子们发"道具",一边布置"任务":"小朋友们,现在我们就在这块草坪内自由活动,找一找你们喜欢的花草树木,然后用你们收集到的花花草草来装饰你们拿到的这个相框或者动物模型。"孩子们在草坪上四处探索,时不时地进行各种交流，我们在一旁观察并拍照记录（见图4-2）。

小敏："这些是什么花呀？好像向日葵，但比向日葵小很多。"（其实是小雏菊）

辰辰："老师，我的小乌龟变绿啦！"

西西："老师我的蝴蝶也变绿了！还飞到树上了！"

涵涵："你看我！我的蝴蝶是蓝色的，它飞到天空上去了！"

聪聪："我发现一个秘密，蝴蝶飞到哪里，就变成了哪里的颜色！因为它中间是空的，可以透过去的！"（幼儿通过"镂空相框"进行探索、联想）

七七："哈哈，那要是飞到我脸上呢？我把我自己变到相框里面啦！"

蜜子："我想做一幅鲜花画送给我妈妈，她最喜欢花了！"

贝贝："我捡不到鲜花，也不想摘花，我还是用彩泥做一幅画送给妈妈吧！"

康康："我的鲜花瓶里没有土壤，我就粘点小石子吧，好像水仙花盆里也是用石子的，可是为什么石子能养活花呢？"

叮当："我选了这个刺猬的模型，我要把洞洞插满花花草草，这样就好像它身上扎满了花草一样（见图4-3）！"

图4-2　幼儿观察大草坪上的花草树木

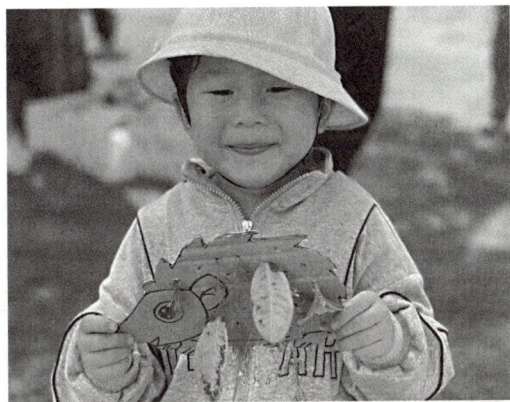

图4-3　扎着花草的刺猬

早早："咦？为什么现在是春天，但是还有落叶呢？不是秋天才有落叶吗？"

面对幼儿这么多的想法和问题，我们一时间应接不暇。我发现早早的提问很有价值，于是解释道："这个问题很棒，书上和电视上都说秋天落叶。但是，咱们南方气候比较温暖湿润，而且树木大多是常青树，到了秋天、冬天也不容易落下。而到了春天，新的树叶要长出来了，把老的树叶给顶下来了，所以南方的春天也会有落叶。"聪聪立马接话："哦，我知道了！就像睿奥换牙了一样，新长出来的牙齿把原来的牙齿给顶掉了！""原来是这样！"孩子们纷纷表示理解了。我惊讶地说："你的解释可真形象！"说着奖励给聪聪一个大拇指说："表扬聪聪！"聪聪得意地摇头晃脑。

我们三位老师分工协作，有的整体照看幼儿安全，有的和幼儿交流，点评他们的

你观察到了
什么？
及时点评

作品，有的负责记录幼儿的观察探究过程和作品。在探究过程中，老师发现孩子们开始出汗了，于是提醒他们脱掉外套，及时喝水补充水分。

草坪探究活动结束后，春游研学活动接近尾声。于是老师组织孩子们回到野餐垫上，喝水，休息，提醒需要如厕的小朋友举手，老师带去旁边的卫生间如厕。老师提醒整理好自己带来的食物，放回书包，收拾好刚才野餐时的垃圾，装进垃圾袋，扔进旁边的垃圾桶。孩子们虽然不能主动收拾，但在老师的提醒和帮助下，能积极配合完成。

看了下时间，10:50，于是我组织幼儿排好队，拉起小火车，带上完成的作品，准备回程。这时，薇薇和叮当都挤在最前面，都想当排头，于是我问："你们俩谁先来的？"结果他俩异口同声地回答："我先来的！"我看时间比较紧促了，于是拉起靠近前面一点的叮当，把薇薇塞回叮当后面安慰她："车子在等我们了，下次薇薇再排第一好吗？第二也很靠前的哦！"薇薇顺从地点点头。

于是我们又开着"小火车"回到了上车地点。中班春游家乡的"小西湖"研学活动到此愉快结束。

在观察的过程中，教师无法纸笔记录，因此需要根据"流程一：计划与准备"中提前设计的观测点进行观察，锁定值得记录和分析的幼儿行为，活动结束后再整理。王老师用事件描述法回忆和记录了中一班幼儿春游的大致情况，还原了当时发生的一些细节。为了更科学、细致地梳理幼儿典型行为，分析幼儿行为表现所反映的心理活动，教师还可以使用第二种观察记录法——检核表法来记录所观察的内容（见表4-3）。

观察记录2：检核表法。

观察记录2
使用检核表
法来记录中
班春游研学
活动中幼儿
的典型行
为表现，以
及心理与行
为的发展
水平。

表4-3　中班春游研学活动：家乡有个"小西湖"

时间：2020年4月	观察对象：中一班全部幼儿	记录人：王老师
观测点	行为水平	幼儿表现
A. 安全常规		
A1. 安全守纪	有安全意识，不擅自离开教师视线 □是　☑经提醒后可以　□否	聪聪安全意识不够，擅自跑离集体，经提醒能注意
A2. 文明规范	队伍整齐，纪律好，不推搡拥挤 □是　☑经提醒后可以　□否	偶尔出现拥挤、踩掉鞋子的现象，薇薇与叮当争抢队伍第一的位置
B. 自我服务		
B1. 生活自理	主动告知教师如厕，不憋尿 ☑是　□经提醒后可以　□否	选择野餐的草坪边上有公共卫生间
	根据需要自主穿脱衣服、鞋帽 □是　☑经提醒后可以　□否	坐在野餐垫上时能主动脱鞋，经教师提醒能脱外套

续表

观测点	行为水平	幼儿表现
B2. 文明卫生	野餐后归位书包里的物品 ☑是　　□经提醒后可以　　□否	比较配合
	野餐后收拾垃圾并扔掉 □是　　☑经提醒后可以　　□否	吃的时候比较乱，需要教师提醒和帮忙收拾
B3. 情绪管理	主动调节积极情绪和消极情绪 □是　　☑经提醒后可以　　□否	在回上车地点时，薇薇与叮当都想当排头，薇薇能在教师安慰下调节沮丧情绪
C. 探究学习		
C1. 观察发现	主动观察春游活动中见到的事物和现象，能主动表达或提问 ☑能　　□经引导后可以　　□不能	1. 观察发现白鹭； 2. 发现春天也有落叶
C2. 认真专注	注意集中，能认真倾听成人解说并积极回应 □能　　☑经引导后可以　　□不能	教师讲解的时候大部分幼儿能安静倾听，小部分幼儿会回应交流
C3. 大胆尝试	积极参与操作体验环节，如观察花草树木、制作美术作品 ☑能　　□经引导后可以　　□不能	幼儿积极参与，大胆尝试，还能进行简单的创造，美术作品丰富
C4. 探究思考	在春游研学中有所感悟，能发现研学与生活的联系 □能　　☑经引导后可以　　□不能	1. 总结"相框画"的特点； 2. 将南方落叶原理迁移到换牙现象中
D. 人际交往		
D1. 主动社交	愿意与身边的同伴交流所见所闻或表达需要，情绪安定、愉快 ☑很愿意　　□经引导后愿意　　□不愿意	小贝表现出了社交主动性：向小敏表达想吃饼干的请求
D2. 分享帮助	愿意把自己零食分享给其他同伴，谦让、帮助同伴 □很愿意　　☑经引导后愿意　　□不愿意	在教师的引导下，幼儿愿意把食物分享给身边的同伴
D3. 协商合作	能以协商合作的方式解决研学过程中的矛盾和冲突 □能　　☑经引导后可以　　□不能	薇薇和叮当都想当排头，教师出面解决，幼儿听从

观察和记录已经完成，那么对照两份观察记录，你观察到了哪些值得记录和分析的行为？它们反映了幼儿心理与行为的哪些方面？水平如何？请自主思考后继续

进行幼儿心理与行为以及教师保教言行的流程三：评价与分析。

流程三：评价与分析

请熟悉研学活动幼儿行为观察的评价与分析内容。

基于以上中一班幼儿春游研学活动的事件描述法和检核表法记录的情况，请你对幼儿表现出来的心理发展水平与典型行为表现进行评价和分析。

1. 安全常规

安全常规方面，从中一班幼儿春游研学活动的两份观察记录中可发现，幼儿在安全常规方面的行为表现总体规范、文明、有序，但也出现几点问题。具体表现为以下方面。

（1）幼儿总体安全意识良好，但个别幼儿安全意识不够，容易被新异刺激所吸引。

根据观察记录，聪聪在看到湖面上的白鹭时，忘记了教师的安全教育，擅自离开集体，最后被王老师带回。一方面，中班幼儿仍以无意注意占优势，并且也容易受新异刺激吸引。湖面上的白鹭是幼儿平时生活中比较少见的动物，吸引了聪聪的注意，也同时体现了聪聪主动观察的学习品质，这也是幼儿春游研学活动的一次学习契机。但另一方面，由于幼儿年龄尚小，缺乏生活经历，安全意识不足，需要教师密切关注。案例中王老师警惕性高，及时发现了可能的危险并带回了幼儿，体现了在日常生活中对幼儿进行安全意识和行为的强调。

幼儿的行为有其合理性，教师的行为也有其必要性。

> **思考：**
>
> 　　有没有更合适的指导策略，既能满足幼儿的好奇心和探究欲，又能保证幼儿的安全呢？请思考后，在"流程四：指导与延伸"中寻找答案。

（2）幼儿总体文明有序，少数幼儿出现踩掉鞋子的情况。

案例中，为了让幼儿有秩序，王老师采用了幼儿园常见的"开小火车"的形式排队，适合年龄较小的幼儿建立秩序常规，也方便教师管理。但由于前后幼儿距离较近，所以也出现了踩掉鞋子的情况。

> **思考：**
>
> 　　有没有好的办法既能起到规范排队秩序的作用又能避免鞋子被踩掉的情况呢？请思考后，在"流程四：指导与延伸"中寻找答案。

2. 自我服务

自我服务方面，从中一班幼儿春游研学活动的两份观察记录中可发现，幼儿总体上有一定的生活自理能力，在文明卫生和情绪管理方面表现较好，但也有一些值得提升和促进的方面。

（1）幼儿表现出较好的自理能力。

根据观察记录，幼儿能在教师提醒下表达如厕需求、不憋尿，坐在野餐垫上时能主动脱鞋，排队时鞋子被踩掉了能自己穿好。这些反映了中班幼儿独立自理能力有所提升，幼儿园一日生活的训练得到了迁移；同时也反映出教师准备工作的细致——考虑到了幼儿的如厕需求，选择附近有公共卫生间的地点作为"营地"，值得学习借鉴。

（2）幼儿的文明卫生总体较好，但发展不均衡。

根据观察记录，幼儿野餐结束后能主动归位书包里的食物，但吃东西的时候比较乱，吃完后的垃圾则需要教师提醒和帮忙收拾。这一典型行为表现反映了幼儿在文明卫生上的主动性与幼儿对事物的需要和兴趣密切相关，零食水果等是幼儿喜爱的食物，在收拾东西的时候主动归位带走，而对于垃圾，因为觉得不需要了，所以经教师提醒后才收拾甚至需要教师帮忙收拾。

> **思考：**
>
> 有没有好的办法让幼儿养成自主收拾垃圾的卫生习惯呢？请思考后，在"流程四：指导与延伸"中寻找答案。

（3）幼儿的情绪管理能力发展较好。

根据观察记录，当幼儿能在教师的开导下保持愉快的情绪，沮丧的时候能够较快缓解，帮助幼儿在生活中发展了情绪控制的能力，符合《3—6岁儿童学习与发展指南》在健康领域提出的经常保持愉快的情绪，有比较强烈的情绪反应时，能够在成人提醒下缓解和恢复情绪的目标。

3. 探究学习

在探究学习方面，幼儿积极、主动地观察发现，认真专注地完成作品，提出各种各样的问题并探究思考，大胆尝试不同的想法，表现出丰富的想象力和灵活的创造性。在此过程中，幼儿培养了良好的学习品质，促进了探究学习，但也有一些典型行为表现需要一分为二地分析及进一步的指导。

（1）幼儿基本能积极、主动地观察发现身边的事物和现象。

根据观察记录，幼儿对大自然充满了兴趣，观察发现的同时，还能针对看到的事物和现象提出问题。一类是幼儿发现身边本来就存在的事物或现象，如幼儿发现了白鹭、小雏菊、落叶等；另一类是幼儿通过自主操作而发现的现象，如幼儿发现镂空相框放在草地上和对准天空后就变成不同颜色了。

（2）部分幼儿对观察发现的现象有进一步的探究思考。

根据观察记录，早早对春天的落叶提出疑问"为什么春天也有落叶"，康康提出疑问"为什么石子能养活花呢"，反映了中班幼儿对现象不止步于观察发现，还有更进一步的探究倾向，这是其一。

聪聪根据前面几个幼儿对相框颜色的描述作出了初步归纳"蝴蝶飞到哪里，就变成哪里的颜色！因为它中间是空的，可以透过去的！"并对教师的解释"为什么春天也有落叶"作出了非常巧妙的迁移："就像睿奥换牙了一样，新长出来的牙齿把原来的牙齿给顶掉了！"这些则反映了中班部分幼儿不仅有探究倾向，还有思考和迁移的潜能，这是其二。

对于聪聪的思维能力，王老师奖励给聪聪一个大拇指。王老师的表扬激励就是一种社会性强化物，并且说明了表扬的具体行为"你的解释可真形象！"让幼儿从内心感受到激励，有利于提高学习动机。但王老师忽略了提出问题的其他幼儿也同样值得肯定，因为发现问题、提出问题也是一种探究学习。

思考：

如何表扬其他提出问题的幼儿，既能够起到激励的作用，也不会显得敷衍呢？请思考后，在"流程四：指导与延伸"中寻找答案。

（3）幼儿认真、专注地完成各种美术作品，倾听教师的讲解。

根据观察记录，幼儿持续约2小时的户外研学，约1小时的草地探究。在此过程中，幼儿认真、专注地观察发现身边的事物和现象，探究思考发现的现象和问题，耐心、仔细地完成美术作品，认真倾听教师对"为什么春天会有落叶"这一问题的解释且个别幼儿作出积极回应。幼儿的注意、兴趣与需要密切相关，可见此次春游研学的形式及王老师设计的美术活动适合幼儿的年龄特点，促进幼儿发展学习品质，激发幼儿学习兴趣。

（4）幼儿在活动中大胆尝试，自由创作。

根据观察记录，幼儿在自由活动和制作美术作品的环节，积极参与，大胆尝试，发挥想象，还能进行简单的创造，美术作品丰富。例如，有的幼儿用收集到的花草制作鲜花相框，有的幼儿用彩泥构图替代真实的花草，有的幼儿结合水仙花的生长环境，加入了小石子以丰富构图。从幼儿的表现来看，王老师的作品设计对于中班幼儿来说难易适中，因此，幼儿尝试操作的积极性也较高。

4. 人际交往

在人际交往方面，幼儿总体上会和熟悉的同伴主动社交，也表现出分享帮助的意愿，但协商合作方面的行为还有待指导和促进。

（1）主动社交。

中班幼儿对幼儿园生活和同伴已经比较熟悉，基本能主动社交。比如，在草地野餐和制作美术作品的时候幼儿之间会主动交流，在分享作品、提出问题的时候师幼之间、同伴之间也会主动交流。

（2）分享帮助。

根据观察记录，大多数幼儿在教师的提醒引导下会分享食物，一般会分享给自己熟悉的同伴。案例中，当小敏向教师求助时，贝贝主动提出帮助小敏打开饼干袋："我来我来，我会开这个，我在家里经常拆包装袋。"并表现出社交策略：先帮助小敏，再向小敏表达想吃饼干的请求："那我可以吃一块吗？"这也反映了中班幼儿分享帮助的亲社会行为明显增多。

（3）协商合作。

中班幼儿协商合作解决问题的能力还有待提高。根据观察记录，薇薇和叮当都挤在最前面，都想当排头，并且都说自己先来的。最后，在教师的协调下幼儿听从了指令。这一细节体现了中班幼儿发生冲突时，协商解决问题的典型行为需要重点关注和指导。《3—6岁儿童学习与发展指南》建议，当幼儿与同伴发生矛盾或冲突时，指导他尝试用协商、交换、轮流玩、合作等方式解决冲突。但王老师直接替两名幼儿做了裁决，不利于幼儿发展协商合作的意识与能力。

思考：

　王老师该怎么做才能促进幼儿协商合作能力的发展呢？请思考后，在"流程四：指导与延伸"中寻找答案。

流程四：指导与延伸

请熟悉研学活动中幼儿行为观察的指导与延伸内容。

上一流程中对幼儿的典型行为和教师的保教言行进行了评价与分析，那么对于上一流程中提出的问题，你有什么指导建议吗？通过此次春游研学活动的指导建议，又如何迁移延伸到其他活动的行为指导中呢？

1. 安全常规

问题1：有什么办法既能满足幼儿的好奇心和探究欲，又能保证幼儿的安全？

指导建议：

☑正面回应幼儿的需求，在安全的范围内组织幼儿探究发现。

针对幼儿想去探究的事物，正面回应幼儿需求比阻止扼杀幼儿需求更适合幼儿的发展，当然前提是保障幼儿的生命安全。如果在安全的范围内，可支持幼儿的活动，统一组织幼儿靠近观察，但不可靠近倚靠湖面栏杆，且要听从教师的指令。

☑设置悬念，转移注意力，换种形式继续探究发现。

对于不太有把握的或有一定潜在危险因素的探究行为，教师可设置悬念，通过"提问—揭秘"等方式吸引幼儿，转移对危险探究行为的注意力。例如，王老师可故作神秘地说："那可不是鸭子哦！是一种非常珍贵的白鹭，叫作白琵鹭！你们知道它为什么会到咱们的'小西湖'来吗？是什么吸引了它呢？想知道的小朋友赶紧坐过来听哦！我的手机上还有它的照片呢！"

接着还可通过类似的观察转移幼儿注意力，既保护了幼儿的探究欲，又保障了幼儿的安全。例如，教师指着近处的一些奇花异草说："你们猜，这是什么？为什么它长得这么漂亮却闻起来这么臭？"然后可用手机APP搜索身边的花花草草来给幼儿科普。接下来，可通过布置任务的方式，如制作你喜欢的白琵鹭或者你喜欢的鲜花相框送给你的爸爸妈妈，将活动延伸下去。这样，既能满足幼儿的好奇心和探究欲，又能保证幼儿的安全。

拓展延伸：

在幼儿园教育活动或者其他研学活动中，难免会遇到幼儿的安全常规与幼儿的探究活动相冲突的情况。除了用手机APP，教师还可以通过播放视频、讲故事、发布幼儿感兴趣的且与幼儿希望探究的内容相关的任务来开展活动。一方面，保证了幼儿的人身安全，另一方面，以另一种形式保护幼儿的好奇心和探究欲，用适合的方式促进幼儿的学习与发展。

问题2：有没有好的办法既能起到排队规范的作用，又能避免鞋子被踩掉的情况？

指导建议：

☑对于中班幼儿的户外较远距离徒步，可用绳子拉链式牵引的形式。

中班幼儿在户外进行较远距离的徒步时，出于安全和秩序考虑，可用绳子拉链式牵引，中间一条绳子，左右间隔排队，幼儿既有约束感，同时也避免了拉衣服时距离太近踩掉鞋子的情况。

拓展延伸：

☑对于中班幼儿的园内日常排队，可引导幼儿逐渐适应单独站立排队的形式。

在幼儿园内开展活动时，托小班可采用拉小火车的方式；中班幼儿的动作技能发展较好，动作灵敏、灵活，有一定的速度，拉小火车反而容易踩掉鞋子，可训练幼儿单独站立排队，前后距离一拳，做好常规练习，有利于开展其他园内活动。

2. 自我服务

问题：有没有什么好办法能让幼儿养成自主收拾垃圾的卫生习惯呢？

指导建议：

☑做好前期经验准备和心理建设，渗透自觉、自主的卫生意识。

中班幼儿应具备基本的自我服务能力，整理自己的物品，以及自主收拾垃圾的卫生习惯。这些认知与行为不是一朝一夕建立的，而是渗透在日常生活中。因此，研学活动前做好前期经验准备和心理建设是有必要的，比如，垃圾分类小知识、垃圾入桶好习惯打卡积分等。

☑以比赛的形式开展垃圾分类游戏，养成自觉、自主的卫生习惯。

前期经验准备和心理建设工作的成效将体现在任何一次活动中，包括外出春游研学活动。但新异的活动环境可能会让幼儿忽略垃圾的归位。因此，可尝试用有趣的方式引发幼儿的兴趣和注意。例如，以比赛的形式开展垃圾分类和整理游戏，红色野餐垫上的小朋友是红队，蓝色野餐垫上的小朋友是蓝队，"考考你们，把干垃圾放到王老师的袋子里，把湿垃圾放到李老师的袋子里，看看小朋友们放得对不对。最后再比一比，看看哪个队伍收拾完的垫子更干净"。

拓展延伸：

☑在幼儿园的早点和午点环节，可继续深化自主收拾垃圾和垃圾分类的活动。

☑幼儿园其他大型活动或户外研学活动，也可借鉴此经验。

3. 探究学习

问题：如何表扬其他提出问题的幼儿，既能够激励幼儿探究，也不会显得敷衍呢？

指导建议：

☑表扬幼儿需具体有针对性，让幼儿知道具体好在哪里。

幼儿的不同行为值得个性化的表扬。不仅善于思考的聪聪值得表扬，提出问题的早早也值得激励。因此，教师可有针对性地表扬两名幼儿，即便是陈述事实，也是对他们的肯定。例如，"早早眼睛很亮，发现了春天里有落叶；聪聪很会思考，发现了春天落叶的原理就像换牙的过程。"

☑表扬幼儿需关注幼儿的品质，促进幼儿形成积极的自我概念。

教师在表扬幼儿的过程中除了告诉幼儿哪里做得好，还可以关注并提炼出幼儿的心理品质，进而帮助幼儿形成积极的自我概念，即"我是一个什么样的人"。幼儿的自我概念尤其是自我评价在很大程度上依赖于教师的评价。教师的表扬与评价能清楚地让幼儿意识到"我有哪些优秀的品质"。如王老师可以说"早早很仔细，善于观察，总是能发现一些有趣的现象；聪聪爱动脑筋，喜欢思考，遇到难题也总是能很好地解决，你们也可以互相学习对方的优点"。

☑表扬幼儿可适当表达情感，引导幼儿产生积极的学习情绪。

"哇，你们真是太让我意外了，很多人都没注意到的现象都被早早发现了，还被聪聪解释得通俗易懂，还有很多小朋友有新的发现，我很为你们骄傲呢！"

拓展延伸：

☑表扬幼儿需关注过程，让幼儿知道努力的过程会被看见。

除了以上三点之外，还有案例中没有表现出来的一处要点可在其他场景中使用，即表扬幼儿还需要关注幼儿行为的过程，让幼儿知道努力的过程会被看见，学习也是自己可控的。心理学实验表明，被夸努力的幼儿比被夸聪明的幼儿更有自我控制感，也更愿意挑战。如幼儿在历经失败后终于搭好了大型积木，教师可以表扬幼儿"你真的很赞，倒了两次都没有放弃，不怕失败，一直坚持，终于成功了，我太佩服你了！"

4. 人际交往

对于中班幼儿而言，协商合作解决问题的能力还有待提高。根据观察记录，薇薇和叮当都挤在最前面，都想当排头，并且都说自己先来的。最后，在教师的协调下幼儿听从了指令。这一细节体现了中班幼儿发生冲突时，协商解决问题的典型行为需要重点关注和指导。《3—6岁儿童学习与发展指南》建议，"当幼儿与同伴发生矛盾或冲突时，指导他尝试用协商、交换、轮流玩、合作等方式解决冲突。"但王老师直接替两名幼儿做了裁决，不利于幼儿发展协商合作的意识与能力。

请思考：王老师该怎么做才能促进幼儿协商合作能力的发展呢？

指导建议：

☑幼儿尝试自己协商解决，促进人际交往深度发展。

幼儿之间发生冲突是人际交往中常见的现象，如何通过协商的方式解决冲突是幼儿学习与发展的重要方面，也是教师指导教育的契机。教师在出面帮助幼儿解决冲突之前可先让幼儿尝试自己协商解决，如"看起来好像你们俩是差不多时间排队的，可总不能并列走路吧？那你们自己商量下可以怎么办。"

☑请周围同伴提出建议，适应真实的人际交往情境。

《3—6岁儿童学习与发展指南》指出，中班幼儿与同伴发生冲突时，能在他人的帮助下和平解决。如果自己协商不行，可尝试由其他在场的同伴来出主意，这也是真实的人际交往情境。同伴在帮他人出主意的同时，也是为自己提供了问题解决的经验。如"那你们可以石头剪刀布，谁赢了谁第一个"或者"叮当比薇薇高一点，我觉得可以排后面一点"。

拓展延伸：

☑多开展一些合作共玩的游戏，让幼儿体验到与同伴一起合作游戏的乐趣。

☑视具体情境教给幼儿一些社会交往策略，如分享、交换、帮助、轮流、合作等。

☑以日常教育过程中出现的冲突为契机，丰富幼儿协商合作的社交经验。

反思总结

请根据所学内容完成反思总结。

1. 在学习了研学活动中幼儿行为观察的观测点与具体行为标准、记录方法、分析指导等内容之后，请对所学内容进行回顾总结。

（1）我知道研学活动中幼儿行为观察的观测点与行为标准：

_____

_____

_____

（2）我知道观察记录的方法包括：

_____

_____

_____

（3）我知道观察与指导幼儿研学活动中行为的任务流程：

_____

_____

_____

2. 请根据情境灵活应用所学内容设计并开展调查。

请你帮帮王老师

研学活动是幼儿教育的有益补充，但在活动开展中遇到的各种问题也让王老师很头大。在研学活动途中，王老师总能看到幼儿的不同表现：有的幼儿能够在野餐时安静进餐，并吃得干净，不乱扔垃圾；有的幼儿则在野餐时与其他幼儿玩耍打闹，将零食丢得到处都是……

为什么幼儿之间会有不同的表现呢？如何在研学活动中促进幼儿的发展呢？如何帮助王老师解决这些困惑呢？请你从调查目标、调查方法、调查过程、调查结果等方面设计调查方案并开展调查。

_____

_____

_____

任务二　幼儿的节日探索
——节日活动中的幼儿行为观察与指导

节日活动观察指导诀窍歌

节日活动真热闹，故事美食都不少；

歌唱舞蹈氛围浓，一起手工情意到；

了解节日的意蕴，感知生活的美好；

动手操作送祝福，交流分享价更高；

有的放矢很重要，观察指导更有效；

节日联系你我他，幸福传进千万家。

任务情境

请了解节日活动任务情境的内容梗概。

中班节日活动：嫦娥姐姐来看我

这是一次中班幼儿的节日活动，正值中秋佳节，中班组的教师们因时制宜，开展"嫦娥姐姐讲故事""美食一刻做月饼"和"童言暖心送祝福"活动，帮助幼儿了解中秋节的时间、来历与传统；让幼儿动手做一做中秋特色美食月饼；学说中秋祝福。

基础
理论

请关注节日活动的基础理论。

节日活动是幼儿园常举行的综合实践活动，深受幼儿喜爱。在节日活动中，幼儿园一般会隆重地布置场地，创设环境，设计有趣的游戏活动环节，让幼儿从小建立起节日的仪式感。

节日的种类和分类很多，幼儿园较常开展的有中秋节、春节、元宵节等传统节日，当然也会在清明节、端午节、重阳节等传统节日进行相关节日文化介绍或纪念活动。除传统节日外，幼儿园也会开展劳动节、妇女节、儿童节、教师节、国庆节等节日的纪念活动。每个节日都传达了特定的寓意，寄托了人们的节日期望。这些节日活动的开展有的是为了庆祝，有的是为了纪念，但都有其教育价值。

从幼儿学习与发展的角度来看，幼儿在节日活动中的行为主要可从认知理解、情绪表现、操作体验和社会交往4个观测点进行。

首先，需要观察记录幼儿的认知理解情况。相对于其他综合主题活动，节日活动的开展有其独特的教育目标，如能感知和理解不同节日的来历、习俗及节日背后蕴含的意义。例如，幼儿知道中秋节嫦娥奔月的传统故事、吃月饼赏月的传统习俗及中国人对阖家团圆的美好愿望。因此，幼儿对节日的认知理解情况是节日活动中幼儿行为观察与指导的基础内容。

其次，需要观察记录幼儿的情绪表现情况。虽然所有节日都有纪念属性，但不同的节日活动却传达了不同的节日氛围。有的节日表达的是纪念与庆祝，如国庆节、儿童节、劳动节；有的节日表达的是纪念与哀思，如端午节、清明节；有的节日重在纪念与感恩，如母亲节、父亲节、教师节；有的节日侧重纪念与祝福，如中秋节、元宵节等。在感知理解节日活动的来历、习俗与意义等认知活动的基础上，幼儿也会通过表情、动作、语言来对不同节日氛围作出不同的情绪反应和情感表达，这也是节日活动的教育目标之一。因此，幼儿对不同节日的情绪情感表现也是值得观察和指导的重要内容。

再次，需要观察记录幼儿的操作体验情况。节日活动的开展形式丰富多样，除了认知教育外，一般还会有操作体验环节。例如，端午节包粽子、做香囊、画龙舟，中秋节穿汉服、做月饼、画玉兔，国庆节体验升国旗、学唱手指谣、画祖国山河，母亲节为妈妈制作手工礼物、录制爱的悄悄话。因此，节日活动中幼儿的操作体验行为也是具有丰富价值的观察内容。

最后，需要观察记录幼儿的社会交往情况。节日活动往往以班级为单位组织，甚至会全园整体组织。在这样的集体活动中，幼儿会出现各种社会交往行为，这也是幼儿社会性学习与发展的重要方面。因此，节日活动中幼儿的社会交往情况也是需要观察的重要内容。

节日活动中幼儿行为观察的观测点和具体行为标准见表4-4。当然，针对不同类型的节日活动可根据具体情况进行调整。

表4-4　节日活动中幼儿行为观察的观测点和具体行为标准

观测点	具体行为标准
A. 认知理解	A1. 认真专注：节日活动中认真倾听教师的讲述并积极回应
	A2. 感知理解：知道节日的时间与来历，理解节日背后蕴含的意义
B. 情绪表现	B1. 情绪反应：能感受节日活动传达的寓意并作出相应的情绪反应，节日活动中情绪积极、安定、愉快
	B2. 情绪表达：能用合适的表情、动作或语言表达自己对节日的感想或祝福
C. 操作体验	C1. 积极参与：积极、踊跃地参与节日活动中的操作体验环节
	C2. 多种表征：能以模仿、想象、创造等方式进行操作表征
	C3. 动作发展：在操作表征的过程中动作熟练，发展水平较高
D. 社会交往	D1. 大胆展示：节日活动中能面向集体大胆展示、表现
	D2. 分享帮助：节日活动中能与他人分享成果与感受，互相帮助

幼儿园可结合节日契机，制定节日活动方案，并以计划与准备、观察与记录、评价与分析、指导与延伸4个流程来开展节日活动的观察指导。不同年龄幼儿的认知水平、情绪情感分化程度、动手操作能力和社会交往水平有明显差异；小班幼儿初步认识节日的时间、来历、习俗，有兴趣参加节日活动，能感受节日的氛围；中班幼儿对节日的时间、来历、习俗已有了基本认知，能感受节日背后蕴含的意义，应深化对不同节日的情感，并参与节日中的动手操作环节，难度较小班有所提高；

大班幼儿对节日的基本认知和情感发展成熟，可通过提问、讨论等形式挖掘节日相关知识，进一步提高操作环节难度，并能大胆个别展示或参与集体展示。本次节日活动将以中班幼儿中秋活动为例，对节日活动中的幼儿行为表现进行观察与指导。

任务流程

流程一：计划与准备

请熟悉节日活动中幼儿行为观察的计划与准备内容。

1. 我们要设计哪些活动环节

中秋节是中国传统节日，一般幼儿园会在节前举行庆祝仪式。常见的活动环节是："讲中秋故事"，了解中秋节的时间、来历与传统；"做传统美食"，如动手做一做中秋特色美食月饼；"画团圆之夜"，画一画中秋节相关元素，如月亮、兔子、嫦娥、月饼等；"读中秋绘本"，了解月亮的变化，学唱中秋儿歌，学说中秋祝福。在与幼儿讨论中秋节想怎么过时，有幼儿提出，想邀请嫦娥姐姐一起来幼儿园过中秋。于是，结合幼儿的创意，教师在其中一些环节加上了"嫦娥姐姐"，请学前专业大三学生来扮演"嫦娥姐姐"，并鼓励幼儿和"嫦娥姐姐"互动。

结合时间因素，教师最终确定3个主要活动环节：① 嫦娥姐姐讲故事；② 美食一刻做月饼；③ 童言暖心送祝福。

2. 我们需要做哪些物质准备

□布置中秋主题环境。

□播放音乐《花好月圆》《彩云追月》。

□准备故事视频《嫦娥奔月》、手指谣视频《八月十五中秋到》。

□投放绘本《月亮姑娘做衣裳》《从前有个月饼村》《小莉的中秋节》。

□制作美食所需材料（制作月饼、饼干等美食的材料）。

3. 我们需要做哪些经验准备

□提前投放有关中秋节的相关绘本，引导幼儿自主阅读。

□与幼儿交流中秋节的相关知识。

□与幼儿讨论如果嫦娥姐姐来的话，想和她做什么。

4. 我们需要在此次中班节日活动中设计怎样的观察记录表

针对节日活动的4个观测点，即认知理解、情绪表现、操作体验、社会交往，结合中班幼儿中秋活动的实际内容（讲中秋故事、做月饼美食、送暖心祝福），设计中班幼儿中秋活动观察记录表（见表4-5）。

表4-5 中班幼儿中秋活动观察记录表

活动名称：

时间： 观察对象： 记录人：

观测点	行为水平	幼儿表现
A. 认知理解		
A1. 认真专注	节日活动中认真倾听教师的讲述并积极回应 □是 □一般 □否	
A2. 感知理解	知道节日的时间与来历，理解节日背后蕴含的意义 □是 □一般 □否	
B. 情绪表现		
B1. 情绪反应	能感受节日活动传达的寓意并作出相应的情绪反应，节日活动中情绪积极、安定、愉快 □是 □一般 □否	
B2. 情绪表达	能用合适的表情、动作或语言表达自己对节日的感想或祝福 □是 □一般 □否	
C. 操作体验		
C1. 积极参与	积极、踊跃地参与节日活动中的操作体验环节 □是 □一般 □否	
C2. 多种表征	能以模仿、想象、创造等方式进行操作表征 □是 □一般 □否	
C3. 动作发展	在操作表征的过程中动作熟练，发展水平较高 □是 □一般 □否	
D. 社会交往		
D1. 大胆展示	节日活动中能面向集体大胆展示、表现 □是 □一般 □否	
D2. 分享帮助	节日活动中能与他人分享成果与感受，互相帮助 □是 □一般 □否	

5. 节日活动中需要注意哪些方面

□幼儿参与度。节日活动是班级甚至幼儿园参与的集体活动，有集体操作或展示环节，需关注性格比较内向幼儿的参与度，提前做好心理建设。

□幼儿认知与情感表现。幼儿是节日活动的主体，节日活动不能过于重视形式流程，而忽视节日活动中幼儿的认知与情感目标及其发展情况。

□及时记录过程资料。幼儿参与活动的照片或视频都是家长比较关注的，也是幼儿园活动总结及公众号推文的重要素材。因此，适合使用事件描述法。

流程二：观察与记录

请熟悉节日活动中幼儿行为的观察与记录内容。

观察记录1：事件描述法。

中班中秋活动：嫦娥姐姐来看我

观察记录1使用事件描述法来记录春游活动的全貌与重要细节。

时间：2021年9月17日　　观察对象：中三班全部幼儿　　记录人：李老师

早上8：00左右，幼儿陆陆续续来到幼儿园。这时，嫦娥姐姐抱着"玉兔"已经在门口等候了。嫦娥姐姐热情地打招呼："小朋友，中秋快乐哟！"玲玲有点疑惑又掩饰不住兴奋："你是嫦娥姐姐吗？""是呀，送给你一个小月饼，祝你中秋节快乐！"

差不多9：00，嫦娥姐姐回到中三班教室，和幼儿一起庆祝中秋节的到来。"小朋友们，你们前几天说特别想见到嫦娥姐姐，李老师就把她请来了。你们想不想听嫦娥姐姐给大家讲《嫦娥奔月》的故事呀？""想！"嫦娥姐姐边讲故事边用动作演绎，配上PPT和音乐，幼儿都能专注地听故事，甚至还有幼儿忍不住去模仿。幼儿的表情随故事情节时而紧张，时而舒缓，时而感慨，都被嫦娥姐姐的精彩演绎吸引了（见图4-4）。

故事讲完后，嫦娥姐姐和幼儿进行了互动。"考考小朋友们，中秋节是哪一天呀？""中秋节的月亮是什么样的？""中秋节人们会做什么呢？""你觉得听完这个故

图4-4 嫦娥姐姐讲故事

事你什么感受呀？""想对爸爸妈妈说些什么祝福吗？"幼儿非常踊跃地回答了嫦娥姐姐的互动问题，还七嘴八舌地追问了很多问题："嫦娥姐姐，月亮上是什么样呢？""那你是怎么下来的？""嫦娥姐姐，你真的会飞吗？""你什么时候要回月亮上去？我想看看！"嫦娥姐姐一一回应："月亮可没有地球好玩，表面坑坑洼洼的，轻轻一跳就飞起来了；现在的科技这么发达，我再也不用自己飞回月球了，我是坐神舟××号飞船下来的，打算先在我们祖国好好游览一下，再跟宇航员叔叔一起坐飞船回去呢！"幼儿听了眼里充满了崇拜和向往，纷纷鼓掌。

接下来就是幼儿的"美食一刻做月饼"环节。幼儿化身小厨师，洗净手，跃跃欲试，准备包月饼了。我先示范操作步骤：首先把月饼皮压平，做成一个小碗的形状；

图4-5 美食一刻做月饼

图4-6 搓圆与包馅

图4-7 月饼成型

然后把馅料放进饼皮，用饼皮牢牢包住馅料，收口并搓成球形；最后，将做好的月饼轻轻放入模具印出花纹，慢慢推出，一个个香甜的冰皮月饼就做好了（见图4-5至图4-7）！蜜子、萱萱、甜甜、蛋壳等小女孩平时玩美工区的轻黏土比较多，感知能力强，手指灵巧，能较好地完成月饼的包馅、脱模操作。大部分幼儿基本能顺利完成，虽然包馅会有点靠边缘。做好的幼儿还会互相比较谁做得好看，有什么不同。

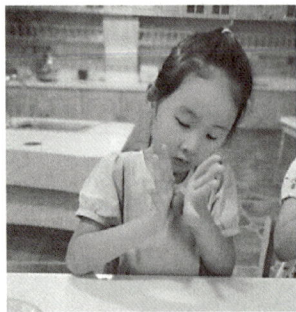

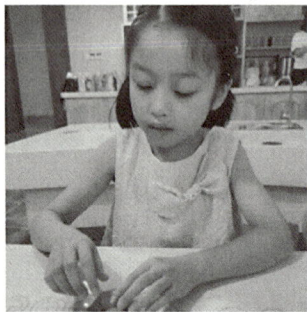

可乐虽然在班里年龄较大，但男孩子精细动作没那么好，在揪面团的时候揪了一大块，包起来就更大块了，结果发现，模具放不下！

我提醒可乐："你观察一下隔壁萱萱和蜜子，她们捏的面团有多大？你差不多揪那么大就可以了。"可乐开始调整，重新揪了一个面团，比较一下，感觉大了，于是分成两个小面团，又小了点；继续调整，再揪一点面团加到其中的一个小面团上，差不多可以了，之后把面团搓圆、按扁，再放馅料。新的问题又来了，饼皮按压得有点小，勉强把馅料包起来收口，另一侧的饼皮拉破了。

这时，可乐有点无奈，旁边的萱萱说："我来帮你做！"我说："萱萱，你直接帮可乐做了可乐下次还是不会怎么办呀？"萱萱想了一下："那我给他示范，教他怎么做吧！"

于是，在萱萱的示范下，可乐进行第三次尝试，用另一个小面团加大到合适大小，在搓圆、按扁的时候，学着萱萱的样子，小心翼翼地按压，面团变成了大小适中、厚薄均匀的面皮。然后，继续收口成球形，放入模具，慢慢推出，月饼终于做好了！

诺诺没有按照教师的要求做月饼，而是用面团做出了一个"小面人"。我问："诺诺，这是什么呀？"诺诺说："这是嫦娥姐姐。"我继续问："那你怎么不做月饼呢？"诺诺说："我就想做嫦娥，嫦娥姐姐好看。"我笑了，诺诺大概是把面团当美工区的彩泥了吧。

邦邦在班上年龄最小，注意力不太集中，一直在看别人。面对面团和馅料有畏难情绪，直接放弃了，想把材料送给旁边的小朋友。蜜子也表示愿意教他，可他还是拒绝，把面皮送给了蜜子。邦邦这样的情况也不是第一次了，还是给他点时间慢慢适应。

下午起床吃好点心后，进入"童声唱响送祝福"环节。我组织小朋友们复习前几日学习的中秋节儿歌《中秋》和《八月十五月儿圆》。小朋友们在集体表演中基本都能积极参与，女孩们热情更高，做出的动作更优美。录制好集体唱儿歌的视频后，还请小朋友们单独说一说，想对爸爸、妈妈等家人送出什么中秋祝福。小朋友们大多说的是"祝爸爸、妈妈中秋快乐""祝爷爷、奶奶中秋快乐"，并且单独面对镜头时，还是有点紧张的。不过，回顾整个过程，中三班的小朋友们整体情绪积极、安定、愉快，感受到节日氛围，也会告诉我今天过得很开心。

在观察的过程中，教师无法纸笔记录，因此需要根据"流程一：计划与准备"中提前设计的观测点进行观察，锁定值得记录和分析的幼儿行为，活动结束后再整理。李老师用事件描述法记录了中三班幼儿中秋活动的大致情况，还原了当时发生的一些细节。为了更科学、细致地梳理幼儿典型行为，分析幼儿行为表现所反映的心理活动，教师还可以使用第二种观察记录法——检核表法来记录所观察的内容（见表4-6）。

观察记录2：检核表法。

表4-6　中班幼儿中秋活动观察记录表

活动名称：	中秋节活动：嫦娥姐姐来看我	
时间：2021年9月17日	观察对象：中三班全部幼儿	记录人：李老师
观测点	**行为水平**	**幼儿表现**
A. 认知理解		
A1. 认真专注	节日活动中认真倾听教师的讲述并积极回应 ☑是　　□一般　　□否	听故事时认真、专注，积极回应提问，参与讨论

观察记录2使用检核表法来记录中班节日活动中幼儿的典型行为表现，以及心理与行为的发展水平。

续表

观测点	行为水平	幼儿表现
A2. 感知理解	知道节日的时间与来历，理解节日背后蕴含的意义 ☑是　　□一般　　□否	幼儿知道中秋节的时间、传说故事、吃月饼等习俗；幼儿大多知道中秋节是团圆的日子，但理解不深刻
B. 情绪表现		
B1. 情绪反应	能感受节日活动传达的寓意并作出相应的情绪反应，节日活动中情绪积极、安定、愉快 ☑是　　□一般　　□否	听故事时表现出紧张、舒缓或感慨的表情；做月饼、唱歌环节情绪积极、安定、愉快，表现出对节日氛围的喜悦
B2. 情绪表达	能用合适的表情、动作或语言表达自己对节日的感想或祝福 □是　　☑一般　　□否	大多数幼儿说出"中秋快乐"以及唱歌送祝福，自主的个性化表达较少
C. 操作体验		
C1. 积极参与	积极、踊跃地参与节日活动中的操作体验环节 ☑是　　□一般　　□否	幼儿积极性很高，很喜欢做美食，基本能参与其中
C2. 多种表征	能以模仿、想象、创造等方式进行操作表征 □是　　☑一般　　□否	精细动作有层次差异：邦邦动作发展较弱；可乐会不断调整策略
C3. 动作发展	在操作表征的过程中动作熟练，发展水平较高 ☑是　　□一般　　□否	能较好地模仿教师示范的流程，动手做出月饼；诺诺不受月饼形状限制，做出了嫦娥造型
D. 社会交往		
D1. 大胆展示	节日活动中能面向集体大胆展示、表现 □是　　☑一般　　□否	集体唱歌时基本能大胆展示，女生热情更高；个人单独展示较紧张
D2. 分享帮助	节日活动中能与他人分享成果与感受，互相帮助 ☑是　　□一般　　□否	做完月饼后交流分享；萱萱、蜜子主动帮助不会做的幼儿

　　观察和记录已经完成，那么对照两份观察记录，你观察到了哪些值得记录和分析的行为？反映了幼儿心理与行为的哪些方面？水平如何？请自主思考后继续进行"流程三：评价与分析"。

流程三：评价与分析

请熟悉"节日活动"幼儿行为观察的评价与分析内容。

基于以上中三班幼儿中秋节活动的事件描述法和检核表法记录的情况，请你对幼儿表现出来的心理发展水平与典型行为表现进行评价和分析。

1. 认知理解

认知理解方面，从中三班幼儿中秋节活动的两份观察记录中可发现，幼儿在此方面的行为表现总体较好：认知过程上，认真倾听、积极回应；认知水平上，对中秋节基本知识理解水平较高，但也有可提升促进之处。

（1）幼儿学习过程中认真倾听，积极回应，主动提问。

根据观察记录，中班幼儿能认真专注地倾听故事，甚至模仿嫦娥姐姐动作，对嫦娥姐姐的互动问题也积极回应，表现出良好的学习品质。从教师的角度，李老师请来了学前专业大三学生扮演"嫦娥姐姐"，结合PPT和音乐给幼儿现场演绎故事，不仅符合幼儿具体形象思维水平，也契合了中秋节的情景，值得组织同类活动时学习借鉴。

案例中，中班幼儿向嫦娥姐姐提了诸如"嫦娥姐姐你真的会飞吗？""你什么时候要回月亮上去？我想看看！"等问题，反映了幼儿好奇好问好探究的学习特点。"飞起来"不仅是幼儿的梦想，也是人类自古以来探究努力的方向。

> **思考：**
>
> 对于幼儿已经表现出来的兴趣点"你真的会飞吗"，教师该怎样回应幼儿才能既保护幼儿的好奇心，又能支持和促进儿童的学习与发展？请思考后，在"流程四：指导与延伸"中寻找答案。

（2）幼儿总体知道中秋节基本知识，但对节日意义理解不深刻。

案例中，根据观察记录，中三班幼儿会唱"八月十五中秋节"但却回答不了"中秋节是哪天"；知道中秋节的时候月亮是圆的，要吃月饼、赏月，庆祝合家团圆，但祝福语大部分幼儿只会说"中秋节快乐"，可见，幼儿对中秋节的来历、传统习俗等识记性知识掌握较好，而对八月十五这一农历时间和对中秋节特殊的节日意义理解不深刻。

首先，幼儿对节日相关知识的理解与记忆发展较早，依赖具体实物或形象。针对幼儿不能回答"中秋节是哪天"这一现象，可能原因有二。其一是幼儿以具体形象思维为主，而时间比较抽象。幼儿能通过嫦娥奔月的故事理解中秋节的来历，能通过吃月饼、赏月理解中秋节的传统习俗，但对中秋节的时间理解却没有借助实物，仅凭一句歌词，机械记忆的成分大于理解记忆。二是幼儿时间概念发展有其规律，一般是由近到远，并与自身密切相关。如先掌握正在经历的时间概念（白天、黑夜，今天、昨天、明天，星期一到星期日），然后再延伸到更大的概念（年、月、四季）和更小的概念（时、分、秒），最后了解中国传统时间概念（农历年、月、日）及更复杂的时间关系。因此，幼儿可能会出现会唱"八月十五中秋节"而回答不出"中秋节是在哪天"，这体现了幼儿思维及时间概念的发展特点。

其次，幼儿对节日含义的理解与认知发展较晚，依赖生活经验和情感发展。自古以来，中国人赋予中秋节"阖家团圆"的节日意义，表达了人们对"团圆"的传统观念和美好愿望。幼儿生活经历少，家庭和睦，阖家幸福，没有经历过分离也就难以体会"团圆"的节日寓意。因此，这是幼儿这一年龄段正常的表现，也是今后需要促进幼儿发展的生长点。

> **思考：**
>
> 对于传统节日的农历时间以及传统节日的寓意今后该如何开展教育活动呢？请思考后，在"流程四：指导与延伸"中寻找答案。

2. 情绪表现

情绪情感方面，从中三班幼儿中秋节日活动的两份观察记录中可发现，幼儿在情绪表现方面总体上能在不同活动中表现出相应情绪反应，但在情感表达方面可进一步加强关注。

（1）幼儿能在不同活动中表现出相应的情绪反应。

根据观察记录，幼儿听《嫦娥奔月》故事时表现出紧张、舒缓或感慨的表情，体现了幼儿能跟随故事情节作出相应的情绪反应。在做月饼环节，幼儿特别兴奋，跃跃欲试。一日环节下来，幼儿整体情绪积极、安定、愉快，沉浸在中秋节喜悦祥和的氛围中。这些也反映了教师创设和设计了适宜的节日环境和节日活动，有利于幼儿情绪的分化与发展。

（2）幼儿能通过语言动作表达节日祝福，但个性化情感表达较少。

根据观察记录，幼儿在集体唱歌环节都能积极参与，能跟随音乐完整唱出儿歌《中秋》和《八月十五月儿圆》。幼儿能通过舞蹈动作、歌声语言来表达中秋节日祝福，情感表达适宜。幼儿被单独请到镜头前来录制对家人的祝福视频时，幼儿基本都能带有情感的语言表达祝福"祝爸爸、妈妈中秋快乐""祝爷爷、奶奶中秋快乐"，但个性化情感表达较少，只有个别幼儿补充"爸爸、妈妈，我爱你们，中秋快乐！"幼儿还不能自发地表达"阖家欢乐"这一中秋节特定祝福语。由此可见，幼儿的情感表达是基于情感认知的；幼儿对中秋节节日意义理解不深刻，情感没有内化，因此，幼儿对中秋节情感表达的自主化和个性化水平也不高。这也是幼儿这一年龄段正常的表现，以及今后促进幼儿发展的生长点。

> **思考：**
>
> 幼儿对中秋节情感表达的自主化和个性化水平不高，今后该如何开展教育活动呢？请思考后，在"流程四：指导与延伸"中寻找答案。

3. 操作体验

在操作体验方面，大部分幼儿积极、主动地参与做月饼，且幼儿表现出不同的水平。有的很好地完成各项动作流程，有的进行月饼造型的创作，有的遇到困难多次调整策略，也有的直接放弃操作。在此过程中，实际动手操作和体验中秋节特色美食活动，不仅给幼儿带来中秋节的仪式感，也促进幼儿学习兴趣、想象创造及精细动作等方面学习品质与学习能力的发展。

（1）幼儿基本都能大胆尝试，积极参与做月饼活动。

根据观察记录，从参与度上，幼儿积极性很高，跃跃欲试，基本都参与其中。操作学习是幼儿学习的主要方式之一，因此在节日活动中安排一些操作活动是必要的，让孩子玩中学、做中学。"美食一刻做月饼"就是与本次中秋节日活动主题十分契合的操作活动，深受幼儿的喜爱，也是很多幼儿园会采用的中秋活动。

（2）幼儿动作发展整体较好，但表现出层次差异。

根据观察记录，幼儿动作发展整体较好，能顺利完成月饼制作，反映出包月饼的动作难度比较适合中班幼儿。部分幼儿动作灵巧，如蜜子、萱萱、甜甜、蛋壳等女生能较好地完成月饼擀皮、包馅、脱模等程序，动作灵巧，反映出平时美工区轻黏土的手工经验有助于幼儿精细动作的发展。部分幼儿在制作月饼过程中遇到困难并不断调整策略，如可乐经历了"面团太大了→面皮太厚了→面皮大小适中厚薄均匀"三次尝试和调整，反映出幼儿不怕困难、探究思考的学习品质。当可乐遇到困难时，李老师引导幼儿观察思考，有助于幼儿自主探究解决问题。当可乐第二次失败时，李老师建议萱萱不要直接帮他做，而是给他做示范，终于获得成功。这一过程体现了学习的尝试错误说——幼儿的经验是亲自动手操作而积累起来的，教师的支持性指导策略值得学习借鉴。个别幼儿因不会做而放弃了，如邦邦年龄最小，动作发展水平不太好，注意力也不集中。李老师表示"这样的情况也不是第一次了"，对邦邦表示包容和接纳，并给时间让他慢慢适应。从观察记录上看，邦邦不仅"不会做"，而且"没兴趣、不想做"。因此，除了动手能力，学习动机也存在问题。

思考：

如何提高邦邦动手操作的兴趣与能力呢？请思考后，在"流程四：指导与延伸"中寻找答案。

（3）幼儿能以模仿、想象、创造等方式进行操作表征。

根据观察记录，大部分幼儿进行直接模仿的表征方式，诺诺则没有按照教师的要求做月饼，而是捏出了"嫦娥姐姐"的造型。幼儿的思维不受主题的限制，能结合刚才见到的"嫦娥姐姐"进行有意想象，并将月饼和嫦娥结合到一起创造出新形象，体现了幼儿操作时的创造性表征。

《3—6岁儿童学习与发展指南》指出幼儿的艺术目标：具有初步的艺术表现与创造能力，中班幼儿"能用绘画、手工制作等表现自己观察到或想象的事务"。面对幼儿的"非常规"操作，李老师没有批评制止，而是微笑认可，并归因为幼儿美工区轻黏土经验的迁移，反映教师支持幼儿自由想象、大胆创作的教学理念，值得学习借鉴。

4. 社会交往

在社会交往方面，幼儿总体上能积极参与集体展示环节，也表现出分享帮助的亲社会倾向与行为，并且一般节日活动环节都是在教师的组织和带领下，较少涉及合作协商等社会行为。

（1）幼儿在集体唱歌环节能大胆展示。

根据观察记录，幼儿在集体表演"童声唱响"环节中都能积极参与，大胆表现，用歌声和动作随乐展示，女生表现出更高的热情和优美的动作。《3—6岁儿童学习与发展指南》指出，幼儿社会领域发展目标之一是喜欢并适应群体生活，且中班幼儿愿意并主动参加群体活动。因此，节日活动的集体展示环节也是让幼儿体会全体活动的乐趣，丰富社会经验的做法。

另外，单独面对镜头及全班幼儿时的"送祝福"环节，幼儿还是表现出紧张和害羞。这一行为表现反映了幼儿的"自我意识"在进一步发展：开始关注他人对自己的评价，希望得到肯定，担心表现不好被人嘲笑。

思考：

面对幼儿单独展示比较害羞紧张的情况，今后该怎么改善呢？请思考后，在"流程四：指导与延伸"中寻找答案。

（2）幼儿愿意帮助同伴，分享成果与感受。

根据观察记录，大多数幼儿能在中秋各项活动环节表现出与他人分享成果、交流感受或提供帮助等亲社会行为。如在做月饼活动中，幼儿做好后会互相比较：谁做得好看，有什么不同。再如，可乐和邦邦在做月饼的时候遇到困难，萱萱和蜜子主动提出愿意教他们。这些幼儿行为反映了在集体活动尤其是操作活动中，幼儿表现出分享帮助的利他行为，也间接反映了教师在一日生活保教中对幼儿的积极、正面的教育和引导。

流程四：指导与延伸

请熟悉"节日活动"幼儿行为观察的指导与延伸内容。

上一流程中对幼儿的典型行为和教师的保教言行进行了评价与分析，那么对于上一流程中提出的问题，你有什么指导建议吗？此次中秋节日活动的指导建议，又如何迁移延伸到其他节日活动中的幼儿行为指导呢？

1. 认知理解

问题1：面对幼儿天马行空的认知需求，该怎样回应？

指导建议：

☑以想象回应想象，合理解释，保护幼儿好奇心。

李老师请来"嫦娥姐姐"的真正意义就是保护幼儿的好奇心，呵护幼儿对神话故事的美好想象。

☑虚实结合，引发猜想，激发幼儿学习动机。

"飞上天空""飞向太空"是人类自古以来的梦想，幼儿也不例外。因此，除了合理解释童话故事，还可以此神话故事为契机，巧妙地结合神话故事与科学事实，引发幼儿对科学、对太空的猜想，激发幼儿的学习动机。例如，嫦娥姐姐还可以引导幼儿："我在月亮上轻轻一跳就飞到空中了，因为月亮上的引力很小哟，如果你们到月亮上也会飞起来！""当然是真的，但是现在你们去不了，必须等到长大了才能坐火箭和宇宙飞船上月球。""也不是大人都能去，要身体和学习都很厉害的大人才能去，比如，王亚平阿姨就是坐神舟十二号飞船到月亮上来的，我今天刚刚搭她的火箭回地球！""是的，下次李老师给你们看看火箭升空的视频，你们可要好好学习本领，不然是坐不上火箭的！"

拓展延伸：

☑解决幼儿就餐问题、午睡问题等，也可运用想象法来引导幼儿，如菜谱故事、睡睡镇等。

☑运用想象法来进行认知解释时，注意结合幼儿已经熟悉的动画人物和生活经验，帮助幼儿更好地理解原本难以理解的道理。

问题2：该如何进一步开展传统节日时间及其寓意的教育活动呢？

指导建议：

☑理解记忆，结合可视化月历，初步建构对月份的图式。

幼儿信息加工的层次是从复述、精加工到组织策略，除了背诵、传唱中秋节等节日儿歌等复述策略外，还可进一步解释每句儿歌的意思，如"八月十五中秋节"意思是每年的八月十五这一天是中秋节，并在月历上指认"就是在这个月"；除此之外，对一年之中的其他节日、节气、季节的认知也可采用上述步骤，结合节日仪式活动，帮助幼儿初步建构关于月份的图式。

☑结合生活经验与社会新闻，深化对节日寓意的理解。

不同节日有不同寓意，以中秋节为例，寓意"阖家团圆"。引导幼儿在生活中关注父母出差回来团聚的喜悦心情，过节回老家时与祖辈团聚的愉快心情等生活经验，以及社会新闻中一些令人悲痛的分离事件，增加积极体验和消极体验的对比感知，深化对"阖家团圆"节日寓意的理解。这也为下一步情感的表达奠定认知基础。

拓展延伸：

☑除了对时间的启蒙，也可借助实物教具对空间概念进行启蒙，如通过观察中国地图，感知对中国领土格局和东西南北等空间概念。

☑除了中秋节的节日寓意，还可通过历史故事及富有仪式感的活动引导幼儿理解国庆节、端午节等其他节日的寓意。

2. 情绪表现

问题：针对幼儿节日中情感表达的不足，今后该如何开展教育活动？

指导建议：

☑教师示范引导，促进幼儿个性化表达情感。

幼儿对节日的情感表达往往通过祝福语来体现。教师可根据不同节日做一些个性化的示范，如中秋节可祝福"阖家欢乐""团团圆圆""一家人永远都在一起"，端午节则祝福"端午安康""健康平安"，元旦则表达希望"元旦到了，又是新的一年，希望小朋友们健康聪明、快乐成长，要像哥哥、姐姐一样表现更好一些哦"。

☑教师谈话引导，自然引发幼儿真情实感。

幼儿在节日中的情感表达并非要求工整规范，而应重点放在幼儿发自内心的真情实感上。因此，教师可通过谈话和提问的方式来引导幼儿多样化表达情感。如教师可在幼儿晨间谈话时提问："每个小朋友都觉得自己的爷爷、奶奶和外公、外婆最好，那谁能说一说好在哪里？""哦，把最好吃的留给你，还给你买零食和玩具，每天接送你，很辛苦呀！那今天是他们的节日，爷爷、奶奶、外公、外婆年纪大了，你想对他们说什么呀？"自然引发幼儿表达真情实感："奶奶您辛苦了！谢谢您平时对我的照顾！""爷爷我爱您！您是世界上最好的爷爷！"

拓展延伸：

☑除了节日活动外，日常生活中也要积极引导幼儿自主表达情感。

《3—6岁儿童学习与发展指南》建议，成人和幼儿一起谈论自己高兴或生气的事，鼓励幼儿和人分享自己的情绪。当幼儿在生活中，发生分享、帮助、安慰等同伴之间的亲社会行为时，也鼓励幼儿自主表达情感，"谢谢你，你真好，下次我也带礼物来分享给你！""哇，你太厉害了，这就是我想拼的！""别哭别哭，好朋友，你别哭。"

3. 操作体验

问题：如何提高能力偏弱幼儿的学习动机与学习能力？

指导建议：

☑适度降低任务难度，让幼儿体验成功，提升自我效能感。

《3—6岁儿童学习与发展指南》建议，鼓励幼儿尝试有一定难度的任务，并注意调整难度，让他们感受经过努力获得的成就感。为了帮助能力偏弱的幼儿获得成功经验，教师需把握幼儿已有能力水平和最近发展区，适度降低任务难度，让幼儿体验成功，进而激发学习动机。例如，邦邦不会包月饼馅料，那么可降低难度，让他先做不需要包馅料的饼干。当他体验到成功以后，自我效能水平提升，也更愿意参加此类活动了。

☑合理设置难度梯度，逐步行为塑造，提升精细动作水平。

如果幼儿难以完成当前任务，可逐步降低难度：不会做月饼就做饼干，利用现场已有的月饼面皮和备用的饼干模具，教幼儿搓圆、按扁并用模具按压成型；如果还是觉得困难，则继续降低难度，教师搓圆，请他来按扁并放进模具按压成型；如果还是拒绝尝试，那么教师可以请他和教师一起把小朋友们做好的月饼拿到烤箱里烘焙，观察烘焙的过程，让其产生兴趣。从幼儿能接受的任务水平开始尝试，逐步向难度更高一层级行为引导，每达到新的行为水平及时强化，并继续引导到更高难度行为。如此，由易到难，逐步进行行为塑造。

> **知识链接**
>
> **行为塑造法**
>
> 行为主义心理学认为，当个体还不能直接做出目标行为时，可先从接近目标行为的初始行为开始，划分步骤，难度逐步提升，并进行差别强化，最终达到目标行为，这一行为指导的过程称为行为塑造法。

拓展延伸：

☑在美工区及日常生活中丰富相关精细动作经验，促进学习迁移的发生。

如果"美食一刻"中邦邦出现的态度与行为不是一时的，而是平时在动手操作中一直都存在的，那么，除了在美食课上的行为指导，还需要继续延伸到幼儿园一日生活中的行为指导及家庭生活中的行为指导中。例如，平时鼓励邦邦去美工区玩轻黏土，从搓圆、按扁、搓长条、围合等简单动作技能开始练习，积累精细动作经验，促进从美工区到美食区的学习迁移。

4. 社会交往

问题：集体活动中，幼儿单独展示时出现害羞、紧张甚至拒绝等退缩行为，该怎么指导呢？

指导建议：

☑创设轻松的集体氛围，缓解幼儿紧张情绪。

如果幼儿会展示但因为胆小而不敢当众展示，教师可用温和的语言、表情和动作，鼓励幼儿大胆表达，同时引导其他幼儿注意安静倾听，养成别人发言"不插嘴、不哄笑"的好习惯。

☑提供幼儿集体展示的支架，促进幼儿完整表达。

如果幼儿是因为不会而不敢大胆展示，那么可提供多种支架，促进幼儿顺利表达。例如，当幼儿表达不完整时，教师可以鼓励幼儿再说一次："你刚才说得很好，你可以把刚才的话再完整地说一遍吗？"再如，当幼儿不知道说什么时，教师可以通过谈话自然引导幼儿表达，然后鼓励幼儿面向集体重复一次，帮助幼儿熟练展示内容，做好集体展示的准备。

☑建设性地评价幼儿表现，帮助幼儿建立积极的自我评价。

幼儿的自我评价往往依赖成人尤其是教师的评价。如果幼儿表现不够完美，教师也要积极、正面评价幼儿，不能盲目表扬，而是从中找到优点，同时也提出改进的具体做法，建设性地评价幼儿的表现。经过多次他人评价以后，幼儿逐渐进步的同时，也会对自己形成积极的自我评价。

拓展延伸：

☑提供充足的集体展示机会，增加幼儿展示经验。

幼儿的集体展示表现不是一朝一夕形成的，除了幼儿个性的差异外，还有幼儿集体展示经验的积累。除了节日活动这种较为正式的面向集体的展示外，教师还可以在幼儿园一日生活其他环节（如晨间谈话活动、集体教学活动、离园前谈话活动、户外体育练习活动）中让幼儿进行语言表达、运动或才艺展示，丰富幼儿的集体展示经验，促进幼儿社会能力的发展。

反思
总结

请根据所学内容完成反思总结。

1. 在学习了节日活动中幼儿行为观察的观测点与具体行为标准、记录方法、分析指导等内容之后，请对所学内容进行回顾总结。

（1）我知道节日活动中幼儿行为观察的观测点与具体行为标准：

_____

_____

（2）我知道观察记录的方法包括：

_____

_____

（3）我知道观察与指导节日活动中幼儿行为的任务流程：

_____

_____

2. 请根据情境灵活应用所学内容设计并开展调查。

幼儿是如何理解中秋佳节的

中秋节要到了，赵老师正忙着组织幼儿的中秋活动。作为中国传统节日，中秋节自然要体现节日本身的特色。赵老师精心设计了节日活动的环节，如听一听故事、读一读绘本、做一做月饼、画一画中秋、说一说祝福、唱一唱儿歌。幼儿开心度过了中秋节前的庆祝活动，收获了满满的仪式感。

然而，在活动过程中，赵老师发现，大多数幼儿很喜欢做美食，但个别幼儿不愿意参与，把面团给了别人；有些幼儿积极参与，但是包好的月饼却非常大，没法放进模具；有些幼儿忘记了做月饼的任务，捏起了小面人；还有些幼儿很热心，看到同伴不会做，接过对方的工具和材料要帮同伴做……制作美食的现场，真是有点"热闹"。当然，大多数幼儿乐在其中，并且似乎对各种游戏活动很感兴趣，而对中秋节节日本身的意义没有表现出太大的感触。

幼儿是如何看待和理解中秋节的呢？如何在节日活动中促进幼儿的发展呢？请你从调查目标、调查方法、调查过程、调查结果等方面设计调查方案并开展调查。

_____

_____

任务三　幼儿的亲子教育
——亲子活动中的幼儿行为观察与指导

亲子活动观察指导诀窍歌

亲子活动真重要，家园共育奇妙招；

联结亲子强化剂，家园关系连心桥；

积极互动是基础，认真专注显功高；

团结合作破难题，心情愉快收获到；

倾听回应善表达，分享交流记忆牢；

最后一点不能忘，安全常规少不了；

观察指导要有效，以上要点常念叨。

任务情境

请了解亲子活动任务情境的内容梗概。

参观消防救援站（大班）

大五班的小朋友和家长早早地来到消防站门口，消完毒后大家一个接一个有序地进入站内并开心地与消防员叔叔打招呼，淘淘爸爸喊了一声正在队伍旁边蹦蹦跳跳的淘淘，淘淘才跑了过去。芋羽在参观时不断向妈妈和消防员叔叔提问。孩子们、家长们在消防员的带领下一直认真地观察消防站的装备。这时候，淘淘独自在角落观察一个黑色的东西。消防员跟他介绍说是报警器，淘淘似乎没有听到消防员叔叔的话，看着报警器自言自语。参观了消防员叔叔的宿舍，芋羽跟妈妈说要向消防员叔叔学习，把自己的东西叠整齐，并跟教师说消防员叔叔很辛苦，想跟他们一起清洗消防车。到了洗车环节，淘淘刚开始不愿意，后来淘淘在爸爸鼓励下一起给消防车冲水。不一会儿，淘淘的爸爸去找消防员叔叔拿工具去了，淘淘看不见爸爸哭了起来。芊羽跑过去关心地问淘淘："淘淘，你怎么了？"淘淘一边擦眼泪一边哽咽地说："这里我洗不到。"芊羽说："我来帮你吧。"芊羽踮起脚尖举高扫帚来回认真刷了几下就刷干净了。在孩子们和家长们的努力下，很快就把消防车洗得干干净净。

[南沙实验幼儿园　夏雨琦]

基础理论

请关注亲子活动的基础理论。

《纲要》明确指出："幼儿园应与家庭、社区密切合作。"树立大教育观，构建家园社三位一体的协同育人机制是当前幼儿园很重要的一项工作。打开幼儿园大门，让家长走进来，让家长了解幼儿，让家长参与教育，引导家长科学育儿也是幼儿园进行家园共育的重要途径和形式。因此，近几年，越来越多的幼儿园潜心探索和研究亲子活动的内容。

幼儿园的亲子活动是一种以亲缘关系为基础的活动，幼儿园根据一定的目的邀请家长参与幼儿园的教育教学，与幼儿一起游戏，一起玩。亲子活动一般以游戏作为主要的手段，遵循幼儿身心发展特点而设计，为亲子提供了共同游戏与学习的机会和条件。亲子活动不仅能增加家长与幼儿之间的互动交流，而且能够让家长更好地了解幼儿园和班级的教育教学，以先进的教育理念和教育行为，提高科学育儿水平。

知识链接

活教育理论

活教育理论是陈鹤琴先生针对当时中国教育缺乏生机的问题创立的前进的、自动的、有生气的教育理论。活教育理论的三大纲领是目的论、课程论与方法论。活教育的目的就是"做人，做中国人，做现代中国人"；活教育的课程论就是"大自然、大社会，都是活教材"，应该向大自然、大社会学习；活教育的方法论就是"做中教，做中学，做中求进步"。

幼儿园组织的亲子活动形式非常丰富，根据场地空间不同，有园内亲子活动和户外亲子活动；根据范围不同，有班级组织的亲子活动和全园开放的亲子活动；根据计划性不同，可以分为预约式的随机入园入班参与幼儿活动和有计划有组织的亲子活动；根据内容不同，有节日的、运动会的、幼儿园特色活动等内容的亲子活动。

　　亲子活动对幼儿发展有着独特的价值和意义。首先，丰富多彩的亲子活动可以促进亲子关系健康发展，有益于亲子之间的情感互动和交流，同时对幼儿自身的发展也具有重要的促进和影响作用；其次，在亲子活动中，家长可以发现幼儿身上更多的闪光点，从而有针对性地对幼儿进行教育，更好地挖掘幼儿身上的潜能；再次，亲子活动可以让幼儿更多地与人互动交流，锻炼幼儿的语言表达能力和人际交往能力。但高质量的亲子活动离不开教师有目的、有计划的观察、记录、分析和指导。因此，在开展亲子活动之前，教师需要根据幼儿年龄特点和发展需求选择适合的主题和内容，并提前进行幼儿行为观察的计划与准备工作。

　　对幼儿行为的观察主要聚焦于幼儿学习品质和关键经验两大观测点。

　　首先，在亲子活动中，关于学习品质方面的观察，主要包括幼儿参与活动的意愿、在活动中是否专心专注并能坚持、幼儿是否能够倾听和理解他人想法并愿意与他人相互配合等合作精神，以及在活动中解决问题等方面表现出来的良好行为倾向和学习习惯。

　　其次，在亲子活动中，也需要观察幼儿发展的关键经验。不同的亲子活动有与之相应的要重点发展的关键经验，也有一些典型的需要教师有目的地观测的共性的发展内容。这些观测点包括：幼儿在亲子活动中情绪是否安定、愉快；幼儿是否能用语言清晰表达自己的想法以及运用多种方式在众人面前表现和表达；幼儿是否主动与同伴和家长交流并能够主动帮助他人；幼儿在亲子活动中是否能有序排队、不做危险动作、遵守安全规则等（见表4-7）。

表4-7　亲子活动中幼儿行为观察的观测点和具体行为标准

维度	观测点	具体行为标准
A. 学习品质	A1. 充满好奇	A1.1 喜欢提问：就活动过程中出现的新事物一直询问家长
		A1.2 渴望游戏：活动开始前一直询问家长是否可以开始游戏
	A2. 互动意愿	A2.1 参与意愿：愿意与家长一起参与亲子活动
		A2.2 积极互动：在游戏中与家长进行积极的互动
	A3. 坚持专注	A3.1 游戏专注：能够与家长一起专注地完成亲子活动中的游戏
		A3.2 活动坚持：能够与家长一起坚持完成整个亲子活动
	A4. 合作精神	A4.1 倾听理解：能够倾听和理解他人的想法和观点
		A4.2 相互配合：与家长配合默契，顺利完成游戏的各个环节
	A5. 问题解决	A5.1 尝试解决：能够积极想办法与家长一起解决活动中遇到的问题（包括困难和矛盾冲突问题）
		A5.2 资源利用：能够利用和协调资源（物品/人）解决活动中遇到的复杂问题

维度	观测点	具体行为标准
B. 关键经验	B1. 情绪调节	B1.1 情绪稳定：在亲子活动中，与家长一起或分开时，都能保持愉快、稳定的情绪
		B1.2 情绪调节：能随着活动的需要转换情绪和注意力
	B2. 动作发展	B2.1 动作协调：能按要求以手脚并用的方式安全完成活动任务
		B2.2 动作灵活：能熟练地使用各种简单的工具或用具
	B3. 表达表现	B3.1 清晰表达：能用语言清晰地表达自己的想法和感受
		B3.2 敢于表现：敢于在众人面前使用各种方式表现自己
	B4. 社会交往	B4.1 主动社交：主动与身边的同伴、家长交流所见所闻和感受
		B4.2 乐于帮助：在同伴或他人有困难时，能够主动帮助他人
	B5. 安全常规	B5.1 安全守纪：遵守安全规则，不做危险动作（如从高处跳下、靠近水域、触摸电源等）
		B5.2 有序排队：有序排队不推搡，不擅自远离家长视线

任务
流程

流程一：计划与准备

请熟悉亲子活动幼儿行为观察的计划与准备内容。

1. 谁为我们服务

冬季天气干燥，容易发生火灾，正是进行防火安全教育的最佳时机。《3—6岁儿童学习与发展指南》指出，幼儿健康领域的发展目标之一是"具备基本的安全知识和自我保护能力"，社会领域的发展目标之一是"愿意与家长一起参加社区的一些群体活动"。建议幼儿园结合生活实际组织丰富多样的安全教育活动，包括主题游戏活动、逃生演习活动、安全教育基地实地参访活动等。

广州市南沙区实验幼儿园秉承"文溪雅荷"课程理念，以问题为导向，以场景为支撑，实现家园社区一体化发展，每学期都深入开展主题活动。这学期在与幼儿的商讨中教师选择"为我们服务的人"这一主题开展了一系列活动。首先，幼儿借助亲子调查表记录他们的调查结果及思考，教师发现幼儿最敬佩的职业中，消防员是得票最高的。接着，教师进行了关于消防员叔叔的讨论。最后，幼儿提出想去消防员叔叔工作的地方参观，于是教师联系到了南沙区小虎岛消防救援站。在一个美丽的周末，开启了消防站的亲子探索之旅。

2. 我们需要做哪些物质准备

□药箱。

□"小蜜蜂"扩音器。

□抽纸、湿巾备用。

□照相机。

□横幅。

□提醒家长为幼儿准备书包（水杯、小包湿巾、垃圾袋等）。

3. 我们需要做哪些经验准备

□向幼儿简要介绍参观消防站的计划，包括参观内容、活动安排、消防站基本设置等。

□与幼儿交流防火安全的相关知识经验。

□提前做好幼儿的安全教育、文明出行教育。

□班级教师提前做好组织幼儿的责任分工。

□向家长介绍本次活动的目的、流程、安排等细节，并告知家长在整个参观过程中保障幼儿的安全、基于参观内容积极与幼儿互动、文明参观倡议等。

4. 我们需要在此次大班亲子活动中设计怎样的观察记录表

根据上文中亲子类活动需观察的重点方面：互动意愿、坚持专注、合作精神、问题解决、情绪调节、表达表现、社会交往、安全常规，结合消防站亲子参访活动的实际内容，设计大班幼儿亲子活动观察记录表（见表4-8）。

表4-8　大班幼儿亲子活动观察记录表

活动名称：

时间：　　　　　　　观察对象：　　　　　　　记录人：

观测点	行为水平		幼儿表现
A2. 互动意愿			
A2.1 参与意愿	愿意与家长一起参观消防站 □愿意　　□经提醒后愿意　　□不愿意		
A2.2 积极互动	在参观过程中愿意与家长积极互动 □愿意　　□经提醒后愿意　　□不愿意		

续表

观测点	行为水平	幼儿表现
A3. 坚持专注		
A3.1 游戏专注	能够专注地倾听消防员叔叔的讲解 □能　　　□经引导后可以　　　□不能	
	能够专注地观察消防站的设施设备 □能　　　□经引导后可以　　　□不能	
A3.2 活动坚持	能够坚持参加亲子参观活动全程 □能　　　□经引导后可以　　　□不能	
A4. 合作精神		
A4.1 倾听理解	能够倾听、理解消防员叔叔讲解的内容 □能　　　□经引导后可以　　　□不能	
A4.2 相互配合	能够与家长共同完成参观活动各个环节 □能　　　□经引导后可以　　　□不能	
A5. 问题解决		
A5.1 尝试解决	能够积极想办法与家长一起解决参观过程中遇到的问题（包括困难和同伴的矛盾冲突） □能　　　□经引导后可以　　　□不能	
A5.2 资源利用	能够向家长和参观地工作人员询问解决自己参观时的疑问 □能　　　□经引导后可以　　　□不能	
B1. 情绪调节		
情绪稳定	整个参观活动中，都保持愉快、稳定的情绪 □是　　　□经提醒后可以　　　□否	
B3. 表达表现		
B3.1 清晰表达	能够清晰地表达自己参观过程中的所见所闻 □能　　　□经提醒后可以　　　□否	
B3.2 敢于表现	能够在众人面前发言、回答消防员叔叔的提问 □能　　　□经引导后可以　　　□不能	
B4. 社会交往		
B4.1 主动社交	主动与同伴、家长交流自己在消防站的所见所闻 □能　　　□经引导后可以　　　□不能	
B4.2 乐于帮助	在参观中的体验环节，能够帮助别的小朋友 □能　　　□经引导后可以　　　□不能	

观测点	行为水平	幼儿表现
B5. 安全常规		
B5.1 安全守纪	在消防站参观过程中，不触摸电源、不乱碰消防设施设备 □是　　□经提醒后可以　　□否	
B5.2 有序排队	在参观过程中，有序排队不推搡，一直跟着家长，不远离家长视线 □是　　□经提醒后可以　　□否	

5. 参访类亲子活动中需要注意哪些方面

□幼儿安全。消防局设施设备多，教师在活动前要做好教育，提醒家长在活动中关注幼儿的一举一动，在活动中，教师应该"眼观六路、耳听八方"，多关注幼儿的行为。

□及时记录。用手机或相机拍照或视频记录。此时纸笔记录不合适，因此适合事后的轶事记录法。

流程二：观察与记录

请熟悉亲子活动幼儿行为的观察与记录内容。

观察记录1：事件描述法。

大班亲子活动：为我们服务的人——参观小虎岛消防救援站

时间：2021年12月~2022年1月　观察对象：大五班全部幼儿　记录人：夏老师

早上8：00，大五班的小朋友们和家长早早地来到了消防站门口（见图4-8），消防员叔叔耐心地给每个小朋友和家长都消了毒，接着大家一个接一个有序地进入站内并开心地与消防员叔叔打招呼，只有淘淘在队伍旁边蹦蹦跳跳，淘淘爸爸大喊一声："淘淘，快过来排队。"淘淘赶紧跑了过来，一声不吭地走了进去。

首先映入眼帘的就是一排整整齐齐的消防车，有器材消防车（里面有破拆工具、救生器材等）、救护消防车（上面还有担架和急救设备）。

芊羽小声问妈妈："消防员叔叔不是救火的吗？为什么还有这么多其他的工具啊？"妈妈说："你可以问一下消防员叔叔。"芊羽有点害羞但还是鼓起勇气问："消防员叔叔，为什么你们有这么多工具啊？"消防员叔叔告诉她："因为去救火的时候会有人受伤，所以我们也要准备好急救设备，还有小朋友卡在栏杆或者电梯里的情况，我们也需要用到一些破拆工具去救他们。"

接着我们又参观了装备区，有战斗服、隔热服、避火服、抢险救灾服等，幼儿、

观察记录1 使用事件描述法来记录亲子活动的全貌与重要细节。

你观察到了什么？ 社交交往 安全常规

你观察到了什么？ 充满好奇 表达表现 坚持专注

278

图4-8　参观消防救援站全体幼儿和家长合影

家长在消防员的带领下一直认真地观察消防站的装备（见图4-9至图4-12）。这时候，淘淘独自在角落观察一个黑色的东西，他爸爸也没有发现他不在队伍里。消防员叔叔走过去告诉他："小朋友，这是报警器，就是消防员昏迷或者晕倒超过30秒就会响，他的队友听到声音就会过来救他。"淘淘似乎没有听到消防员叔叔的话，看着报警器发呆，小声嘀咕着什么。

图4-9　参观装备区

接着我们又参观了消防员叔叔的宿舍（见图4-13），芊羽看到后说："消防员叔叔的所有东西都好整齐啊！"芊羽妈妈听到后说："芊羽想一想你的衣柜还有你的小床，是不是很乱呀？"芊羽有点不好意思，妈妈又问："那你准备怎么办呢？"芊羽想了想说："我要向消防员叔叔学习！自己收拾衣柜，把衣服和被子叠得整整齐齐的。"

你观察到了什么？
表达表现
问题解决

图4-10　参观消防车

图4-11　参观消防设备（一）

图4-12 参观消防设备（二）

图4-13 参观宿舍

你观察到了
什么？
互动意愿
动作发展
情绪调整

从宿舍出来后我们来到操场，看到很多消防员叔叔在忙着清洗消防车，芊羽问我：
"夏老师，我们能不能去帮消防员叔叔一起洗车啊？我觉得他们好辛苦啊！"

"没问题，我们今天的亲子活动环节之一就是帮消防员叔叔清洗消防车呢，大家开
始干活吧！"我告诉大家（见图4-14至图4-15）。淘淘对爸爸说："我们还这么小，消
防车好大好大，怎么洗啊？我不想洗。"淘淘爸爸蹲下对淘淘说："宝贝，要不跟爸爸
一起来试试？这一定很有意思。"淘淘在爸爸的帮助下拿起水管从上到下、从左至右
给消防车冲水。芊羽从消防员叔叔手上接过扫帚，双手握住木柄认真刷洗。不一会儿，

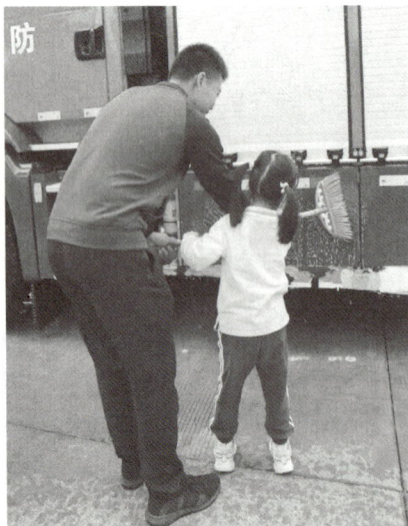

图4-14 帮消防员叔叔洗车（一）

图4-15 帮消防员叔叔洗车（二）

[南沙实验幼儿园夏雨琦供图]

淘淘哭了起来："爸爸，爸爸，你去哪儿了？"原来，他的爸爸去找消防员叔叔拿工具去了。芊羽跑过去关心地问淘淘："淘淘，你怎么了？"淘淘一边擦眼泪一边哽咽地说："这里我洗不到。"芊羽说："我来帮你吧。"芊羽踮起脚尖举高扫帚来回认真刷了几下就刷干净了。暖阳、子浩和他们的爸爸妈妈一起，拿着抹布擦消防车。在幼儿和家长的努力下，消防车很快就被洗得干干净净了。看着一排排干净整齐的消防车，大家都笑得特别开心。

你观察到了什么？
社会交往
合作精神

　　在观察的过程中，教师无法用纸笔记录，因此需要根据"流程一：计划与准备"中提前设计的观测点进行观察，锁定值得记录和分析的幼儿行为，活动结束后再整理。夏老师用事件描述法回忆和记录了大五班幼儿亲子活动的大致情况，还原了当时发生的一些细节。为了更科学、细致地梳理幼儿典型行为，分析幼儿行为表现所反映的心理活动，教师还可以使用检核表法来记录所观察的内容（见表4-9）。

　　观察记录2：检核表法。

表4-9　大班幼儿亲子活动观察记录表

观察记录2
使用检核表法来记录大五班亲子活动中幼儿的典型行为表现，以及心理与行为的发展水平。

活动名称：大班亲子活动：为我们服务的人——参观小虎岛消防救援站

时间：2021年12月~2022年1月　观察对象：大五班全部幼儿　　记录人：夏老师

观测点	行为水平	幼儿表现
A2. 互动意愿		
A2.1 参与意愿	愿意与家长一起参观消防站 ☑愿意　□经提醒后愿意　□不愿意	大五班的小朋友和家长早早地来到了消防站门口
A2.2 积极互动	在参观过程中愿意与家长积极互动 ☑愿意　□经提醒后愿意　□不愿意	芊羽在参观过程中多次与妈妈积极互动
A3. 坚持专注		
A3.1 游戏专注	能够专注地倾听消防员叔叔的讲解 □能　☑经引导后可以　□不能	大家都认真倾听，只有淘淘独自离开队伍
	能够专注地观察消防站的设施设备 ☑能　□经引导后可以　□不能	大家都在观察消防装备
A3.2 活动坚持	能够坚持参加亲子参观活动全程 □能　☑经引导后可以　□不能	淘淘刚开始不愿意清洗消防车，但是在爸爸的带领下一起动手冲洗车身了
A4. 合作精神		
A4.1 倾听理解	能够倾听、理解消防员叔叔讲解的内容 ☑能　□经引导后可以　□不能	芊羽在参观后表达消防站工具很多，东西很整齐，消防员叔叔很辛苦等

续表

观测点	行为水平	幼儿表现
A4.2 相互配合	能够与家长共同完成参观活动各个环节 □能　　☑经引导后可以　　□不能	在家长的鼓励和帮助下，大家一起完成了清洗消防车的任务
A5. 问题解决		
A5.1 尝试解决	能够积极想办法与家长一起解决参观过程中遇到的问题（包括困难和同伴的矛盾冲突） ☑能　　□经引导后可以　　□不能	芊羽跟妈妈讨论怎么解决自己小床很乱的问题
A5.2 资源利用	能够向家长和参观地工作人员询问解决自己参观时的疑问 ☑能　　□经引导后可以　　□不能	芊羽向消防员叔叔提问
B1. 情绪调节		
情绪稳定	整个参观活动中，都保持愉快、稳定的情绪 □是　　☑经提醒后可以　　□否	淘淘在看不到爸爸又刷不到脏点后情绪波动，芊羽主动帮忙后好转
B3. 表达表现		
B3.1 清晰表达	能够清晰地表达自己参观过程中的所见所闻 ☑能　　□经提醒后可以　　□否	芊羽多次在参观时表达自己的感受或提出疑问
B3.2 敢于表现	能够在众人面前发言、回答消防员叔叔的提问 □能　　☑经引导后可以　　□不能	芊羽在妈妈的鼓励下向消防员叔叔提问
B4. 社会交往		
B4.1 主动社交	主动与同伴、家长交流自己在消防站的所见所闻 ☑能　　□经引导后可以　　□不能	芊羽和妈妈交流自己的想法
B4.2 乐于帮助	在参观中的体验环节，能够帮助别的小朋友 ☑能　　□经引导后可以　　□不能	芊羽主动帮淘淘擦洗消防车
B5. 安全常规		
B5.1 安全守纪	在消防站参观过程中，不触摸电源、不乱碰消防设施设备 ☑是　　□经提醒后可以　　□否	孩子们在参观过程中没有乱碰消防设施设备
B5.2 有序排队	在参观过程中，有序排队不推搡，一直跟着家长，不远离家长视线 □是　　☑经提醒后可以　　□否	淘淘在爸爸提醒后回到队伍

观察和记录已经完成，那么对照两份观察记录，你观察到了哪些值得记录和分析的行为？反映了幼儿心理与行为的哪些方面？水平如何？请自主思考后继续进行"流程三：评价与分析"。

流程三：评价与分析

请熟悉亲子活动中幼儿行为观察的评价与分析内容。

基于以上大班参观小虎岛消防救援站亲子活动的事件描述法和检核表法记录的情况，请你对幼儿表现出来的学习品质与核心经验进行评价和分析。

1. 坚持专注

在学习品质维度中的坚持专注方面，从大班参观小虎岛消防救援站亲子活动中，面对装备区的战斗服、隔热服、避火服等设施设备时，大部分幼儿能够坚持专注。但个别幼儿不能坚持专注，主要表现在如下方面。

（1）大部分幼儿能够坚持按照活动安排进行参观、倾听讲解，但个别幼儿无法跟随队伍，独自跑到了一边。

根据观察记录，淘淘独自跑到一个角落观察一个黑色的东西，爸爸却没有发现他不在队伍里。一方面，幼儿天生好奇，注意力以无意注意为主，容易被新奇的事物吸引，角落黑色的东西对淘淘的吸引力大过了装备区的战斗服、隔热服、避火服、抢险救灾服等，所以淘淘就离开了队伍。另一方面，幼儿的注意力持续时间较短，如果在幼儿对事物兴趣减弱的时候，新奇事物出现，就会造成幼儿的注意力转移，造成幼儿无法坚持专注。

（2）幼儿总体能够在家长的帮助下完成清洗消防车，但个别幼儿还是会因为家长不在身边而无法坚持。

根据观察记录，淘淘在爸爸的帮助下帮助消防员叔叔清洗消防车，一直完成得很好，但在爸爸去找消防员叔叔拿工具的时候，他发现了爸爸不在身边，大哭起来，中止了打扫活动。为什么淘淘的爸爸离开一小会儿他就无法完成任务了呢？主要原因是清洗消防车对于幼儿来说难度较大，涉及分工合作、使用他们不常用的清洁工具和清洁方法，这些在成人的帮助下幼儿能够完成，一旦离开成人的帮助，难度就超出了幼儿独立完成的能力范围。因此，出现了家长不在身边的时候，淘淘会着急的情况。

思考：

有什么办法能使幼儿与家长一起坚持完成整个亲子活动？请思考后，在"流程四：指导与延伸"中寻找答案。

2. 情绪调节

在关键经验维度中的情绪调整方面，在消防救援站参观活动过程中的清洗消防车环节，幼儿基本能够保持情绪稳定，但也有个别幼儿有着急到哭了起来的情况。

个别幼儿因为家长不在身边而着急，情绪不稳定。

在幼儿园阶段，幼儿会与父母或其他看护者、关系亲密的人形成依恋关系。当依恋关系形成后，如果父母、看护者或其他关系亲密的人离开，加之幼儿的情绪控制和情绪表达能力较弱，导致情绪无法得到及时调节，幼儿就会产生焦虑等情绪，往往会通过哭闹来表达。淘淘因为爸爸去找消防员叔叔拿工具，发现爸爸不见了而自己又洗不了车时急得哭了，就是因为已经建立依恋关系的爸爸不在身边，缺乏依赖和安全感，产生了焦虑，加之没有较好地表达和控制情绪的能力，就用哭来表达当时的焦虑。

思考：

有什么好办法能使幼儿不管家长是否在身边，都能情绪稳定、积极？请思考后，在"流程四：指导与延伸"中寻找答案。

3. 表达表现

在关键经验维度的表达表现方面，在整个参观活动中，有的幼儿能够大胆、自信地表达，但也有极个别幼儿会不敢大声表达。有的幼儿能够大胆自信地表达自己的所见所闻和所思所感，但面对不熟悉的人还是会感到害羞。

幼儿的语言能力是在交流和运用的过程中发展起来的，真实的参观情景为幼儿的语言表达提供了良好的机会。当幼儿面对自己不熟悉的人时，他们可能会因为不知道自己说了话、做了事对方会有什么反应而不敢表达。因此，当芊羽对消防员叔叔为什么要用这么多工具救火产生疑问的时候，她有点害羞但还是鼓起勇气问："消防员叔叔，为什么你们有这么多工具啊？"淘淘看着报警器发呆，只是小声嘀咕。当芊羽熟悉了环境，表达就会变得更加自信、从容，所以当她看到消防员叔叔的宿舍时，能够清晰地表达自己的所见所感："消防员叔叔的所有东西都好整齐啊！"

思考：

有没有什么好办法能让幼儿积极主动地表达表现呢？请思考后，在"流程四：指导与延伸"中寻找答案。

4. 社会交往

在关键经验维度的社会交往方面，在参观活动中，因为活动的安排和一些突发情况，部分幼儿能够主动去帮助有需要的同伴。

当小朋友有困难的时候，能够乐于帮助小朋友解决困难。

当幼儿看到其他小朋友遇到问题或者困难时，他们会针对这个问题，根据自己曾经试过的有效方法或者在自己的能力范围内，做出直接帮助、方法演示或者给出解决方案等行为。在清洗消防车的时候，当淘淘发现爸爸不在身边遇到困难而着急的时候，芊羽关心淘淘为什么哭；当她得知淘淘是因为洗不到车而哭泣的时候，主动提出帮助，踮起脚尖高举着扫帚认真刷了几下车身就刷干净了，成功地帮助淘淘解决了问题。

> **思考：**
>
> 如何鼓励幼儿积极、主动地参与社交，并主动和他人分享活动的快乐？请思考后，在"流程四：指导与延伸"中寻找答案。

流程四：指导与延伸

请熟悉亲子活动幼儿行为观察的指导与延伸内容。

上一流程中对幼儿的典型行为和教师的保教言行进行了评价与分析，那么对于上一流程中提出的问题，你有什么指导建议吗？此次亲子参观活动的指导建议，又如何迁移延伸到其他活动的行为指导中呢？

1. 坚持专注

问题：有什么办法能使幼儿与家长一起坚持完成整个亲子活动？

指导建议：

☑持续鼓励，和幼儿一起对活动充满兴趣。

淘淘在大家一起观察消防站的装备时，独自在角落观察一个黑色的东西，爸爸不妨先鼓励淘淘和小朋友们一起观察消防装备，并告诉淘淘，这个黑黑的东西，爸爸也很想知道它是什么，能做什么，表示出对它的好奇与兴趣，稍后和淘淘一起询问与探究。

☑设计符合幼儿能力的，能够和家长可以一起合作完成的活动。

虽然亲子活动中也设计了幼儿和家长一起清洗消防车的活动，但是对如何清洗缺乏亲子分工与合作，可以再从幼儿劳动能力发展的角度指导幼儿做适宜的劳动任务，鼓励幼儿与家长合作一起完成相关的活动，获得劳动的快乐和成就感。

拓展延伸：

☑在家庭教育中，家长和幼儿共同完成一些积木拼搭、拼图类、飞行棋的亲子游戏，以培养幼儿的耐心与专注力。

2. 情绪调整

问题：有什么好办法能使幼儿不管家长是否在身边，都能情绪稳定、积极？

指导建议：

☑遵循同理心，理解幼儿。

幼儿的性格特征各有不同，个别幼儿有可能会非常依赖家长，需要家长每时每刻都在自己身边守护、陪伴着自己。尤其是在亲子活动中，更是希望家长与自己寸步不离，看不到家长时有可能会焦躁不安，甚至会哭闹。教师要了解班级中幼儿的情况，对于像淘淘这样的幼儿，要和家长做好沟通，从尊重幼儿的角度去理解他们的情绪变化，尽可能让幼儿在亲子活动中保持情绪稳定、积极。

☑营造快乐的亲子活动氛围。

尽可能让幼儿在整个亲子活动中都能够感受到家长陪伴的快乐，这种快乐、亲密的情感氛围，有助于幼儿在亲子活动中情绪稳定、积极。

拓展延伸：

☑在家庭教育中，家长多陪伴情绪敏感的幼儿，一起读书、做游戏、户外运动等。

3. 表达表现

问题：有没有什么好办法能让幼儿积极、主动地表达表现呢？

指导建议：

☑创设利于幼儿自我表达表现的机会。

教师在亲子活动的设计与组织过程中，也要给幼儿提供表达自我认识、动作技能、情绪情感的机会，让幼儿能够大胆展示、勇于表达。淘淘看着报警器发呆，小声嘀咕着什么。这时，家长或教师就可以进行追问，鼓励幼儿表达自己的想法，而不是忽视、不理睬幼儿。

拓展延伸：

☑无论是在家庭教育中还是在幼儿园教育中，应该尊重幼儿的想法，鼓励幼儿大胆、清楚地表达、展示自己。

☑尤其在幼儿园语言教育活动中，为幼儿提供感兴趣的图画书，以及相应的角色扮演玩教具，帮助幼儿充分练习语言表达。

4. 社会交往

问题：如何鼓励幼儿积极、主动地进行社会交往，并主动和他人分享活动的快乐？

指导建议：

☑鼓励幼儿主动进行社会交往，分享活动的乐趣。

亲子活动为幼儿及家长提供了很好的社会交往平台，鼓励幼儿主动与身边的同伴或家长交流所见、所闻和所感，共享亲子活动带来的乐趣。例如，主动跟他人打招呼，主动向消防员叔叔提出问题，主动和小朋友们分享自己对消防器械的认识，主动帮助其他小朋友，等等。

拓展延伸：

☑家长能够经常带领幼儿到公园、游乐场、儿童活动中心等，与其他幼儿一起玩耍、学习、交流。

☑提高幼儿的社会交往技能。例如，如何表达能够参与到其他幼儿的游戏中？什么样的行为是受其他幼儿欢迎的？

反思总结

请根据所学内容完成反思总结。

1. 在学习了幼儿园亲子活动中幼儿行为观察的观测点与具体行为标准、记录方法、分析指导等内容之后，请对所学内容进行回顾总结。

（1）我知道幼儿园亲子活动中幼儿行为观察的观测点与具体行为标准：

_____

_____

_____

（2）我知道观察与指导幼儿园亲子活动中幼儿行为的任务流程：

_____

_____

_____

（3）思考一下，如果你是班主任，你可以如何发动家长参与到对幼儿的观察和记录中来？

_____

_____

_____

2. 请根据情境灵活应用所学内容设计并开展调查。

亲子活动小调查

　　亲子活动是幼儿园、幼儿与家长之间增强联系、增加了解、增进感情的纽带，是促进幼儿全面发展的重要途径之一。亲子活动不仅可以让幼儿体验到运动的快乐，促进运动能力发展，促进幼儿合作、大胆表现、社会交往等能力，还可以增强家长与幼儿之间的情感交流，向家长宣传科学的教育观、儿童观，让家长了解孩子的发展近况，主动配合幼儿园的教育教学工作，更好地促进家园共育。教师在亲子活动中，可以看到幼儿与家长之间最真实的对话与交往，了解不同家庭的教育方式。有的幼儿在父母的陪同下，更有完成游戏活动的动力，能与父母相互配合，一起解决问题，完成任务；有的幼儿却不愿意参与活动，表现为哭闹、不能坚持完成活动等。

　　请你从调查目标、调查方法、调查过程、调查结果等方面设计一份亲子活动调查方案并调查幼儿在亲子活动中的学习与发展情况、家长的参与情况和教师的准备与指导情况。

_____

_____

_____

任务四　幼儿的特异体验
——特色活动中的幼儿行为观察与指导

特色活动观察指导诀窍歌

特色活动不得了，园园都把创意搞；

为了特色而特色，教师幼儿皆苦恼；

园所历史要用好，发展方向更明了；

积极参与且专注，分享合作疑问少；

了解活动的意蕴，展现自我赞美绕；

朋友交往要可靠，遵规守纪有礼貌；

优点不足都重要，正面反面都看到；

发展评价与激励，促进发展功夫高。

任务情境

请了解特色活动任务情境的内容梗概。

"有蕉一日 掂过碌蔗"① 秋收主题运动会

运动会开幕式在幼儿园多功能室进行。开场秀时，幼儿有的扛着甘蔗，有的抱着香蕉，有的抱着冬瓜，有的拿着稻谷……展示出当地特有的丰收文化。小班幼儿小宝对此很疑惑。开场秀热闹非凡，活动室充满了口号声、加油声、呐喊声、欢呼声。接着，幼儿园男教师团队为全体师幼、家长们带来岭南传统醒狮表演，原本低头玩鞋的小宝也被锣鼓声吸引了，立刻抬起头来。当大狮子走进人群，与孩子们亲密互动时，孩子们兴奋极了，纷纷用手去摸狮子，并纷纷争着告诉教师想当大狮子，边讨论边手舞足蹈地模仿。小宝还站到了凳子上，模仿狮子跳，然后把几根凳子叠在一起踩上去，我看到后赶紧过去把他抱了下来。

"十九涌捞鱼"游戏准备开始，几个幼儿迫不及待地问："我们现在可以玩了吗？"我点头示意大家可以开始了。他们欢呼雀跃，马上行动起来。哲彦站在树下发呆没有参与。在我的鼓励下，哲彦慢慢走到桥边，也想去捞躲到木桥下面的小鱼。只见他身体向前倾，左腿向后踢，右手往水里够，重心不稳，差一点就掉到了水里，还好我及时过去拉住了他。意茹蹲在木桥边慢慢趴下，一只手紧紧抓住木桥边缘，另一只手灵活地拿着小盆或是渔网在水里捞来捞去，不一会儿，小水桶装的鱼虾和小螃蟹越来越多。意茹看哲彦什么也没捞到，便对哲彦说："我把渔网给你捞吧。"哲彦听到后转身拒绝了，坚持要自己徒手抓鱼。看其他幼儿都捞到了鱼虾和螃蟹，哲彦难过地哭起来。我过去鼓励他可以尝试用不同的工具捞鱼虾。经过一番努力，哲彦终于捞到了鱼虾。在小水桶装满鱼虾后，哲彦和意茹一起分工合作，到教室把红色水桶拿到水道边，再一起把小水桶里的鱼倒进红色大水桶里。由于鱼太多，哲彦提议可以在教室门口或者操场摆摊卖鱼。于是，中三班又开始了摆摊卖鱼的游戏。

［南沙实验幼儿园　吕婷婷］

知识链接

生态系统理论

美国心理学家布朗芬布伦纳的生态系统理论对环境影响个体行为和心理发展的因素进行了详细阐述，他认为儿童的学习与发展除了个体自身的因素之外，还有环境因素与个体交互作用的影响。他认为，环境（或自然生态）是"一组嵌套结构，每一个嵌套都在下一个嵌套中，就像一套俄罗斯的嵌套娃娃一样"。换句话说，发展的个体处在从直接环境（像家庭）到间接环境（像宽泛的文化）的几个环境系统的中心或嵌套其中。综合实践活动反映的就是不同环境系统的嵌套。

基础理论

请关注特色活动的基础理论。

幼儿园的特色活动一般是指幼儿园根据自己的园本课程发展所需，整合园所所在地域的文化资源和特有教育资源开展的一种以促进幼儿发展为主要目的的综合活动。一般以游戏作为主要的活动形式，通过多种具体的教育手段和途径，让幼儿充分参与其中，让他们在浸润和熏陶中，提升文化理解、情操陶冶、表达表现、沟通交流等综合能力。

幼儿园的特色活动形式丰富多样，既可以是面向家长或社区的亲子活动或联谊活动；也可以是直接面向幼儿举办的具有一定特色的综合活动；有单次特色活动形式，如运动会、家长进课堂、跳蚤市场、义卖活动，也有以半日活动形式开展的特色活动，如逛庙会、重阳亲子乐、科普开放日，同样，也有在一段时期举行的系列活动，如艺术节、博物馆日、不一样的毕业周等。

与幼儿园其他教育教学内容不同，特色活动对幼儿的发展有着独特的价值和意义。首先，这些特色因其活动内容的特殊性，巧妙地融进了许多幼儿园课程的教育教学内容，让幼儿乐在其中，真正做到寓教于乐，培养幼儿愉快的情绪情感；其次，特色活动通过整合更多的教育资源和当地文化资源，因其资源和载体的特殊性，可以开拓幼儿视野，拓宽幼儿的认知和经验，也能使幼儿得到文化的浸润和滋养；再次，特色活动的活动形式一般以综合形式为主，可以给幼儿创造走出班、走出园与不同的同伴或成人交流交往的机会，在此过程中培养幼儿大胆表达、交流沟通等能力。

要组织有质量、高品质的特色活动，需要教师周密部署，做好协调沟通、攻关统筹等事务工作，其中，教师有目的、有计划地进行观察记录、分析和指导至关重要。因此，教师开展特色活动前需要根据幼儿年龄特点和发展需求选择适合的主题和内容，并做好对幼儿行为观察的计划与准备工作。

对幼儿行为的观察，主要聚焦于幼儿学习品质和关键经验两大观测点。

首先，在特色活动中，关于学习品质方面的观察，主要包括幼儿参与活动的意愿、在活动中是否专心专注并能坚持、幼儿是否能够倾听和理解他人想法并愿意与他人相互配合等合作精神，以及在活动中解决问题等方面表现出来的良好行为倾向和学习习惯。

其次，在特色活动中，也需要观察幼儿发展的关键经验。不同的特色活动有与之相应的要重点发展的关键经验。也有一些典型的需要教师有目的观测的共性的发展内容。这些观测点包括：幼儿在参与活动中是否能积极体验和感受本土文化，并初步理解活动所传递的文化内涵；幼儿是否敢在众人面前表达，并能用语言清晰地表达自己的想法，是否能运用多种方式在活动中进行表现和表达；幼儿是否主动与他人交流并能够主动帮助他人；幼儿是否能做到有序排队、不做危险动作、遵守安全规则等（见表4-10）。

表4-10　幼儿园特色活动中幼儿行为观察的观测点和具体行为标准

维度	观测点	具体行为标准
A. 学习品质	A1. 充满好奇	A1.1 喜欢提问：就活动过程中出现的新事物一直询问家长
		A1.2 渴望游戏：活动开始前一直询问教师/同伴是否可以开始游戏
	A2. 参与意愿	积极参与：能够积极参与到特色活动的各个环节之中
	A3. 坚持专注	A3.1 游戏专注：能够专注地完成特色活动中的各项游戏
		A3.2 活动坚持：能够坚持完成整个特色活动
	A4. 合作精神	A4.1 倾听理解：能够倾听和理解他人的想法和观点
		A4.2 协商分工：能够与同伴通过协商分工的方式完成任务
	A5. 问题解决	A5.1 尝试解决：尝试用不同的办法解决活动中遇到的问题
		A5.2 资源利用：能够利用和协调资源（物品、人）解决活动中遇到的复杂问题
B. 关键经验	B1. 文化理解	B1.1 体验文化：积极体验和感受本土文化特色活动
		B1.2 文化理解：能够理解特色活动所传递的文化内涵
	B2. 动作发展	B2.1 动作协调：能按要求以手脚并用的方式安全完成活动任务
		B2.2 动作灵活：能熟练地使用各种简单的工具或用具
	B3. 表达表现	B3.1 勇于表达：能够在众人面前表达自己对活动的理解和感受
		B3.2 敢于表现：敢于在众人面前使用各种方式表现自己
	B4. 社会交往	B4.1 主动社交：能够主动与身边的同伴、教师交流所见所闻和感受
		B4.2 乐于帮助：在同伴有困难时，能够主动帮助同伴
	B5. 安全常规	B5.1 安全守纪：遵守安全规则，不做危险动作（如从高处跳下、靠近水域、触摸电源等）
		B5.2 有序排队：有序排队不推搡，紧跟队伍，不擅自远离教师视线

任务流程

流程一：计划与准备

请熟悉特色活动中幼儿行为观察的计划与准备内容。

1. 我们准备去哪里

秋天是丰收的季节，全国各地都有庆祝秋收的传统文化活动，广东也不例外。《3—6岁儿童学习与发展指南》指出，幼儿社会领域的教育建议之一是"利用民间游戏、传统节日等，适当向幼儿介绍我国主要民族和世界其他国家和民族的文化"，建议幼儿园和班级利用当地的节庆和风俗习惯，组织一些特色文化活动，激发幼儿对民族文化的认同和理解，铸牢中华民族共同体意识。

幼儿园的小朋友宜采用"直接感知、实际操作、亲身体验"的方式体验传统文化，因此，幼儿园在设计特色活动的时候，应该考虑游戏性和体验性。广州市南沙区实验幼儿园在一年一度的运动会中，充分挖掘地域资源，创设岭南自主游戏场景，举办了一场别开生面的秋收主题运动会——有"蕉一日掂过碌蔗"。掂碌蔗、运香蕉、搬冬瓜、挖番薯、收稻谷、种马铃薯、捕鱼……幼儿园将南沙本土资源和岭南水乡文化充分融入幼儿的游戏中。

2. 我们需要做哪些物质准备

☐活动材料、活动道具。

☐活动背景板。

☐舞台音响设备。

☐活动暖场音乐。

☐照相机。

☐家长通知（说明活动目的、内容和需要家长帮幼儿准备的事宜）。

3. 我们需要做哪些经验准备

☐向幼儿简要说明特色活动的计划，包括文化背景、活动流程、游戏规则等。

☐通过谈话活动与幼儿交流岭南秋收文化的相关知识经验。

☐提前做好幼儿的安全教育和游戏规则教育。

☐各班级教师配合幼儿园的安排，做好本职工作。

4. 我们需要在此次幼儿园特色活动中设计怎样的观察记录表

根据上文中幼儿园特色活动中幼儿行为的观测点：参与意愿、坚持专注、合作精神、问题解决、文化理解、表达表现、社会交往、安全常规，结合传统文化类特色活动的实际内容（开幕式集体体验活动、"十九涌捞鱼"游戏等），设计幼儿园秋收特色活动观察记录表（见表4-11）。

表4-11 幼儿园秋收特色活动观察记录表

活动名称：

时间：　　　　　　　观察对象：　　　　　　　记录人：

观测点	行为水平	幼儿表现
A2. 参与意愿		
积极参与	愿意参与秋收特色活动全园集体开幕式 □愿意　　□经提醒后愿意　　□不愿意	
	愿意体验秋收特色活动的各类传统游戏 □愿意　　□经提醒后愿意　　□不愿意	
A3. 坚持专注		
A3.1 游戏专注	能够专注观看秋收特色活动开幕式文化表演 □能　　□经引导后可以　　□不能	
	能够专注完成秋收特色活动中的各项游戏环节 □能　　□经引导后可以　　□不能	
A3.2 活动坚持	能够坚持完成整个特色活动全程 □能　　□经引导后可以　　□不能	
A4. 合作精神		
A4.1 倾听理解	在游戏活动中，能够倾听、理解同伴的想法、教师的要求 □能　　□经引导后可以　　□不能	
A4.2 协商分工	在游戏活动中，能够与同伴分工合作 □能　　□经引导后可以　　□不能	
A5. 问题解决		
A5.1 尝试解决	能够积极想办法与家长一起解决游戏过程中遇到的问题（包括困难和同伴的矛盾冲突） □能　　□经引导后可以　　□不能	
A5.2 资源利用	能够向家长和老师询问解决自己的疑问 □能　　□经引导后可以　　□不能	
B1. 文化理解		
B1.1 体验文化	能够积极感受开幕式环节的岭南传统文化 □能　　□经提醒后可以　　□否	
	能够积极体验岭南传统游戏 □能　　□经提醒后可以　　□否	

观测点	行为水平	幼儿表现
B1.2 文化理解	能够说出活动中体现出的岭南传统文化内涵 □能　　　□经提醒后可以　　　□否	
B3. 表达表现		
B3.1 敢于表达	能够在特色活动中清晰地表达自己的需求和想法 □能　　　□经提醒后可以　　　□否	
B3.2 敢于表现	在开幕式环节敢于表现自己 □能　　　□经引导后可以　　　□不能	
B4. 社会交往		
B4.1 主动社交	主动与身边的同伴、教师交流自己对开幕式节目的感受 □能　　　□经引导后可以　　　□不能	
B4.2 乐于帮助	在特色游戏活动中，主动帮助同伴 □能　　　□经引导后可以　　　□不能	
B5. 安全常规		
B5.1 安全守纪	在特色活动中，按照教师的要求进行游戏 □能　　　□经提醒后可以　　　□否	
B5.2 有序排队	在游戏环节，有序排队，不插队 □能　　　□经提醒后可以　　　□否	

5. 传统文化类特色活动中需要注意哪些方面

□游戏的层次。游戏的设计是否适宜全园不同年级的幼儿。

□幼儿安全。主班教师兼顾全局，其他两位教师有针对性地关注。

□及时记录。用手机或相机拍照或视频记录。此时纸笔记录不合适，因此适合使用轶事记录法。

流程二：观察与记录

观察记录1
使用事件描述法来记录特色活动的全貌与重要细节。

请熟悉特色活动中幼儿行为观察的观察与记录内容。

观察记录1：事件描述法。

幼儿园特色活动："有蕉一日 掂过碌蔗"秋收主题运动会

时间：2021年11月22日～11月30日　观察对象：小三班、中三班全体幼儿

记录人：何老师、吕老师

294

活动过程片段1（运动会开幕式）

由于天气的影响，开幕式在多功能室进行。早上9：00，园领导和家长志愿者已经就位，期待着幼儿的开场秀。小运动员们穿着整齐的班服，一个个神采奕奕，充满活力，耐心地等待运动会开幕。刚入园不久的小宝悄悄问我："老师，什么时候轮到我们呀？"我笑着说："马上就开始了。"

开幕式正式开始，只见一个班级接着一个班级入场，幼儿有的扛着甘蔗，有的挑着香蕉，有的抱着冬瓜，有的拿着稻谷……展示出当地特有的丰收文化（见图4-16至图4-19）。小宝问："他们为什么拿着这些东西来参加运动会呀？"一旁的星辰对小宝说："现在是丰收的季节呢。我们家也种有很多香蕉，很多很多，一大串一大串的。"在各班教师的组织下，幼儿整齐地喊着响亮的口号，加油声、呐喊声、欢呼声沸腾了整个活动室。

你观察到了什么?
充满好奇
文化理解

图4-16　"有蕉一日 掂过碌蔗"
（南沙实验幼儿园　谢惠珀供图）

图4-17　幼儿开幕式出场
（南沙实验幼儿园　谭凯伦供图）

图4-18　扛着甘蔗
（南沙实验幼儿园　刁彩霞供图）

图4-19　挑着香蕉
（南沙实验幼儿园　刘晴晴供图）

接下来，幼儿园男教师团队带来岭南传统醒狮表演，寓意虎虎生威、吉祥如意。孩子们目不转睛地欣赏着精彩的舞狮表演，刚刚一直低头玩鞋子的小宝听到锣鼓声也马上抬起头来。当大狮子走进人群中，与孩子们亲密互动时，孩子们兴奋极了，纷纷用手去摸摸狮子，孩子们不停地问："这里面到底是谁呀？"还用自己的小脑袋探进大狮子的脑袋里看。星辰在看到狮子里面是自己班的黄老师时，兴奋地说："大狮子是黄老师变出来的！"小宝说："是呀，是呀！黄老师好厉害呀，我也想变成大狮子！"其他幼儿纷纷附和："我也想，我也想……"我听到幼儿的对话，回应说："你们为什么都想当大狮子呀？"希希说："大狮子穿红衣服，我也喜欢穿红衣服。"梓君说："大狮子还会跳舞！"可怡说："妈妈说大狮子是森林之王，可厉害了！"幼儿边讨论边手舞足蹈地模仿狮子摇脑袋、眨眼睛、跺脚打招呼、晃尾巴等动作（见图4-20）。

图4-20　大狮子与幼儿互动
（南沙实验幼儿园　周桐羽供图）

活动过程片段2（"十九涌捞鱼"游戏）

轮到中三班玩"十九涌捞鱼"游戏了。几个幼儿迫不及待地问："我们现在可以玩了吗？"我点头示意大家可以开始了。幼儿欢呼雀跃，马上行动起来。他们有的徒手捕鱼，有的找沙池的玩沙工具来捞，有的捡起从树上掉下来的木棍，还有的发现了教师投放的渔网和一些捕鱼工具（图4-21、图4-22）。哲彦站在树下发呆，没有参与。我走过去微笑着问哲彦："哲彦，你看捞鱼多好玩啊，你也跟大家一起玩吧。"哲彦没有马上回应我，而是静静地看着大家玩。

意茹蹲在木桥边慢慢趴下，一只手紧紧抓住木桥边缘，另一只手灵活地拿着小盆或是渔网在水里捞来捞去，不一会儿，小水桶装的鱼虾和小螃蟹越来越多。哲彦慢慢走到桥边，也想去捞躲到木桥下面的小鱼。只见他身体向前倾，左腿向后踢，右手往水里够，重心不稳，差一点就掉到了水里，还好我及时过去拉住了他。意茹看哲彦什么也没捞到，便对哲彦说："我把渔网给你捞吧。"哲彦听到后转身拒绝了，坚持要自己徒手抓鱼。看其他幼儿都捞到了鱼虾和螃蟹，哲彦难过地哭了起来。我过去鼓励他

（左侧旁注）

你观察到了什么？
动作发展

你观察到了什么？
充满好奇
参与意愿
问题解决
社会交往

你观察到了什么？
动作发展
社会交往
合作精神

图4-21　"十九涌捞鱼"游戏（一）

图4-22　"十九涌捞鱼"游戏（二）
（南沙实验幼儿园　郑潇毅、冯文奇供图）

说："哲彦，那边还有很多工具，你可以尝试用它们捞鱼虾呀，你也一定可以捞到很多的。"哲彦拿起渔网在水里左一下、右一下，终于捞到了鱼虾，开心地大声说："哇，我捞到鱼啦，太好玩啦！"我表扬了他："哲彦真棒，再继续加油！"

不一会儿，哲彦和意茹拎着小水桶找到了我说："老师，我们的水桶都装满了，捞起来的小鱼没地方放了，我们不能继续捞鱼了。""那你们可以想一想，还有没有什么办法能装下更多的鱼呢？"我回应道。意茹眼珠子转了一转："我知道啦！我们班里有一个红色的大水桶，可以用它来装我们的鱼！"然后对哲彦说："走，我们一起去教室拿水桶吧。"他俩兴冲冲地跑回班上，两个人一人提一边，把红色的水桶拿到水道旁，再一起把小水桶里的鱼倒进红色大水桶里。其他幼儿看到后也陆续效仿起来，把捞到的小鱼都倒进红色大水桶里。幼儿兴高采烈地围着水桶分享着捕到的小鱼。瑾瑜说："我们的鱼太多了，一直放在水桶里，它们游不动就会死掉的。"我说："那怎么办呢？"雯婷说："我们可以吃掉啊。"宇轩说："我们可以拿去卖啊！"这时，哲彦说："我们可以学渔民伯伯，把打到的鱼卖给有需要的人。我们可以在教室门口或者操场摆摊，幼儿园的老师、弟弟妹妹和哥哥姐姐看到后，就会来买我们的鱼啦！"我说："这个想法真棒！你们试试看吧！"于是，中三班又开始了摆摊卖鱼的游戏……

在观察的过程中，教师无法用纸笔记录，因此需要根据"流程一：计划与准备"中提前设计的观测点进行观察，锁定值得记录和分析的幼儿行为，活动结束后再整理。何老师和吕老师用事件描述法回忆和记录了小三班和中三班特色活动的大致情况，还原了当时发生的一些细节。为了更科学、细致地梳理幼儿典型行为，分析幼儿行为表现所反映的心理活动，教师还可以使用检核表法来记录所观察的内容（见表4-12）。

观察记录2：行为检核表法。

你观察到了什么？
问题解决
表达表现

你观察到了什么？
合作精神
表达表现
问题解决
文化理解

表4-12　幼儿园秋收特色活动观察记录表

活动名称：幼儿园特色活动："有蕉一日 掂过碌蔗"秋收主题运动会

时间：2021年11月22日~11月30日　　　观察对象：小三班、中三班全体幼儿
记录人：何老师、吕老师

观测点	行为水平	幼儿表现
A2. 参与意愿		
积极参与	愿意参与秋收特色活动全园集体开幕式 ☑愿意　□经提醒后愿意　□不愿意	活动开始后，小朋友们马上行动了起来
	愿意体验秋收特色活动的各类传统游戏 ☑愿意　□经提醒后愿意　□不愿意	开场秀上，幼儿有的扛着甘蔗，有的抱着香蕉，有的抱着冬瓜，有的拿着稻谷……展示丰收文化； 幼儿积极参与捞鱼游戏
A3. 坚持专注		
A3.1游戏专注	能够专注观看秋收特色活动开幕式文化表演 □能　☑经引导后可以　□不能	小宝在开幕式时低头玩鞋，听到锣鼓声抬起头来
	能够专注完成秋收特色活动中的各项游戏环节 □能　☑经引导后可以　□不能	哲彦在树下发呆，没有参与捞鱼，教师鼓励后慢慢行动起来
A3.2活动坚持	能够坚持完成整个特色活动全程 ☑能　□经引导后可以　□不能	活动全程没有幼儿离开，幼儿参与完整的活动
A4. 合作精神		
A4.1倾听理解	在游戏活动中，能够倾听、理解同伴的想法、教师的要求 ☑能　□经引导后可以　□不能	小三班幼儿一起讨论舞狮
A4.2协商分工	在游戏活动中，能够与同伴分工合作 ☑能　□经引导后可以　□不能	哲彦与意茹分工合作去教室拿桶装鱼
A5. 问题解决		
A5.1尝试解决	能够积极想办法与家长一起解决游戏过程中遇到的问题（包括困难和同伴的矛盾冲突） ☑能　□经引导后可以　□不能	中三班幼儿一起讨论怎么处理鱼太多的问题
A5.2资源利用	能够向家长和教师询问解决自己的疑问 □能　□经引导后可以　□不能	

观测点	行为水平	幼儿表现
B1. 文化理解		
B1.1 体验文化	能够积极感受开幕式环节的岭南传统文化 □能　☑经提醒后可以　□否	小宝刚开始不能理解开场秀，后来积极参与讨论舞狮
	能够积极体验岭南传统游戏 ☑能　□经提醒后可以　□否	幼儿积极参与捞鱼，哲彦提议向渔民伯伯学习卖鱼
B1.2 文化理解	能够说出活动中体现出的岭南传统文化内涵 ☑能　□经提醒后可以　□否	星辰向小宝介绍自己对秋收主题活动的理解
B3. 表达表现		
B3.1 敢于表达	能够在特色活动中清晰地表达自己的需求和想法 ☑能　□经提醒后可以　□否	幼儿表达想变成大狮子；哲彦表达自己成功捞到鱼的喜悦
B3.2 敢于表现	在开幕式环节敢于表现自己 ☑能　□经引导后可以　□不能	幼儿有的扛着甘蔗，有的抱着香蕉，有的抱着冬瓜，有的拿着稻谷等，展示当地特有的丰收文化
B4. 社会交往		
B4.1 主动社交	主动与身边的同伴、教师交流自己对开幕式节目的感受 ☑能　□经引导后可以　□不能	幼儿兴奋地交流观看舞狮表演的感受
B4.2 乐于帮助	在特色游戏活动中，能够主动帮助同伴 ☑能　□经引导后可以　□不能	意茹主动提出帮助哲彦
B5. 安全常规		
B5.1 安全守纪	在特色活动中，能够按照教师的要求进行游戏 □能　☑经提醒后可以　□否	哲彦差点掉下木桥，教师及时抓住了他
B5.2 有序排队	在游戏环节，能够有序排队，不插队 □能　□经提醒后可以　□否	未涉及

　　观察和记录已经完成，对照两份观察记录，你观察到了哪些值得记录和分析的行为？反映了幼儿心理与行为的哪些方面？水平如何？请自主思考后继续进行"流程三：评价与分析"。

流程三：评价与分析

请熟悉特色活动中幼儿行为观察的评价与分析内容。

基于以上传统文化类特色活动的事件描述法和检核表法记录的情况，请你对幼儿表现出来的学习品质与核心经验进行评价和分析。

1. 合作精神

在学习品质维度的合作精神方面，案例中的幼儿基本能够具备合作精神，共同解决问题，具体表现为：

当有幼儿遇到困难需要共同解决时，其他幼儿能够主动提出合作。

根据观察记录，当哲彦遇到困难需要共同解决的时候，意茹在第一时间想到了合作。《3—6岁儿童学习与发展指南》社会领域指出：5—6岁幼儿"活动时能与同伴分工合作，遇到困难能一起克服"。刚入园的幼儿喜欢独自游戏，在游戏和生活中学习倾听和理解他人的想法和观点，学习与他人协商、沟通、分工与合作，协作行为与合作行为逐渐增加，合作的能力和合作的精神也在游戏和生活中不断提升，因而合作的意愿也随之增强。因此，当哲彦和其他小朋友的水桶都装满了小鱼，没有办法再装的时候，在教师的启发和鼓励下，意茹想到了办法，找来了红色大桶合作装小鱼。

> **思考：**
>
> 如何帮助幼儿主动参与活动，能够和其他伙伴一起完成"小任务"？请思考后，在"流程四：指导与延伸"中寻找答案。

2. 文化理解

在核心经验维度的文化理解方面，幼儿基本能够通过活动体验和感受岭南文化的魅力。主要表现在：

幼儿看到岭南传统文化活动互动演出时，感到兴奋并结合自己的生活经验谈论不休。

从观察记录来看，幼儿目不转睛地看着幼儿园男教师的岭南传统醒狮表演，兴奋极了。在幼儿园阶段对幼儿进行中国传统文化的浸润，培养有理想、有信念的中国娃。中国文化博大精深，只有用适宜于幼儿的思维特点、学习特点，才能真正将中华传统文化精髓浸润进幼儿的内心。幼儿园选择了岭南当地的特色传统醒狮表演，在表演过程中与幼儿互动，引发幼儿的兴趣。因此，当幼儿看到神采奕奕的醒狮时，会好奇地观察狮头里面是谁，会把自己身上衣服的颜色与醒狮的衣服颜色做比较，表现出了极大的兴趣。幼儿还通过"搓汤圆"游戏、"掐碌蔗"游戏、"运香蕉"游戏、

"收稻谷"游戏等感受传统文化，在快乐中体验文化内涵。

> **思考：**
>
> 　有什么办法能使幼儿较好地理解特色主题活动中所蕴含的家乡文化？请思考后，在 "流程四：指导与延伸" 中寻找答案。

3. 安全常规

在核心经验维度的安全常规方面，幼儿具备了基本的自我保护能力，但在安全守纪方面还有待加强。主要表现在：

部分幼儿在危险的地方游戏，虽然幼儿具有一定的自我保护能力，但安全守纪方面仍有待加强。

从观察记录中来看，有的幼儿在捞鱼的过程中，发现小鱼躲到了木桥下面，发现渔网不够长，便小心翼翼地趴下身子，用一只小手紧紧抓住木桥边缘，侧着身子捞鱼。

> **思考：**
>
> 　有什么好办法既不打击幼儿主动参与活动的积极性，又不会出现危险动作、产生危险情况？请思考后，在 "流程四：指导与延伸" 中寻找答案。

流程四：指导与延伸

请熟悉特色活动中幼儿行为观察的指导与延伸内容。

上一流程中对幼儿的典型行为和教师的保教言行进行了评价与分析，那么对于上一流程中提出的问题，你有什么指导建议吗？此次特色主题活动的指导建议，又如何迁移延伸到其他活动的行为指导中呢？

1. 合作精神

问题：如何引导幼儿主动参与活动，和其他伙伴一起完成 "小任务"？

指导建议：

☑鼓励幼儿主动参与活动，和伙伴开展合作。

对不善于沟通交流的幼儿，教师要给予更多的鼓励与支持，可以在一旁作出引领和示范，让幼儿逐渐愿意参加活动，改变自己的行为。案例中的教师就做得很好，她鼓励幼儿使用工具去捞鱼虾，一定比徒手要捞得多。还可以对幼儿的分工合作提出一些具体的建议，如分配渔网、去取装鱼的大桶等。

☑学会协商，才能共同完成任务。

幼儿需要在与同伴交流、师幼互动中，逐渐学会如何与他人进行协商，进而合力解决问题。这需要提高幼儿的语言表达能力、换位思考能力和解决问题能力。例如，面对捞起来的小鱼没地方放时，幼儿之间相互交流，终于找到了解决问题的好办法：两个人一人提一边，把红色的水桶拿到水道旁，再一起把小水桶里的鱼倒进红色大水桶里，这样就可以装下更多的鱼。

拓展延伸：

☑在幼儿园各项活动中加强对幼儿合作意识的培养，例如，一起完成建构游戏、相互配合开展角色扮演游戏、合力完成手工作品等。

☑在家庭教育中，培养幼儿与兄弟姐妹、父母长辈的交往合作。让幼儿学习如何正确地表达合作的愿望，与他人相互合作。

2. 文化理解

问题：有什么办法能使幼儿较好地理解特色主题活动中所蕴含的家乡文化？

指导建议：

☑增加幼儿对家乡文化的知识经验。

在特色主题活动开展之前可以通过幼儿园其他教育活动，或在家庭教育中帮助幼儿积累关于岭南秋收主题的知识经验。与幼儿周围的生活世界相联系，可以通过图片视频、实地观察、亲身感受等方式，让幼儿真实地触摸、感受家乡的秋收文化。

☑营造关于家乡文化的环境氛围。

在特色主题活动开展过程中，可以将岭南秋收的家乡文化融入幼儿园环境创设、集体教学、区域游戏中，通过相关活动的浸润，让幼儿加深对家乡文化的理解。

拓展延伸：

☑家长给幼儿讲述关于岭南秋收文化的相关故事、来历、农事活动等，最好有机会能够和幼儿一起到秋收现场感受和劳动。

3. 安全常规

问题：有什么好办法既不打击幼儿主动参与活动的积极性，又不会出现危险动作、发生危险情况？

指导建议：

☑对幼儿提出安全要求，在安全范围内回应幼儿。

有的幼儿在捞鱼时，重心不稳差一点就掉到水里。这需要教师及时干预，让幼儿远离危险。在特色活动开展前，以及日常安全教育中，帮助幼儿明确哪些事情不能做，哪些东西不能玩，让幼儿逐渐建立安全意识，加强自我保护。

☑转移注意力，让幼儿对其他活动感兴趣。

对幼儿有一定潜在危险的行为动作，教师要尽快转移幼儿对危险行为的关注，将幼儿的注意力转移到其他活动上。这样既不会让幼儿感到沮丧、不满，也不会影响幼儿参与活动的积极性，最重要的是及时保护了幼儿。例如，教师可以说："哲彦，那边还有很多工具，你看一看是不是有的渔网有更长的手柄呢！"

拓展延伸：

☑在幼儿园各项活动中加强安全教育，进行安全演练。

☑通过游戏情境让幼儿感受到有可能面临的危险，一起讨论分析如何保护自己。

☑在家庭教育中强调安全守纪，遵守各项活动的安全规则，不做危险动作（如从高处跳下、靠近水域、触摸电源等）。

反思
总结

请根据所学内容完成反思总结。

1. 在学习了特色活动中幼儿行为观察的观测点与具体行为标准、记录方法、分析指导等内容之后，请对所学内容进行回顾总结。

（1）我知道特色活动中幼儿行为观察的观测点与具体行为标准：

_____

_____

_____

（2）我知道观察与指导特色活动中幼儿行为的任务流程：

_____

_____

_____

（3）随着智能手机和各类APP软件的普及，请你找找有哪些工具可以辅助教师更好地完成对幼儿行为的观察和记录？

_____

_____

_____

2. 请根据情境灵活应用所学内容设计并开展调查。

本园所的特色是什么

幼儿园特色活动是指以幼儿园自主设立的主题为基础，结合地域文化、传统习俗等，根据幼儿的年龄特点、兴趣爱好、审美素养及认知规律等，创新开发的符合幼儿生活经验、满足幼儿发展需求的综合活动。活动可以激发幼儿的好奇心，引导幼儿积极参与、感知本土文化，获取知识与经验，学会倾听与合作、与人交往、积极解决问题等。但特色主题活动往往需要多方联动，不可控因素较多，涉及面较广，组织较复杂。

请你从调查目标、调查方法、调查过程、调查结果等方面设计一份园所特色活动调查方案并调查教师对特色活动的理解、幼儿在特色活动中的学习与发展情况。

_____

_____

_____

总 结 拓 展

【项目总结】

● 综合实践活动项目包含研学活动、节日活动、亲子活动和特色活动4个具体任务。

● 幼儿研学活动的观测点主要涉及安全常规、自我服务、探究学习、人际交往4方面；节日活动的观测点主要涉及认知理解、情绪表现、操作体验和社会交往4个方面；亲子活动和特色活动的观测点主要涉及学习品质和关键经验两方面。

● 研学活动、节日活动、亲子活动和特色活动中幼儿行为的观察与指导均是从计划与准备、观察与记录、评价与分析、指导与延伸4个流程来开展的。

● 研学活动、节日活动、亲子活动和特色活动中幼儿行为的记录方法包含等级评定法、行为检核法等。

【记忆口诀】

综合实践活动观察指导诀窍歌

综合实践活动真是妙，园里园外结合有思考；

全面准备提前计划好，井井有条还因有诀窍；

一想目标是否已周到，二观喜怒哀乐最明了；

三察动作身态与行表，四听言语沟通愿交流；

五析现状来把原因找，最后针对施策获提高。

【 **拓展链接** 】

图书推荐

［1］胡晓风，金成林，张行可，等. 陶行知教育文集［M］. 2版. 成都：四川教育出版社，2007.

［2］柯小卫、陈秀云. 陈鹤琴教育思想读本：活教育［M］. 南京：南京师范大学出版社，2012.

［3］霍力岩，沙莉. 重新审视多元智力：理论与实践的再思考［M］. 北京：北京师范大学出版社，2007.

［4］杨培禾，曹温庆. 综合实践活动课程论［M］. 北京：首都师范大学出版社，2019.

［5］段立群. 跨学科课程的20个创意设计（义务教育阶段综合实践活动课程建设，跨学科课程建设）［M］. 上海：华东师范大学出版社，2019.

［6］刘道溶. 中小学综合实践活动教学活动设计案例精选［M］. 北京：北京大学出版社，2012.

网络资源

中华人民共和国教育部. 中小学综合实践活动课程指导纲要［EB/OL］.［2017-09-27］中华人民共和国教育部政府门户网站.

参 考 文 献

［1］班杜拉. 社会学习理论［M］. 陈欣银，李伯黍，译. 北京：中国人民大学出版社，2015.

［2］常丽丽，刘刚喜. 关注学生的体验：新课程背景下对教学"直接经验与间接经验统一"规律的认识［J］. 教育理论与实践（学科版），2004（10）：45-47.

［3］高申春. 人性辉煌之路：班杜拉的社会学习理论［M］. 武汉：湖北教育出版社，2000.

［4］陈会昌，耿希峰，秦丽丽，等. 7～11岁儿童分享行为的发展［J］. 心理科学，2004，27（3）：571-574.

［5］陈琴，庞丽娟. 论儿童合作的发展与影响因素［J］. 教育理论与实践，2011（3）：43-47.

［6］陈佑清. 交往学习论［J］. 高等教育研究，2005（2）：22-26.

［7］崔爱丽. 幼儿饮食行为与其气质特点的关系探究［D］. 南京：南京师范大学，2012.

［8］邓志新. 三螺旋理论下现代产业学院协同创新：困境根源、逻辑机理与实践路径［J］. 中国职业技术教育，2021（31）：45-52.

［9］杜威. 杜威全集：中期著作第七卷（1912—1914）［M］. 刘娟，译. 华东师范大学出版社，2012.

［10］高宏钰，霍力岩. 幼儿园教师观察能力的理论意蕴与提升路径：基于"观察渗透理论"的思考［J］. 学前教育研究，2021（5）：75-84.

［11］高鸿，赵昕. 基于产业链与人才链深度融合的高职产业学院建设研究［J］. 职教论坛，2021，37（4）：33-38.

［12］高瞻教育研究基金会. 学前儿童观察评价系统［M］. 霍力岩，刘祎玮，刘睿文，等译. 北京：教育科学出版社，2018.

［13］顾明远. 没有兴趣就没有学习［J］. 教师之友，2000，（1）：1.

［14］管梦雪，周楠. 国内学前儿童饮食行为研究进展［J］. 中国公共卫生，2020，36（5）：845-848.

［15］郭戈. 教苑随想录［M］. 开封：河南大学出版社，2005.

［16］郭戈．略论兴趣及其在教育上的意义［J］．心理学探讨，1988（3）：52-57.

［17］郭小莉．幼儿如厕问题多［J］．今日教育（幼教金刊），2014（5）：15.

［18］於金滟．区域游戏中幼儿教师观察行为的研究［D］．南京师范大学，2020.

［19］何旭明．学习兴趣的唤起：教师的教育教学对学生学习兴趣的影响研究［M］．北京：教育科学出版社，2011.

［20］和学新．促进学生主动发展：课程目标的转型——我国新一轮基础教育课程改革的课程目标解读［J］．学科教育，2002（1）：7-8.

［21］胡克祖．3～6岁幼儿好奇心结构、发展特点及影响因素的研究［D］．大连：辽宁师范大学，2006.

［22］胡琼伟，徐凌忠，于红霞，等．济南市历下区学龄前儿童饮食行为习惯及营养品摄入调查分析［J］．中国儿童保健杂志，2013，21（9）：992-995.

［23］季春红．幼儿园小班洗手活动的现状分析与优化策略［J］．山东教育（幼教园地），2020（10）：51-53.

［24］江晖．幼儿合作行为的影响因素及培养策略：以湖北省H市幼儿园为例［J］．教育导刊（下半月），2016（9）：30-33.

［25］蒋琳锋，袁登华．个人主动性的研究现状与展望［J］．心理科学进展，2009，17（1）：165-171.

［26］焦金花．幼儿一日活动中盥洗环节的实践与优化探研［J］．成才之路，2019（25）：72-73.

［27］靳玉乐．合作学习［M］．成都：四川教育出版社，2005.

［28］李季湄，冯晓霞．《3—6岁儿童学习与发展指南》解读［M］．北京：人民教育出版社，2013.

［29］李娜娜．小班幼儿进餐问题及对策分析［J］．齐齐哈尔师范高等专科学校学报，2019（2）：7-9.

［30］李霞．幼儿如厕教学研究：现状、原因及策略探析［J］．读书文摘，2015（14）：99.

［31］林正范．试论教师观察行为［J］．教育研究，2007（9）：66-70.

［32］刘昆．幼儿园教师的儿童行为观察与支持素养的提升研究：以2～5年教龄的适应期教师为例［D］．华东师范大学，2019.

［33］刘焱．儿童游戏通论［M］．北京：北京师范大学出版集团，2008.

［34］刘一心，邓文娇，李海飞，等．深圳市学龄前儿童饮食行为对其营养状况的影响［J］．中国儿童保健杂志，2012，20（8）：677-678，692.

［35］刘迎晓．父母教养方式对3—6岁幼儿饮食行为的影响［D］．石家庄：河

北师范大学，2016.

［36］刘云艳，张大均. 幼儿好奇心结构的探索性因素分析［J］. 心理科学，2004，27（1）：127-129.

［37］王宇杰. 幼儿园区域活动分享环节的现状与支持策略研究［D］. 辽宁师范大学，2023.

［38］明文. 浅谈幼儿分享行为的影响因素与培养［J］. 课程教育研究，2016（11）：8.

［39］倪燕明. 半日托班孩子如厕习惯培养的实践研究［J］. 新课程（小学），2016（10）：193.

［40］崔姝翠. 幼儿园小班生活常规教育的行动研究［D］. 天水：天水师范学院，2019.

［41］潘菽. 教育心理学［M］. 3版. 北京：人民教育出版社，2001.

［42］彭红媛. 孩子如厕三位一体保教配合初探［C］//2019年教育信息化与教育技术创新学术论坛年会论文集，2019：193-195.

［43］沈霞，余雪莲. 教师资格证国考背景下师范生综合素质培养模式的反思与建构［J］. 吉林省教育学院学报，2018，34（4）：27-30.

［44］施燕，韩春红. 学前儿童行为观察［M］. 2版. 上海：华东师范大学出版社，2020.

［45］石雷山，王灿明. 大卫·库伯的体验学习［J］. 教育理论与实践，2009（10）：49-50.

［46］谈心. 观察幼儿：幼儿教师专业发展的关键［J］. 当代学前教育，2009，（2）：22-26.

［47］汪旭. 中班幼儿午睡不良行为研究［J］. 幼儿教育研究，2021，38（2）：38-41.

［48］王芳，蔡文秀. 180例儿童饮食行为调查分析［J］. 中国妇幼保健，2010，25（32）：4741-4742.

［49］王文江. 3—5岁儿童分享行为发展现状及家庭培养［D］. 陕西师范大学，2011.

［50］王小慧，戴思玮. 5—6岁幼儿同伴关系的社会网络分析［J］. 学前教育研究，2014（3）：22-29，42.

［51］本特森. 观察儿童：儿童行为观察记录指南［M］. 于开莲，王银玲，译. 北京：人民教育出版社，2009.

［52］夏欣，吴维超，王春丽，等. 学龄前儿童家庭因素和饮食行为与营养状况的相关性［J］. 疾病监测与控制，2015，9（9）：613-615.

［53］徐薇薇. 培养习惯、健康成长：小班幼儿午睡问题的研究［J］. 小学科学（教师版），2015，133（5）：154.

［54］许慎. 说文解字注［M］. 2版. 上海：上海古籍出版社，1988.

［55］鄢超云，魏婷.《3~6岁儿童学习与发展指南》中的学习品质解读［J］. 幼儿教育（教育科学），2013（6）：1-5.

［56］鄢超云. 学习品质：美国儿童入学准备的一个新领域［J］. 学前教育研究，2009（4）：9-12.

［57］杨慧，王莹. 3~6岁幼儿分享行为现状与影响因素探究：以合肥市B幼儿园为例［J］. 早期教育（教科研版），2018（9）：47-50.

［58］叶天惠，华丽，秦秀丽，等. 学龄前儿童饮食行为现状调查［J］. 护理学杂志，2016，31（5）：83-86.

［59］余俊帅. 新时期高职院校学前教育专业“三教”改革探析［J］. 教育与职业，2020（12）：85-91.

［60］虞永平. 让理论看得见：生活与幼儿教育［M］. 合肥：安徽少年儿童出版社，2011.

［61］曾天山，陈斌，苏敏. 以高水平赛事促进“岗课赛证”综合育人：基于2021年全国职业院校技能大赛分析［J］. 中国职业技术教育，2021（29）：5-10.

［62］张金荣，高丹. 教师暗示和同伴熟悉度对幼儿分享行为影响的调查研究［J］. 早期教育（教师版），2011（1）：16-18.

［63］张璐璐，高东慧. 班级幼儿同伴交往的特点与原因分析［J］. 学前教育研究，2015（4）：64-66.

［64］章凯. 兴趣发生机制研究的进展与创新［J］. 心理科学，2003（2）：364-365.

［65］Bergin D A. Influences on classroom interest［J］. Educational Psychologist，1999（2）：87-98.

［66］Clements D H，Saramal. Engaging young children in mathematics：Standards for early childhood mathematics education［M］. Florida：Taylor & Francis Inc，2004.

［67］Keller H，Schneider K，Henderson B. Curiosity and exploration［M］. Berlin. Springer-Verlag，1994.

［68］Dewey J. Experience and education［M］. New York：Free Press，1997.

［69］Hidi S. Interest and its contribution as a mental resource for learning［J］. Review of Educational Research，1990（4）：549-571.

［70］Lewenstein G. The psychology of curiosity：A review and reintepretation［J］. Psychological Bulletni，1994，116（1），75-98.

［71］Maw W H，Magoon A J. The curiosity dimension of fifth-grade childern：A factorial discriminant analysis［J］. Child Development，1971，42：2023-2031.

［72］Piaget J，Inhelder B. The psychology of the child［M］. New York：Basic Books，1969.

［73］Schiefele U. Interest，learning，and motivation［J］. Educational Psychologist，1991，26（3-4）：299-323.

［74］Shore R. Rethinking the brain：New insights into early development［M］. New York：Families and Work Institute，1997.

［75］Steven F B，Thomas J B. Racial factors in test performance［J］. Developmental Psychology，1972，6（1）：7-13.

郑重声明

高等教育出版社依法对本书享有专有出版权。任何未经许可的复制、销售行为均违反《中华人民共和国著作权法》，其行为人将承担相应的民事责任和行政责任；构成犯罪的，将被依法追究刑事责任。为了维护市场秩序，保护读者的合法权益，避免读者误用盗版书造成不良后果，我社将配合行政执法部门和司法机关对违法犯罪的单位和个人进行严厉打击。社会各界人士如发现上述侵权行为，希望及时举报，我社将奖励举报有功人员。

反盗版举报电话 （010）58581999　58582371

反盗版举报邮箱　dd@hep.com.cn

通信地址　北京市西城区德外大街 4 号
　　　　　　　高等教育出版社知识产权与法律事务部

邮政编码　100120

读者意见反馈

为收集对教材的意见建议，进一步完善教材编写并做好服务工作，读者可将对本教材的意见建议通过如下渠道反馈至我社。

咨询电话　400-810-0598

反馈邮箱　gjdzfwb@pub.hep.cn

通信地址　北京市朝阳区惠新东街 4 号富盛大厦 1 座
　　　　　　　高等教育出版社总编辑办公室

邮政编码　100029

资源服务提示

授课教师如需获得本书配套教辅资源，请登录"高等教育出版社产品信息检索系统"（http://xuanshu.hep.com.cn/）搜索下载，首次使用本系统的用户，请先进行注册并完成教师资格认证。

学前教师课程交流 QQ 群号：69466119